土壤污染绿色低碳修复与管理丛书

污染地块绿色修复工程小试和中试技术与案例

梅丹兵　张建宾　雷秋霜　董璟琦
杨成良　刘　鹏　李彦希　李　丁　等 编著

中国环境出版集团・北京

图书在版编目（CIP）数据

污染地块绿色修复工程小试和中试技术与案例 / 梅丹兵等编著. -- 北京 : 中国环境出版集团, 2025. 5. (土壤污染绿色低碳修复与管理丛书). -- ISBN 978-7-5111-6207-6

Ⅰ. X53

中国国家版本馆CIP数据核字第2025XP5469号

责任编辑　李兰兰
封面设计　宋　瑞

出版发行　中国环境出版集团
（100062　北京市东城区广渠门内大街 16 号）
网　　址：http://www.cesp.com.cn
电子邮箱：bjgl@cesp.com.cn
联系电话：010-67112765（编辑管理部）
010-67112735（第一分社）
发行热线：010-67125803，010-67113405（传真）

印　　刷　北京中科印刷有限公司
经　　销　各地新华书店
版　　次　2025 年 5 月第 1 版
印　　次　2025 年 5 月第 1 次印刷
开　　本　787×1092　1/16
印　　张　13.75
字　　数　290 千字
定　　价　63.00 元

本书的研究和出版得到了国家重点研发计划项目“场地土壤与地下水污染综合治理技术体系”（2024YFC3713300）和“场地修复碳排放测算理论与评估技术框架”（2022YFC3703301）的共同资助。

前　言

污染地块绿色修复（green and sustainable remediation，GSR）是保障土壤环境可持续管理的重要组成部分。本书针对污染地块绿色修复工程小试和中试技术碎片化、缺乏实际操作指导以及行业标准与规范缺失等问题，整理汇总了国内 13 个大中型污染地块修复工程实施中所开展的小试和中试研究案例，形成了一套系统化的污染地块绿色修复工程技术指南和案例库。

（1）针对小试和中试技术的研究与应用碎片化的问题，通过系统地梳理和归纳各种技术和案例，形成一个完整的知识体系，为从业者提供全面的技术指导和参考。案例汇总可打破信息壁垒，促进技术成果的共享和交流，推动整个行业的协同发展。

（2）针对小试和中试技术缺乏实际操作指导的问题，将理论知识和实践经验相结合，提供具体的操作步骤和注意事项。案例分析展示了不同技术和方法在实际应用中的效果和局限性，为从业者提供宝贵的参考和借鉴。针对常见的问题和难点进行深入剖析，提出有效的解决方案，帮助从业者更好地应对实际操作中的挑战。

（3）针对行业标准与规范缺失的问题，总结提炼出各种技术的最佳实践和规范操作，为行业标准的制定提供有力支持。技术和案例为行业标准的制定提供了实证依据和实践经验，保障标准的科学性和实用性。同时，本书的出版可推动行业内外对污染地块修复问题的关注和讨论，促进相关政策的制定和完善，为行业的健康发展提供有力保障。

小试和中试研究是推动落实修复工程绿色低碳实践的重要基础。本书是“土壤污染绿色低碳修复与管理丛书”之一，从修复工程小试和中试技术与案例的角度梳理了绿色修复实践所涉及的试验过程、药剂配比、工艺流程、场地特征等关键问题，可为在修复工程设计和方案编制阶段充分考虑绿色低碳要素、推动修复行业方案设计标准化提供重要参考，也可为土壤污染修复施工、咨询、检测、管理等相关从业人员及对土壤修复领域感兴趣的研究者提供参考。

本书中的相关案例研究得到了北京建工环境修复股份有限公司、森特士兴环保科技有限公司、天津渤化环境修复股份有限公司、天津实朴检测技术服务有限公司、湖南中森环境科技有限公司等单位的大力支持，宝贵的一线工程实践经验是发展绿色低碳修复的重要基石，在此表示衷心感谢！

本书的研究和出版得到了生态环境部环境规划院，土壤污染防治与安全全国重点实验室的支持，由国家重点研发计划项目“场地土壤与地下水污染综合治理技术体系”（2024YFC3713300）和“场地修复碳排放测算理论与评估技术框架”（2022YFC3703301）共同资助。

本书通过对典型案例开展集成分析，以期为土壤环境管理领域提供一些有益的探索和支撑。但由于作者团队在工程实践领域的经验、认识所限，书中难免出现疏漏，对于特定场地条件（如低渗透地层）或特定污染物类型（如新污染物）等的小试和中试经验总结仍不够系统和深入，有待在今后研究中进一步完善，殷切希望各位同行不吝指正。

2025 年 4 月

于北京

目　录

1

绪 论

在当今世界，土壤污染已成为一个不容忽视的环境问题，不仅威胁着生态平衡，更直接关系到人类的健康与生存。本章深入探讨了我国土壤污染的严峻形势，从首次全国土壤污染状况调查的结果出发，详细分析了耕地、工业用地、矿山和河道等不同土地利用类型存在的污染问题，并着重指出了无机污染物，尤其是镉、汞、类金属砷等重金属污染的现状；阐释了国家为应对土壤污染所采取的政策措施，包括《土壤污染防治行动计划》的制定与实施，以及《中华人民共和国土壤污染防治法》的颁布，这标志着我国土壤污染防治工作进入了一个全新的历史阶段。此外，本章还介绍了土壤修复技术的应用情况，包括原位修复、化学氧化还原、生物修复等技术，并探讨了修复工程中存在的问题与挑战，如修复方案的可操作性、不同修复工程的差异性以及工程设计规范的缺失等。

1.1 土壤污染形势

2005 年 4 月至 2013 年 12 月，我国开展了首次全国土壤污染状况调查。调查的范围是除香港特别行政区、澳门特别行政区和台湾地区以外的陆地国土，调查点位覆盖全部耕地，部分林地、草地、未利用地和建设用地。调查采用统一的方法、标准，基本掌握了全国土壤环境总体状况。调查结果显示，全国土壤环境状况总体不容乐观，部分地区土壤污染较重，耕地土壤环境质量堪忧，工矿业废弃地土壤环境问题突出。从土地利用类型来看，耕地土壤点位超标率较高，其次为林地和草地；从污染类型来看，以无机型为主，有机型次之，复合型污染占比较小；从污染物超标情况来看，点位超标率较高的 8 种无机污染物分别为镉、汞、砷、铜、铅、铬、锌、镍，点位超标率较高的 3 类有机污染物分别为六六六、滴滴涕、多环芳烃（PAHs）。以上土壤污染状况与“七五”时期全国土壤环境背景值调查结果相比，表层土壤中无机污染物含量增加比较显著，其中镉的含量在全国范围内普遍增加，且西南地区和沿海地区增幅显著高于华北、东北和西部地区。

长期以来，由于我国经济发展方式粗放，产业结构和布局不合理，污染物排放总量居高不下，部分地区土壤污染严重，对农产品质量安全和人体健康构成了严重威胁。面对严峻的土壤环境形势，国家正在采取一系列措施加强土壤环境保护和污染治理。为切实加强土壤污染防治，逐步改善土壤环境质量，2016 年，国务院印发《土壤污染防治行动计划》（以下简称“土十条”），要求到 2020 年，轻度和中度污染耕地实现安全利用的面积达到 4 000 万亩[①]，受污染耕地治理与修复的面积达到 1 000 万亩。到 2020 年，受污染耕地安全利用率达到 90%左右，污染地块安全利用率达到 90%以上。到 2030 年，受污染耕地安全利用率达到 95%以上，污染地块安全利用率达到 95%以上。在 2018 年全国生态环境保护大会上，习近平总书记再次就打好污染防治攻坚战作出重要部署：“要全面落实土壤污染防治行动计划，突出重点区域、行业和污染物，强化土壤污染管控和修复，有效防范风险，让老百姓吃得放心、住得安心。”2018 年 8 月，第十三届全国人民代表大会常务委员会第五次会议通过了《中华人民共和国土壤污染防治法》，自 2019 年 1 月 1 日起施行。“土十条”与《中华人民共和国土壤污染防治法》的颁布实施，标志着我国土壤污染防治工作迈入了新的历史阶段。2018 年 12 月 15 日，第二次全国污染源普查暨全国土壤污染状况详查工作推进视频会议召开。时任生态环境部部长李干杰出席会议并讲话，他强调，要严格质量管理，凝练调查成果，扎实推进第二次全国污染源普查和全国土壤污染状况详查，为改善生态环境质量、服务管理决策、打好污染防治攻坚战提供基础支撑。

“土十条”提出，到 2020 年，全国土壤污染加重趋势得到初步遏制，土壤环境质量总体保持稳定，农用地和建设用地土壤环境安全得到基本保障，土壤环境风险得到基本管控。到 2030 年，全国土壤环境质量稳中向好，农用地和建设用地土壤环境安全得到有效保障，土壤环境风险得到全面管控。到本世纪中叶，土壤环境质量全面改善，生态系统实现良性循环。2019 年 12 月 17 日，为贯彻落实《中华人民共和国土壤污染防治法》，指导和规范建设用地土壤污染状况调查报告、土壤污染风险评估报告、风险管控效果评估报告及修复效果评估报告的评审工作，生态环境部会同自然资源部研究制定了《建设用地土壤污染状况调查、风险评估、风险管控及修复效果评估报告评审指南》。

随着土壤污染修复及风险管控法律法规制度的健全，基于已开展的污染源普查及土壤污染状况详查工作，亟须按照《中华人民共和国土壤污染防治法》及“土十条”的相关要求，进一步规范和有效实施土壤修复及管控工程，加强土壤环境监管。

1.1.1 工业用地

我国在工业化过程中，由于发展模式粗放并缺乏有效环境监管，导致工业污染场地

① 1 亩=1/15 hm^2。

数量多、潜在环境风险高，管理形势十分严峻。据不完全统计，2001—2014 年，全国有 10 多万家企业关停或搬迁，遗留大量重污染的搬迁企业场地，相当一部分属于污染场地。2014 年 4 月，《全国土壤污染状况调查公报》发布，结果显示工矿业废弃地土壤环境问题突出，在调查的 81 块工业废弃地的 775 个土壤点位中，超标点位占 34.9%，主要污染物为锌、汞、铅、铬、砷和多环芳烃。

根据公开数据资料，2020 年年末，纳入建设用地土壤污染风险管控和修复名录的地块为 697 个，启动治理修复与风险管控工程的污染地块为 512 个；到 2023 年年末，纳入建设用地土壤污染风险管控和修复名录的地块已达 2 058 个。

1.1.2 农用地

我国农用地污染形势严峻，耕地土壤污染问题尤为突出。《全国土壤污染状况调查公报》显示，全国耕地土壤环境质量堪忧，耕地点位超标率达 19.4%，主要污染物为重金属和有机物，已对少数地区农产品质量安全构成严重威胁，其中镉是首要污染物。近年来，尽管通过实施“土十条”、颁布《中华人民共和国土壤污染防治法》等一系列政策措施，全国土壤污染加重趋势得到初步遏制，土壤环境质量出现基础性变化，但历史欠账较多，源头防控形势依然严峻，任务艰巨。

全国农用地土壤污染状况详查结果表明，全国农用地土壤环境质量以优先保护类为主，农用地土壤环境状况总体较好；耕地土壤污染分布呈现相对集中、部分区域零星分布的空间格局。土壤重金属存在单一和复合（镉、砷、汞、铅等）污染，以含镉污染为主；有机污染状况尚未探明。当前耕地土壤污染加重的趋势得到初步遏制。

1.1.3 矿山和河道

《全国土壤污染状况调查公报》显示在调查的 70 个矿区的 1 672 个土壤点位中，超标点位占 33.4%，主要污染物为镉、铅、砷和多环芳烃。有色金属矿区周边土壤镉、砷、铅等污染较为严重，有色金属采选活动造成了严重的生态破坏。

矿山和河道治理修复及风险管控具有复杂性和系统性特点，且相应领域资金支持有限，目前矿山和河道污染治理力度还存在不到位的情况。我国主要的流域水系，如辽河、黄河、长江、珠江、雅鲁藏布江都存在有色金属采选导致的流域重金属污染问题。如黄河流域第二产业占比高，传统重污染产业集中，土壤环境保护形势严峻；建设用地土壤污染重点风险源密集，土壤环境风险隐患突出；涉重企业与耕地相邻相伴，耕地受重金属污染的风险较高；区域间土壤污染重点风险源数量和类别差异大。再如长江经济带上游区包括重庆、四川、贵州、云南等省（市），部分区域水土流失、荒漠化严重，矿产资源开发带来的环境污染和生态破坏问题突出，部分支流和湖泊水生态环境遭到破坏。

此外，西部大城市及周边地区相较于其他区域，污染形势严峻。汇水区尾矿库遍布，存在巨大的环境风险。金属矿区开采活动频繁，生态环境脆弱，水土流失严重，土壤重金属污染与生态退化复合叠加。

1.1.4 其他类型

除以上工业用地（含企业地块、填埋场和尾矿库）、农用地、矿山和河道污染面临严峻形势外，还存在部分尚未纳入重点监管的行业企业地块面临土壤和地下水污染问题，非法倾倒、非法填埋、非法处置危险废物导致的土壤和地下水生态环境损害仍然存在，造成的环境污染和生态破坏问题不容乐观。

1.2 修复与管控技术

相关文献研究总结了 2019 年 108 个国内污染场地修复工程案例的污染及修复技术应用情况，结果表明，已开展修复的场地污染类型以有机污染为主，重金属和复合污染次之，比例分别为 43%、30%和 25%。目前原位修复技术应用占比 56%，比例有所提高，主要的应用技术包括化学氧化还原、热脱附、固化/稳定化、抽出处理等。以北京市和天津市为例，分析近年来场地修复技术变化趋势情况。

通过统计北京市 2006—2020 年 48 个成规模的修复工程相关资料数据，主要涉及印染、焦化、化工及钢铁等行业污染地块，统计结果表明，2006—2020 年北京市修复后的污染土壤主要进行异地安全填埋和资源化利用，说明该阶段污染场地修复技术主要以异位修复为主。2008 年，北京市开始出现污染场地原位修复技术，但总体以异位修复为主，之后在 2010 年、2012 年、2016 年，个别场地采用原位修复技术；2018 年后，随着修复技术装备的不断发展，原位修复技术应用占比明显提升，且技术种类更为多元，同时风险管控技术开始应用。具体见图 1-1 和图 1-2。

另外，统计了天津市 2015—2019 年成规模的修复工程相关资料数据，主要涉及农药厂、化工厂等重点行业污染地块，结果表明修复后土壤的最终去向可总体分为三大类：原位修复、安全填埋和资源化利用。该阶段天津市污染场地以异位修复为主，但原位修复的占比开始呈上升趋势，修复后污染土壤采用原位修复、安全填埋和资源化利用的比例分别为 39%、42%和 19%，具体见图 1-3 和图 1-4。

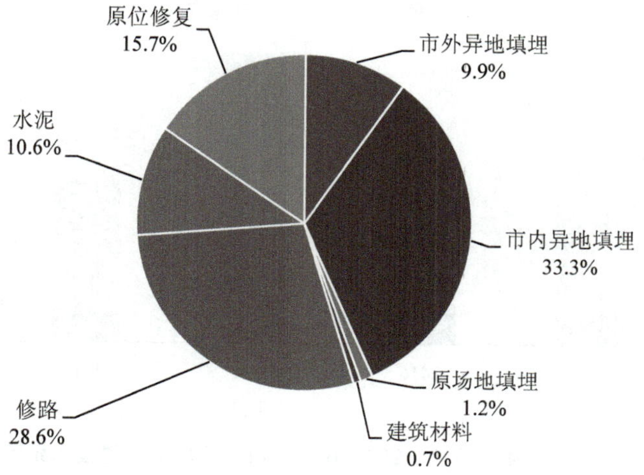

图 1-1 2006—2020 年北京市污染土壤修复后总体最终去向统计

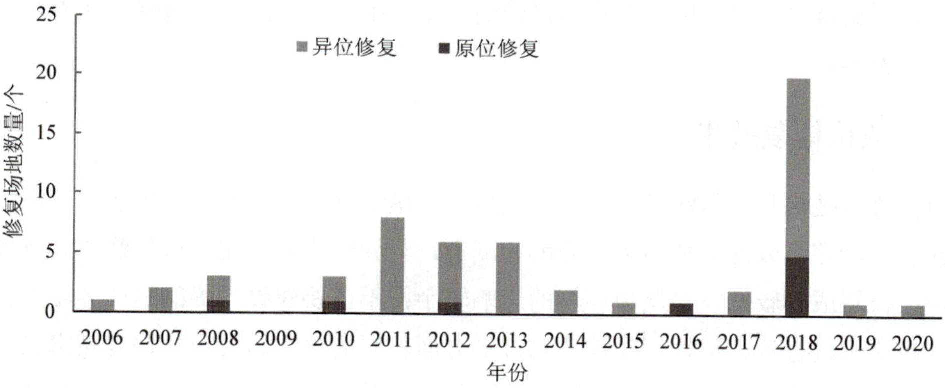

图 1-2 2006—2020 年北京市污染场地修复技术统计

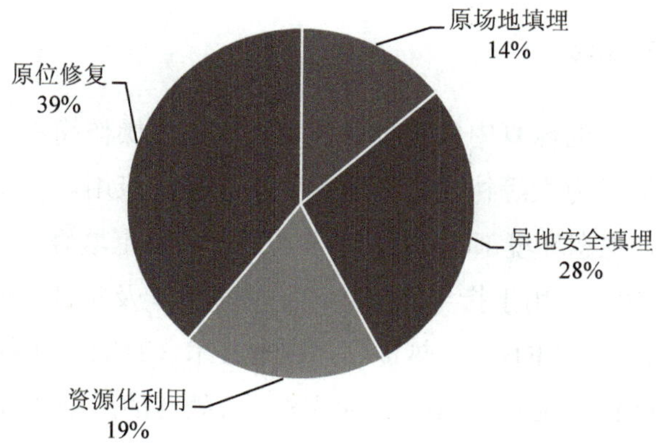

图 1-3 2015—2019 年天津市污染土壤修复后总体最终去向统计

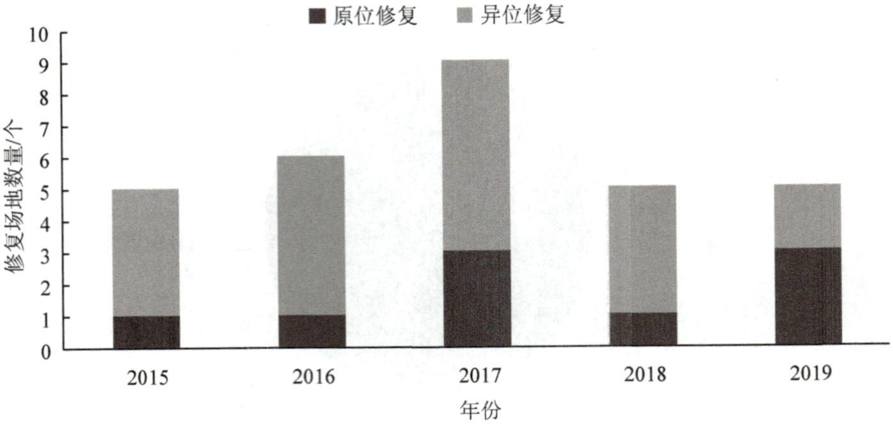

图 1-4　2015—2019 年天津市污染场地修复技术统计

修复技术的应用通常需要同时考虑技术成熟性、修复工期限制以及资金水平等因素的影响，根据修复项目实际情况筛选最佳的修复技术。常用污染土壤修复或管控技术筛选矩阵见表 1-1。

1.2.1　原位修复技术

原位修复技术是在被污染的土地上直接对土壤进行处理，尤其适用于深层次污染土壤的修复，能够有效地促使污染物降解和减毒。与异位修复相比，原位修复具有多方面的优势：投资成本较低，对周边环境的影响较小；不需要建设昂贵的地面环境工程基础设施，也无须进行远程运输；在操作和维护方面相对简单。尽管原位修复技术具有诸多优点，但其在工程设计中的应用仍然是土壤修复领域的核心难点之一。土壤和地下水原位修复技术主要有原位热脱附、原位淋洗、气相抽提（SVE）、多相抽提（MVE）、生物降解、原位化学氧化（ISCO）、原位化学还原、空气注入法（AS）、生物修复等。

1.2.1.1　原位热脱附技术

在土壤有机污染的修复中，原位热脱附技术具有操作简单、运行灵敏、运输便捷、修复效果好、发展潜力大等特点，因而得到了广泛的应用。关于污染土壤修复工程使用原位热脱附技术，生态环境部于 2021 年发布了《污染土壤修复工程技术规范　原位热脱附》（HJ 1165—2021）用于指导原位热脱附修复设计及实施。应用较多的原位热脱附技术有电阻热脱附技术（ERH）、热传导热脱附技术（TCH）和蒸汽热脱附技术（SEE），这 3 种加热技术能使土壤升温到不同的温区，可处理的污染物种类也不同。

表 1-1 污染土壤修复或管控技术筛选矩阵

编号	技术名称	技术路线简介	应用参考因素			适应性	不适应性
			成熟性	时间条件	资金水平		
1	原位土壤气相抽提	在污染场地的水饱和层以上的土壤中设立多处带有细格栅的抽气井，通过在抽气井中抽取空气、制造真空，使得挥发性有机物和部分半挥发性有机物脱离土壤，随着地层中的空气进入抽气井被抽出。抽出的气体需要经过处理（如活性炭过滤）后，达标排放。要对污染区域进行封闭或对人类活动进行限制。要定时对场地进行监测	技术成熟，国内偶见应用	时间较长/时间不确定性大	较低	①对挥发性有机物有较好效果；②适用于非饱和土壤，对通气性好且性质相对一致的土壤的修复效果较好	①仅适用于非饱和土壤；②对渗透性较差的黏性土壤不适用；③所需时间较长，不适用于亟待后期开发的场地；④对于后期开发中需要挖掘的场地，会增加总体费用
2	原位化学氧化	通过在地层中建立扩散井，将化学氧化剂注入土壤中，或通过高压喷头将药剂注射至污染土层，将污染物氧化成二氧化碳和水，或转化为低毒、稳定的化合物。要对污染区域进行封闭或对人类活动进行限制，并定时对场地进行监测	技术成熟，国内偶见应用	药剂注入时间较短，效果观测时间长	中等	①对于挥发性有机物和低浓度半挥发性有机物比较有效和经济；②注入井比较适用于渗透性好的土壤，高压旋喷可用于渗透性差的土壤	①对渗透性较差的黏性土壤需要加密注入，增加部分施工成本；②修复效果需长期监测，有时需重新注入药剂
3	异位化学氧化	通过将污染土壤清挖至修复车间内并送入搅拌设备，在搅拌设备中向污染土壤添加氧化剂，通过氧化作用，使土壤中的污染物转化为无毒或毒性相对较小的物质	技术成熟，国内应用较多	时间较短	中等	①土壤反应条件可控，氧化反应程度较好；②修复效率较高	深层土壤开挖难度较大
4	异位热脱附	通过将受有机物污染的土壤加热至一定温度，使吸附于土壤中的有机物转化为气态，最后通过燃烧分解气体中的有机物质	技术成熟，国内常用技术	时间较长	较高	对挥发性和半挥发性有机物均比较有效，辅以合适的尾气处理系统，适用的污染物浓度水平也比较宽泛	①需在现场建设热解吸设备；②需准确控制反应器温度和土壤的停留时间；③受设备处理规模限制，影响处理进度

编号	技术名称	技术路线简介	应用参考因素			适应性	不适应性
			成熟性	时间条件	资金水平		
5	原位热脱附	将加热棒插入污染土壤中，将土壤加热至设定温度，促使污染物气化挥发；通过抽提系统将污染气体抽出后，经尾水尾气处理系统达标排放	技术成熟，国内常用技术	时间较长	较高	①不扰动地层，便于二次污染防治；②采用原位修复，适合较大深度的重度污染土壤修复	①能源消耗较多；②整体成本较高
6	常温解吸	将污染土壤挖出，运至密闭大棚内，利用添加强化解吸药剂、翻抛污染土壤、强制对流通风等手段，强化土壤中挥发性有机物的逸出，再通过污染气体的收集和处理达到修复目的	技术成熟，国内常用技术	时间较短	较低	①对挥发性有机物修复效果好；②对土层分布复杂污染场地尤有优势；③不影响长期后期开发	对半挥发性有机物不适用
7	生物修复	利用生物代谢功能（吸收、降解、转化）去除土壤污染物，包括原位植物吸收、微生物分解及通风强化降解，通过优化生物活性与环境适配达到修复目的	技术成熟，国内偶有应用	时间长	较低	适用于有机物（如石油、农药）污染和部分重金属污染；要求土壤透气性良好、污染物浓度适中，具有经济环保优势	修复周期一般较长、难以满足快速修复污染土壤的需求等特点使得其在应用方面受到一定的限制
8	固化/稳定化	向土壤中加入固化/稳定化药剂，改变土壤的理化性质，使污染物发生（共）沉淀，或被吸附来降低其生物有效性，防止污染物在环境中的进一步迁移和扩散	技术成熟，国内偶有应用	时间较短	中等	对于重金属、难挥发性有机物和放射性污染土壤都比较适用，可一次固定土壤中多种污染物质	①药剂的选用较为关键，若选用不当会增大处置土壤的体积；②没有分解污染物，处理后的土壤潜在风险依然存在，需限制土壤的再利用，并进行长期监测

编号	技术名称	技术路线简介	应用参考因素			适应性	不适应性
			成熟性	时间条件	资金水平		
9	水泥窑协同处置	将污染土壤挖出，与水泥原料混合，在水泥窑内高温燃烧，可将有机污染物完成分解；尾气经处理后排放	技术成熟，国内常用技术	时间长	较高	适用于各种有机物污染土壤，适合高浓度、高风险污染土壤的处理	①挥发性含氯有机物污染土壤处理时，可能产生二噁英，需要对尾气处理装置进行改造；②为达到水泥质量要求，土壤混入量有限，影响处理进度；③对当地水泥窑接收要求较高；④高浓度污染物土壤外运过程风险较高
10	阻隔监控技术	利用工程措施将污染物封存在原地，限制污染物迁移，切断暴露途径，降低污染物的暴露风险，保护受体安全	技术成熟，在国内外有大量应用案例	工程建设周期短，后期管控维护周期长，直至开发修复或自然衰减至修复目标值	较低	工程控制技术的施工技术成熟，成本相对较低，工程建设周期短，对不同类型的污染都具有较好的风险控制效果	后期维护周期长，制度建设、监测预警要求高

原位热脱附修复技术在应用方面往往存在成本高、能耗高、有机物加热过程中容易产生二级衍生物以及恶臭等二次污染问题。在如今碳减排的大形势下，如何实现节能减排、降低损耗，同时提高修复能力和修复效率、降低二次污染，是现阶段需要重点研究和关注的内容。

文献分析了原位热脱附技术在有机磷农药污染场地修复中的应用及二次污染防治措施，研究结果表明，原位热脱附技术修复有机磷农药污染的土壤可以取得远优于国家土壤修复标准的效果，污染物总体去除率可达 99.9%。在原位加热处理过程中，场地特征污染物甲拌磷发生水解等降解作用，其降解产物的环境风险不容忽视，因此，在施工过程中应对设备、场地、施工人员进行统筹管理，在保证修复效果的同时，更应注意二次污染防控措施。地块修复过程中的废气、废水、固废二次污染防治措施为保护场地修复人员与周边居民的健康安全发挥了关键作用，废水、废气、固废的排放全部达标。特别是在场地污染物迁移路径发生变化后，运行方及时调整方案，加大废水处理量、增加废气处理的保障系数、制订多种应急处理方案及增加与方案配套的应急设备、药剂等，对原有的二次污染防治计划进行了优化完善，杜绝二次污染事件的发生。

原位热脱附系统主要分为加热系统、抽提系统、冷凝及气液分离系统、废水处理系统、废气处理系统和监控系统等。其中，加热系统采用以燃气为能源的热传导热脱附技术进行加热，主要由供应燃气的气化站、加热井、助燃风机等组成。抽提系统由气相抽提井（SVE 井）、气液双相抽提井（DPE 井）以及提供抽提压力的真空泵等组成。冷凝及气液分离系统由热交换器、水冷塔、风冷设备以及气液分离器等组成。废水及废气处理系统主要是将系统抽提、冷凝、气液分离后的废水和废气进行最终的无害化处置，本书不详细介绍。监控系统主要是监测土壤温度的升温过程、系统中各个设备的运行情况及实时监控系统的压力、废水、废气等。

原位热脱附技术的原理是通过加热提升土壤温度，促使污染区域内有机污染物加速转移至土壤气或地下水中，再通过气相和液相抽提井将污染区域内的土壤气和地下水收集并输送至地面废气和废水处理设备内进行最终处置，从而实现对污染地块的快速、高效修复。原位热脱附技术具有治理周期短、可同时修复多种有机污染物、对低渗透性污染区域适用性强等优点。

1.2.1.2 原位淋洗技术

土壤淋洗技术指借助能促进土壤环境中污染物溶解或迁移的溶剂，通过水力压头推动淋洗液，将其注入被污染土层中，然后再将包含污染物的液体从土层中抽提出来，在地面处理后再排放或回灌的一种方法。由于淋洗液的注入，可改变地下水与土壤对污染物的吸附及脱附特性、氧化还原状态、界面张力、酸碱状态以及污染物的分配、溶解、沉淀状态等，增加污染物溶解度，使污染物与溶液形成乳液（emulsion）或产生化学反应，促使原本吸附在土壤颗粒上或以液体形态存在于土壤孔隙中的污染物更容易随地下水移动，从而实现污染物的去除。常见的淋洗液包括界面活性剂、共溶剂、泡沫、酸、碱及螯合剂。界面活性剂分子由亲水基和疏水基两部分组成，当其在水中的浓度超过临界微胞浓度时，界面活性剂分子中的疏水基会同时朝内，使亲水基朝外与水接触形成微胞（micelle）的结构。

原位土壤淋洗技术适用于水力传导系数较大的多孔隙、易渗透的土壤，如沙土、砂砾土壤、冲积土和滨海土，不适用于红壤、黄壤等质地较细的土壤。原位土壤淋洗操作系统主要包括污染区包围屏障系统、淋洗液施加系统、淋洗液再生及循环系统和污染物处理及排放系统。主要操作步骤：①根据污染场地的地质特点和工程需求，确定注入井和抽提井的位置、数量和深度，以及固液分离设备、淋洗液回用处理设备的位置；②注入淋洗液，进行淋洗修复处理；③抽提出含有污染物质的淋洗液；④淋洗液净化回用；⑤污染物质安全化处理（图 1-5）。

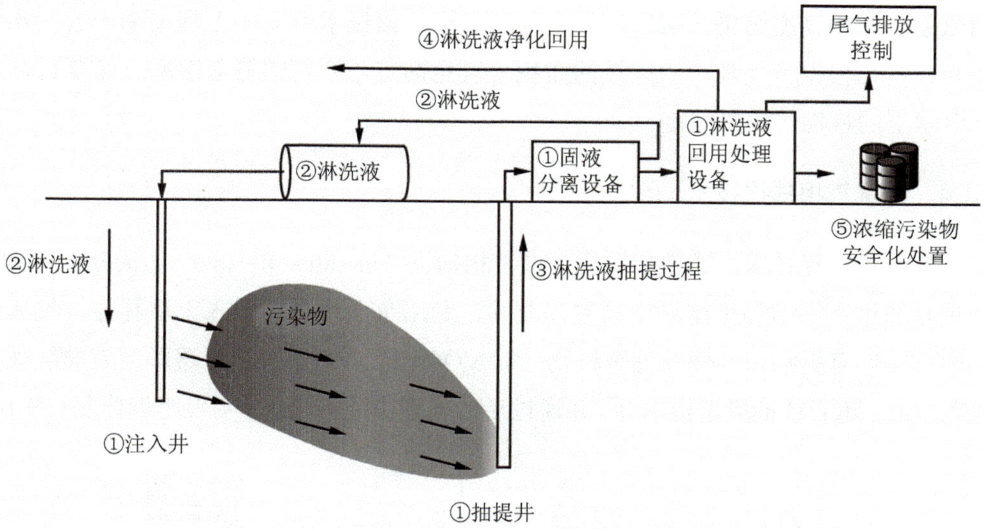

图 1-5　原位土壤淋洗技术修复示意

根据污染物类型不同，可选用不同类型的淋洗液，从而达到去除或强化修复污染物的效果。如对于石油污染土壤，通过使用表面活性剂原位冲洗，淋洗液进入土壤孔隙中运移并与污染物反应，再通过抽气装置将修复废液从抽提井抽出，在地面进行收集处置。对于重金属复合污染土壤，如铬、铜、镍等，采用含柠檬酸、草酸、酒石酸、苹果酸等的有机酸淋洗液可以达到较好的淋洗效果。不同污染物类型所选用淋洗液的淋洗效果相关研究较多，通常淋洗技术会联用其他修复技术最大限度地提高修复效率，达到减量化和无害化的效果。

1.2.1.3 化学氧化/还原技术

土壤化学氧化/还原技术是通过向土壤渗透层投加化学氧化剂（Fenton 试剂、臭氧、过氧化氢、高锰酸盐、过硫酸盐等）或还原剂（SO_2、FeO、气态 H_2S 等），使其与污染物质发生化学反应来实现净化土壤的目的。采用合适的氧化剂或还原剂是本技术的关键，原位化学氧化/还原技术的化学试剂通常采用垂直井、水平井注入或重力流入的方式注入污染区域。选用的试剂种类及注入方式需根据场地污染情况及水文地质情况进行确定。通常，化学氧化法适用于土壤和地下水同时被有机物污染的场地修复。运用化学还原法去除对还原作用敏感的有机污染物是当前修复技术研发的热点。例如，纳米级粉末零价铁的强脱氯作用已被接受和运用于土壤与地下水的修复。但是目前零价铁还原脱氯降解含氯有机物技术的应用还存在诸如铁表面活性的钝化、被土壤吸附产生聚合失效等问题，需要开发新的催化剂和表面激活技术。

总体而言，化学氧化/还原技术可用于修复严重污染的场地或污染源区域，但对于污染物浓度较低的轻度污染区域，该技术并不经济。该技术所需的工程周期一般在几天至几个月，具体根据待处理污染区域的面积、氧化剂或还原剂的输送速率、修复目标值及地下含水层的特性等因素而定。

1.2.1.4 土壤气相抽提技术

土壤气相抽提技术，通常指原位土壤气相抽提（in-situ soil vapor extraction，SVE），其原理是通过在不饱和土壤层中布置提取井，利用负压将气流导入土壤孔隙，气流使土壤中的挥发性有机物和半挥发性有机物（即 VOCs 和 SVOCs）从土壤颗粒表面解吸并携带进入气相，随后被抽提至提取井，并通过后续处理去除污染物，实现土壤修复（图 1-6）。

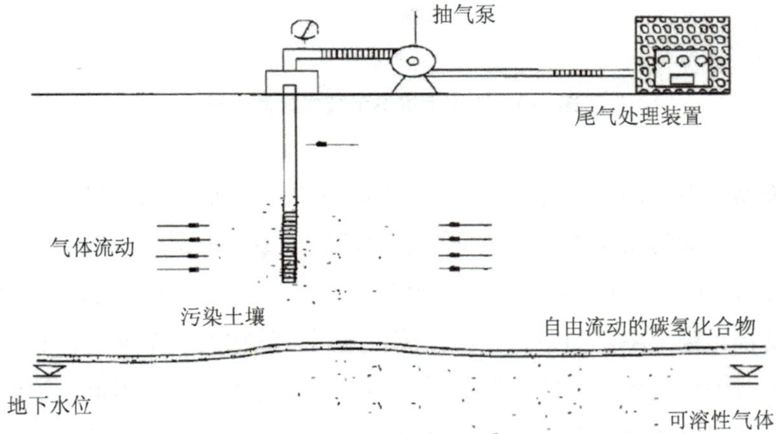

图 1-6 土壤气相抽提技术示意

土壤理化特性对土壤气相抽提技术的应用效果有较大的影响。采用原位土壤气相抽提技术的土壤应具有质地均一、渗透能力强、孔隙度大、湿度小和地下水位较深的特点。低渗透性的土壤难以进行修复处理。地下水位太高（地下 1～2 m）会降低土壤气相抽提的效果。排出的气体需要进行进一步的处理。黏土、腐殖质含量较高或本身极其干燥的土壤，由于其本身对挥发性有机物的吸附性很强，采用原位土壤气相抽提技术时，污染物的去除效率很低。同时，选择抽提井的数量及位置是 SVE 系统设计的主要任务之一。影响半径被认为是 SVE 设计最重要的参数。

综合 SVE 的应用效果，该技术有成本低、可操作性强、可采用标准设备、处理有机物的范围广、不破坏土壤结构、不引起二次污染等优点。

1.2.1.5 空气注入技术

空气注入法（air sparging）技术主要是在地下水中注入空气产生气泡，将水中气态污染物赶出到不饱和层中，再配合空气抽提设备将气体抽至地面处理。注入空气可以增加地下水及不饱和层中的氧气浓度，也可以提升污染物的生物降解作用。相对于传统抽出处理法（pump and treat），本方法处理废水较少，而相对于不饱和层的土壤气相抽提法，本方法则更适用于处理地下水的污染。

空气注入法主要去除的污染物为挥发性有机物及部分燃料油。以苯系物（BTEX）为例，本方法同时具有气提与生物分解作用；以三氯乙烯（trichloroethene，TCE）为例，则本方法仅具有气提作用，但若在注入空气中加入甲烷，则对 TCE 也可能会有共代谢的生物分解作用。由于本方法的使用需借助气泡的传送，因此对于均质且高透水性的自由含水层效果最佳。空气注入法在操作不佳的情况下，气体分布不均匀可能会造成污染团扩大，因此操作时需小心。此方法通常需要数年的时间才能达到修复效果。

空气注入除了本身的气提作用外，还会增加地下水层及不饱和层的氧气浓度，因此可提升微生物对污染物的降解作用。营养盐的加入则可能产生微生物的共同代谢作用。一般而言，高挥发性污染物的主要去除机制是挥发，而低挥发性污染物的主要去除机制则是生物降解。在修复初期，蒸气抽除是移除机制的主要控制因子，而生物降解则是修复后期的控制因子。因此，通常可由供气气体量的大小初步判定是属于挥发为主还是生物分解为主的去除机制，而后者也常称生物注气法（biosparging）。

典型的空气注入系统包含空气注入井或探针、歧管、阀门、监控仪器设备、空气压缩机、真空鼓风机、气液分离器及废气排放处理设备等，流程示意图如图 1-7 所示。其中有关垂直井或水平井的选择可依实际状况确定，通常水平井可增加与注入空气的接触表面积，因此较垂直井能提供较大的影响区，而安装在 100～150 英尺[①]深，水平井也比垂直井更具成本效益。

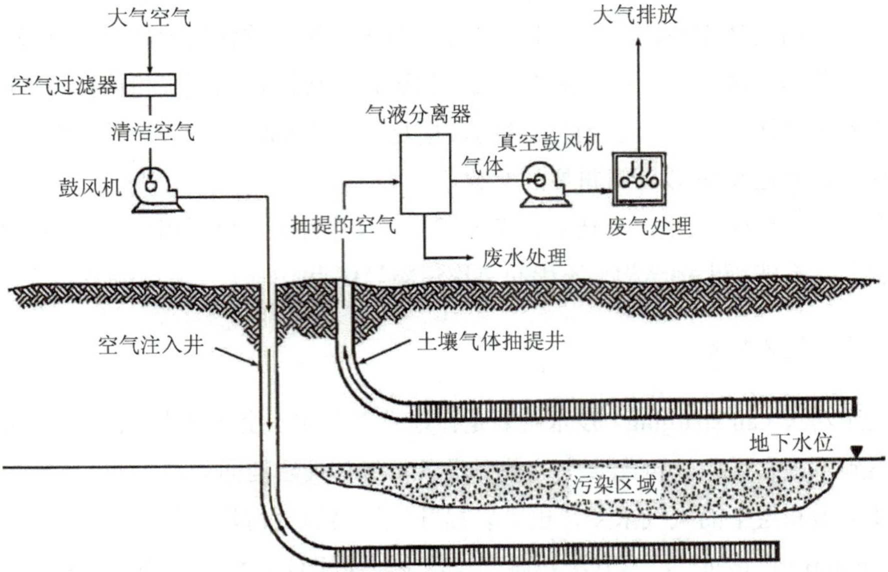

图 1-7 水平空气注入/土壤气抽出系统流程

1.2.1.6 生物修复技术

生物修复技术是指综合运用现代生物技术，使土壤中的有害污染物得以去除，土壤质量得以提高或改善的过程。土壤生物修复技术包括植物修复、微生物修复、生物通风等技术。

（1）植物修复技术。

是指利用植物对某种污染物具有特殊的吸收富集能力，将环境中的污染物转移到植物体内，或通过植物作用将污染物降解利用，对植物进行回收处理，达到去除污染与修复生态的目的。根据其作用过程和机理，重金属污染土壤的植物修复技术可分为植物固定、植物挥发、植物吸收、植物降解、根际生物降解修复五种类型。这种技术的应用关键在于筛选具有高产和高去污能力的植物，摸清植物对土壤条件和生态环境的适应性。利用植物与微生物相结合的植物辅助生物修复技术来降解土壤中的有机污染物是近年来出现的新技术，如通过根际微生物可加速植物吸收某些矿物质（如 Fe 和 Mn）。

① 1 英尺=3.048×10^{-1} m。

（2）微生物修复技术。

微生物修复技术通过微生物将污染物降解或转化成较低毒性或无毒性的形态，以降低污染物毒性或去除污染物。该技术可在场地原位进行修复，较具经济性，对场地的扰动较小，可分解污染物而非相的转移，无须负清运受污染介质的责任，大众接受度较高，并且可与其他物理或化学的处理技术相结合。

（3）生物通风技术。

生物通风技术是将空气或氧气输送到地下环境以促进生物的好氧降解作用，从而达到降解挥发性有机物的目的。生物通风技术是一种强迫氧化的生物降解方法，即在受污染土壤中强制通入空气，将易挥发的有机物一起抽出，然后用气体处理装置进行后续处理或直接排入大气（图 1-8）。此法常用于地下水层上部透气性较好而被挥发性有机物污染土壤的修复，但也适用于结构疏松多孔的土壤，以利于微生物的生长繁殖。

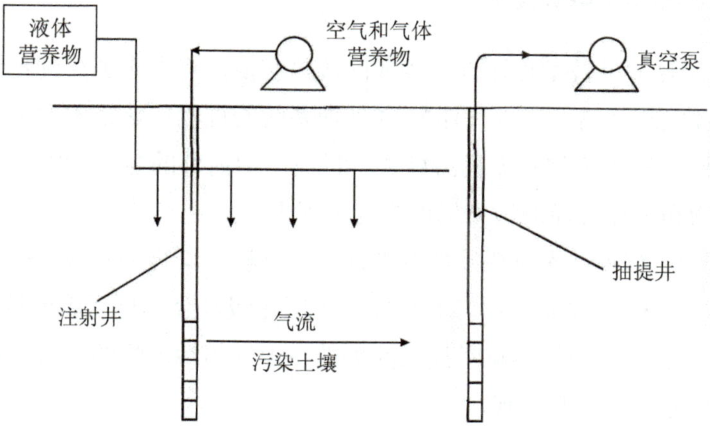

图 1-8 生物通风修复系统示意

1.2.2 异位修复技术

异位修复可分为现场处理和场外处理两种，需要对污染土壤进行挖掘、筛分和搅拌等，具有修复时间短、工程可控性高、效果明显等优点，比较适用于小面积或重污染的地块。根据国内用地性质实行分类管理的要求，建设用地和农用地在质量标准、评价技术规范和风险管控方面存在差异，这些差异影响了异位修复技术的应用方式和重点。目前，国内在污染场地项目中较多地应用了异位修复技术，这些工程案例为今后修复技术的合理选择以及组合工艺的优化设计提供了重要的参考依据。

1.2.2.1 固化/稳定化技术

固化/稳定化（solidification/stabilization，S/S）技术通过将 S/S 材料与受污染土壤混

合，运用物理或化学的方法将土壤中的污染物固定，或者将污染物转化成化学性质不活泼的形态，进而阻止污染物在土壤环境中迁移、扩散等过程。S/S 技术可处理重金属等无机污染物和杀虫剂、除草剂、多环芳烃等有机污染物。常用的 S/S 修复材料主要有黏结剂材料和添加剂材料，黏结剂材料包括水泥类和火山灰类材料，主要作用是将污染物固化在固化体内部；添加剂材料包括活性炭、碳酸盐、混凝土添加剂等，主要作用是进一步提高 S/S 技术的固化/稳定化效果。S/S 技术可采用原位修复或者异位修复。

异位 S/S 技术近几年在国内工程应用较多，能将污染物转化为不易溶解、迁移能力或毒性更低的污染物，以降低其溶解迁移性、浸出毒性和生物有效性。固化/稳定化技术适用性广，适合多种无机污染物、部分有机污染物和难处理的复合污染物，修复时间较短，成本较低，性价比较高。

1.2.2.2 异位热脱附/热解吸技术

异位热脱附/热解吸技术指通过直接或间接热交换，将土壤加热到足够的温度后使污染物从土壤中挥发或分离，进入气体/液体处理系统的过程。该技术的主要处理对象为挥发性、半挥发性有机污染物和无机污染物。目前，国内外的热脱附案例主要应用于苯系物、含氯有机物和多环芳烃的污染场地修复工程中。

异位热脱附/热解吸技术对挥发性及半挥发性有机污染物去除效果较好，国外已广泛应用于工程实践。1982—2004 年，约有 70 个美国超级基金项目采用该技术；我国也已有少量工程应用。异位热脱附/热解吸技术的关键在于气相污染物的二次污染防治，需具备配套的大气污染处理技术及装置。

1.2.2.3 异位土壤气相抽提技术

异位土壤气相抽提（ex-situ soil vapor extraction）技术将污染土壤转移至专门处置场进行修复，不影响原有场地的开发利用，其优点为修复周期短。北京某地铁污染土壤修复工程采用异位气相抽提修复施工方案，所采用的气相抽提技术对主要污染物 1,2-二氯乙烷、氯乙烯、氯仿和石油烃（C6—C9）在土壤中的去除率达 92.02%～99.07%。SVE 技术的主要处理对象为土壤中的半挥发性或挥发性有机物。

1.2.2.4 水泥窑协同处置技术

水泥窑协同处置技术是将满足或经过预处理后满足入窑要求的污染土壤投入水泥窑，在进行水泥熟料生产的同时实现对污染土壤的无害化处置。该技术利用水泥回转窑的高温，使污染土壤中的有害物质在高温环境下发生化学反应，最终达到修复污染土壤的目的。水泥窑焚烧技术对高浓度污染物的处理比较彻底，能够有效分解污染土壤中的有机污染物，并将其转化为无机污染物，减少了有机污染物对环境的潜在危害。然而，该技术也存在一定的局限性。入窑土壤的重金属最大允许投加量有一定限制，其掺烧比例通常在 10%以下，甚至更低，导致整体处理能力相对有限。此外，此项技术更适合处理黏性土壤，对于沙土和回填土的处理效果不佳。在实际应用中，需要充分考虑污染土壤的类型、污染物的性质以及水泥窑的处理能力等因素，以确保该技术能够安全、有效地应用于污染土壤的修复工作。

1.2.2.5 异位生物修复技术

对污染土壤异位挖掘堆放后，利用具备降解能力的土著微生物或外源微生物来降解土壤中的污染物，并通过人工强化措施提高降解效率。对于易于生物降解的有机物（如石油烃、低分子烷烃等），生物堆技术的降解效果较好，在国外已广泛应用于石油烃等易于生物降解污染土壤的修复，技术成熟。

石油污染土壤可采用异位强化生物修复技术，经过 300 d 的处理，疏松剂和外源微生物协同作用下除油效果显著，除油率高达 79%。如某原化工区，场地调查与风险评估发现存在苯胺污染土壤约 49 920 m^3。该项目采用模块化设计，批次处理能力为 10 000 m^3，处理时间为 1.5 个月，修复后苯胺的含量均降至修复目标 4.0 mg/kg 以下，满足修复要求并通过当时环保局的修复验收。

1.2.3 数智管控平台

土壤污染大多是污染物进入土壤后，导致土壤理化性质和生态功能发生改变，从而影响植物生长，甚至威胁人类健康。土壤污染修复技术主要包括物理修复法、化学修复法、生物修复法等。在实际应用中，需根据土壤污染类型、环境条件、污染物来源及毒性、污染物潜在危害、修复的有效期、修复后土地用途、资金情况等，选择适宜的修复技术或技术组合。选择修复技术和制订修复方案是一个复杂的系统工程，若有相关数据库作为技术支撑，则难度将大大降低。

近年来，在创新型污染修复与风险管控技术方面，智慧数据平台是一个亮点。智慧数据平台模块是土壤污染风险智慧管控模式的核心，该模块的输入包括土壤环境调查及评估结果、污染修复技术及案例、受体保护措施、跟踪监控结果，以及污染普查、重点监管企业数据、土壤污染现状调查、水文地质信息、文献资料等；输出包括制度体系修订完善的建议、污染修复技术支撑、受体保护措施方案支撑、跟踪监控的完善等。该平台依据输出不断更新，形成“输入—输出—反馈—更新输入”的循环更新模式。

各区域或行政单元均可构建土壤污染风险管控的智慧数据平台，既可筛选出区域内重点管控区域、重点管控企业等，又可以为区域土壤污染风险管控提供支撑、反馈和指导。建立土壤污染风险数据监测平台，以智慧数据平台为核心，可用于确定区域或行政单元整体风险控制目标，通过制度控制、技术控制、管理控制和智慧控制的手段，有效管控土壤污染。

1.3 修复工程概况

1.3.1 工业场地修复工程

污染地块修复已成为我国土壤生态环境治理的重要组成部分，据不完全统计，2006—2023 年，我国已完成或正在进行的污染地块修复项目已达到约 1 740 个，展现了从初步探索到快速发展再到成熟稳定的过程（图 1-9）。在萌芽阶段，土壤修复工作尚处于探索阶段，完成的修复项目大约有 10 个，仅占总工程数量的不到 1%，这一时期的项目主要依赖传统的修复技术，缺乏系统的治理策略和成熟的技术支持。进入起步阶段，随着对土壤污染问题认识的加深和治理政策的逐步建立，修复项目数量开始稳步提升，达到约 130 个，占比提升到 8%。这一阶段，国家开始重视土壤污染防治，修复技术和方法也开始多样化，为后续的快速发展奠定了基础。在快速发展阶段，随着《中华人民共和国土壤污染防治法》等一系列法律法规及政策的出台和公众环保意识的提升，修复项目数量出现陡增，达到约 600 个，占比为 34%。这一阶段的特点是技术创新活跃，修复手段更加多样和高效，政府和社会资本的投入也大幅增加。进入平稳阶段，土壤修复工程数量呈高位持平的状态，项目数量达 1 000 余个，占比达 57%。这表明土壤污染修复工作已经进入了成熟稳定的发展阶段，治理体系更加完善，技术手段和管理经验也日益丰富。在地域分布上，土壤污染修复项目在京津冀、长三角、珠三角等经济发达地区聚集，这与地区工业发展水平高、污染问题突出相关性较大。同时，南方省份的项目数量普遍多于北方省份，反映了地区经济发展和环境治理需求的差异。到 2023 年，我国的地块修复工程约 235 个，其中湖南省、江苏省、重庆市、湖北省和广东省的项目数量居多，显示了这些地区在土壤污染治理和修复方面的积极进展。总体来看，我国的污染地块修复工作已经从初步探索走向成熟发展，未来将继续深化土壤污染治理，推动生态环境持续改善；修复技术也非常多元化，以 2020 年为例，主要应用的技术包括固化/稳定化、填埋阻隔、水泥窑协同处置、化学氧化、化学淋洗、热脱附等（图 1-10）。

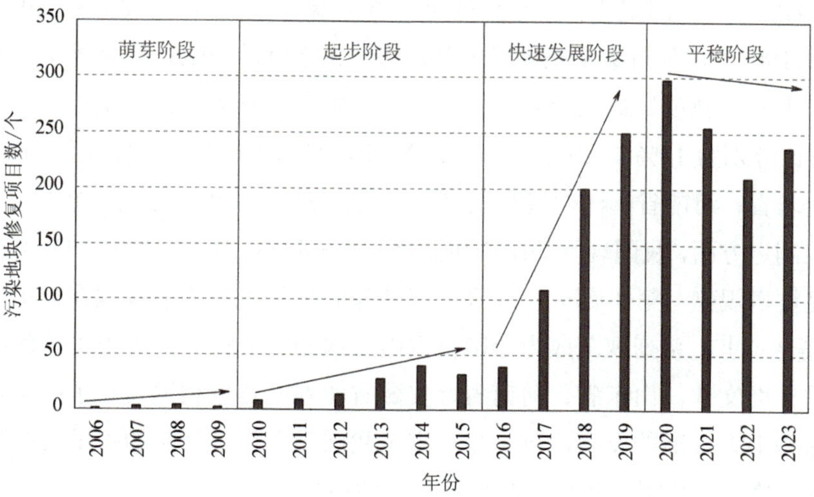

图 1-9　2006—2023 年我国污染地块修复项目年度变化情况

数据来源：公开招标网站、各省市生态环境主管部门官方网站。

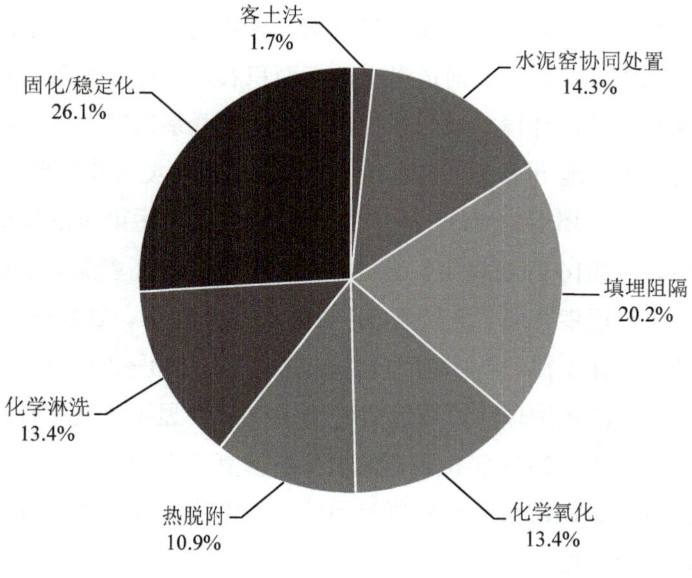

图 1-10　2020 年我国土壤修复项目技术统计

1.3.2　矿山生态修复工程

矿山生态修复已成为我国生态环境保护的重要部分。由于早期矿业开发重经济效益、轻生态保护，大规模开采对生态环境造成严重破坏。我国对矿山生态修复的研究起步较晚，始于 20 世纪 50 年代，80 年代后初见成效，当前仍处于发展起步的早期阶段。近年来，我国持续加大矿山生态环境修复与复垦力度，据不完全统计，2018—2023 年矿山修复项目共计 190 个，项目数量整体呈上升趋势；由于资源禀赋、资金筹备等因素，致使各省（区、市）实施项目数量差异较大，其中安徽省、河南省和河北省矿山修复项目数量较多，占比分别为 15%、12%和 11%。2023 年，我国矿山生态修复项目约 56 个，其中安徽省、河北省、河南省、江西省和北京市占比在 7%～12%，居前五位。

在标准制定方面，我国现行的矿山生态修复类标准约 25 个，其中 2022 年发布的《矿山生态修复技术规范　第 1 部分：通则》等 7 项行业标准标志着我国在矿山生态修复领域迈出了重要一步，系列规范成为全国范围内首次制定的针对矿山类项目的综合性生态修复工作的标准文件。山东省、河南省、安徽省和湖南省也相继发布了矿山生态修复工作导则，这些地方标准的发布，进一步丰富了我国矿山生态修复的技术规范体系，为地方性矿山生态修复工作提供了更为具体和适用的指导。

1.3.3　流域生态治理

我国重金属污染流域的环境问题主要源于历史上的采矿活动。早期采矿点多数未经过环保审批，缺少必要的尾矿库建设和环保措施，导致选矿过程中产生的废水和尾砂被直接排放到上游水系中，从而引起河道淤塞，大面积农田被尾砂覆盖，对生态环境造成了严重的破坏。结合流域内环境介质的多样性及其水文联系的密切性，流域重金属污染造成的水体（如地表水、地下水、灌溉水）、土壤与作物环境污染问题十分突出。

我国正逐步改善重金属污染流域的环境状况。随着《水污染防治行动计划》《重点流域水污染防治规划（2016—2020 年）》《重点流域水生态环境保护规划》系列文件的落实，各省（区、市）逐步开展了流域生态环境综合治理工作。2018—2023 年，我国已实施的流域治理项目共计 1 136 个，年度项目数量保持在 150～250 个；在省级层面，浙江省、陕西省和吉林省流域治理项目数量均超过 100 个，显示了地方政府在流域环境治理和修复方面的积极行动。2023 年，我国流域生态修复工程约 167 个，主要集中在城市河道治理修复和流域重金属污染治理修复等领域，其中陕西省、浙江省和湖北省的流域生态修复项目数量较为突出。

1.3.4　其他治理修复工程

除污染地块、矿山、流域的修复治理外，我国还积极推进其他生态环境修复项目，2023 年共计实施 10 个，覆盖了农用地、滨海海岸、石漠和荒漠等不同生态系统的治理与修复，体现了国家对全方位生态环境保护和修复的重视。其中，农用地修复治理项目 2 个，旨在解决土壤重金属与农药污染等问题，通过物理、化学修复等技术手段，钝化金属类污染物，削减农药类污染，恢复土壤肥力，促进农业可持续发展。滨海海岸修复项目 2 个，分别位于福建省和广东省，主要用于缓解滨海海岸线侵蚀、污染和生态退化等问题。石漠化综合治理项目 2 个，分别位于湖北省和四川省。通过植被恢复、水土保持和生态农业等综合措施，控制或减缓石漠化进程。荒漠化综合防治项目 4 个，主要集中在青海、新疆和内蒙古等地，项目通过实施封禁保护、植被恢复、沙化土地治理等措施，恢复生态系统功能，有效防治荒漠化。这些项目不仅涉及广泛的地理区域和生态系统类型，还展现了我国在生态环境修复领域的多元化治理策略和技术应用，为实现生态文明建设目标奠定了坚实基础。

1.4 问题与挑战

1.4.1 修复方案编制精准性不足

（1）场地特性考量欠缺。

不同污染地块在污染源、污染物迁移途径及受体保护需求上差异显著。然而，在修复方案编制时，常常忽视对场地水文地质条件复杂性、土地规划用途特殊性以及周边环境敏感点分布的详细分析。例如，对于地下水埋深浅、土壤渗透性差的场地，若未充分评估这些因素，直接套用常规修复技术，可能导致修复效果不佳。一些位于城市中心、未来规划为商业或居住用地的污染地块，其修复目标应更严格，以保障人群健康，但部分方案未精准区分此类差异，使修复方案与场地实际需求脱节。

（2）技术适配性分析不深入。

面对多样化的土壤修复技术，从物理、化学到生物修复，修复方案编制未能充分结合污染物特性、污染程度及场地条件，深入分析技术优势与局限性。例如，对重金属污染地块，固化/稳定化技术虽能有效降低毒性，但对于高渗透性土壤，该技术可能无法长效阻止污染物迁移；而植物修复对污染浓度和土壤条件要求苛刻，方案若忽略这些细节，容易导致技术选择不当。

1.4.2 修复工程差异性认知不足

（1）污染特征差异。

不同行业、不同生产工艺产生的污染物种类和形态各异。实际修复中，有机污染物需重点关注挥发性、降解难度，重金属污染需侧重形态稳定性及生物有效性控制等关键问题，工程实施应充分考虑以上污染特征差异，避免采用统一化修复流程，影响修复精准性。

（2）工程实施差异。

原位修复与异位修复在工艺、设备及二次污染防治方面截然不同。原位修复可减少土壤扰动但修复周期长、效果监测难；异位修复处理彻底但成本高、运输风险大。修复项目应充分权衡项目需求和技术差异，开展成本效益和可持续综合评估，灵活选择修复方式，根据工程实际需求优化工艺参数和管理措施，提升工程整体效能。

1.4.3 修复行业工程设计规范不完善

（1）现有规范覆盖局限。

当前修复行业导则和指南多侧重修复技术总体要求、效果评估等程序要求，如《建设用地土壤修复技术导则》等，对具体工程设计细节涉及较少。对于复杂场地条件下的修复工程设计，缺乏规范指导，导致设计人员在确定工艺流程、设备选型及系统集成时缺乏依据，工程质量和稳定性难以得到有效保障。

（2）关键修复技术设计细化不足。

尽管行业内陆续发布了部分关键修复技术规范，但与实际需求仍存在差距。多数规范侧重修复过程操作，对前期工程设计环节的关键要素，如药剂投加系统设计、反应器选型与优化等细节关注不够，使得修复工程在设计阶段难以精准规划，增加施工变更风险，影响工程进度和成本控制。

1.4.4 修复小试和中试实施针对性、规范性不足

（1）实施主体与目标定位存在差异。

修复小试和中试实施主体多元，包括科研单位、技术方案编制单位和工程实施单位等，各方对小试和中试的目标定位认知存在差异。科研单位侧重技术性能研究，工程实施单位更关注工程可行性，这种认知不一致导致小试和中试在设计和实施中缺乏统一方向，影响成果的实用性和可推广性。

（2）关键环节缺乏标准约束。

由于土壤污染的空间差异性较大，影响要素复杂，在实验设计环节，常出现采样缺乏代表性、试验分组不合理等问题，使试验结果无法准确反映场地实际状况；质量控制方案缺失，导致数据精准性和可靠性存疑；对于小试和中试数据的分析与评估，缺乏科学方法指导，结论主观性强，难以有效支撑工程方案制订和实施。

1.4.5 修复管控工程绿色低碳化设计考量缺失

（1）设计目标侧重点偏差。

传统修复工程设计多聚焦于污染物去除效率和修复达标，对绿色低碳理念融入不足。

在方案设计阶段，未充分考虑药剂残留对土壤生态环境的潜在危害、能源消耗产生的碳排放以及二次污染物对环境的影响，导致修复过程可能引发新的环境问题，部分重污染有机工业场地修复异味扰民严重，与可持续发展目标相悖。

（2）绿色低碳化措施落实困难。

从修复技术选型到工艺参数确定，多数设计未将绿色低碳作为关键考量因素。一些高效但高能耗、高药剂投加量的修复技术被广泛采用，却未能采取有效措施防控其对环境的负面影响。同时，在设备选型与系统集成中，也未充分评估设备能耗和资源利用效率，致使修复工程绿色低碳化难以实现。

（3）亟须拓展大数据 AI 技术辅助支撑应用场景。

依靠大数据 AI 技术，辅助支撑修复管控技术的合理选择与智能优化，通过对大量成功修复案例及技术参数的深度分析，精准匹配最优方案，实现技术的高效适配与持续改进；辅助支撑场地条件的精确模拟与修复效果的预测评估，借助复杂的算法模型，模拟不同修复情景，提前预测修复成果，为决策提供可靠依据；辅助支撑小试/中试方案的科学设计和结果的拓展应用，从实验阶段的数据收集、分析到成果的转化拓展，全程提供智能辅助，提升修复工作的整体效能与创新性。

2

场地修复小试和中试基本要求

对于场地修复前开展的小试和中试试验，首先应当充分了解反应过程和传质过程。在实际应用前，需通过实验室研究明确药剂种类和添加量，通过中试进一步确定和优化现场实施的重要参数。

以原位化学氧化技术为例，通过小试试验，判断修复效果能否达到要求，探索并初步明确药剂投加比、时间、pH 变化、氧化还原电位变化、含水率控制等重要参数。在此基础上开展中试试验，评估大型工程的可靠性和可行性，针对施工过程及结果做详细记录，指导工程实施。开展设计时，需着重考虑注入井的分布、药剂注入量、监测井布设等。可以通过反应传质模型、场地概念模型等工具对设计进行指导。

2.1 法律法规依据

（1）《中华人民共和国环境保护法》。

（2）《中华人民共和国土壤污染防治法》。

（3）《中华人民共和国固体废物污染环境防治法》。

（4）《中华人民共和国水污染防治法》。

（5）《中华人民共和国大气污染防治法》。

（6）《危险化学品安全管理条例》。

（7）《建设用地土壤污染状况调查技术导则》（HJ 25.1—2019）。

（8）《建设用地土壤污染风险管控和修复监测技术导则》（HJ 25.2—2019）。

（9）《建设用地土壤污染风险评估技术导则》（HJ 25.3—2019）。

（10）《建设用地土壤修复技术导则》（HJ 25.4—2019）。

（11）《建设用地土壤环境调查评估技术指南》（环境保护部公告 2017 年 72 号）。

（12）《污染地块风险管控与土壤修复效果评估技术导则（试行）》（HJ 25.5—2018）。

（13）《污染地块地下水修复和风险管控技术导则》（HJ 25.6—2019）。

（14）《地块土壤和地下水中挥发性有机物采样技术导则》（HJ 1019—2019）。

（15）《土壤环境质量 建设用地土壤污染风险管控标准（试行）》（GB 36600—2018）。

（16）《地下水环境状况调查评价工作指南》（2019 年 9 月）。

（17）《地下水质量标准》（GB/T 14848—2017）。

（18）《固体废物 浸出毒性浸出方法 水平振荡法》（HJ 557—2010）。

2.2 试验原则

2.2.1 实验室小试试验

在各类修复技术应用于实际场地修复之前，需要进行实验室小试试验，以确定在不同环境条件下（土壤基质、金属迁移性）的修复设备和药剂注入量，确保处理效率。但实验室试验结果不可直接应用于中试研究，需要通过非线性模拟得出所需数据。

实验室试验通常基于极端条件下（土壤的体量小且处于不受干扰状态），与真实土壤状态差别较大，主要存在以下三点问题：

（1）实验装置无法模拟实际场地的地质、水文特性，但土壤的物理化学特性（包括土壤有机碳组分及矿物组成）对设备和药剂需求量起着主要作用；

（2）实验室试验需考虑边界条件（如管壁效应）的影响，实际场地不需要；

（3）实验室试验一般基于均匀混合、静态的系统，而实际场地常涉及非均质流。尽管如此，基于土壤基质的实验室试验对于预估场地药剂和设备需求量仍至关重要。

2.2.2 中试试验

中试试验主要用于确定实际应用的工程参数、对比不同的修复方式，具体包括：

（1）中试试验参数，以原位注射为例，中试参数包括药剂浓度、注入速率、温度、压力、影响半径及注射体积等；

（2）场地地质特性，包括土壤渗透性、粒径分布、有机质含量等；

（3）确认处理方式对于所关注的污染物的处理效率。

在进行中试试验前还需重点考虑以下几个技术问题。

（1）中试试验的场地选择：须选择最具代表性的位置，且区域范围内允许不间断操作。如果不能选择完整的污染羽作为中试场地，应选择边沿梯度的污染羽，保证所选择的中试场地不被二次污染，且能观察下游不受影响区域。

（2）中试试验的平面布置：以原位注射为例，包括药剂的注入系统采用的现有井、新注入井、直接注入点或多种组合方式，并且应当设置适当的间隔和排列。为确保氧化剂在污染区的均匀传输，所有注入点的影响区域范围需重叠，药剂的用量需根据污染物质量及氧化剂需求量进行估算。

（3）中试试验的效果验证：建立场地监管和采样程序，有效地监控添加药剂的分散情况及三维尺度的处理效果。

2.3 常用技术方法原理

2.3.1 固化/稳定化修复技术原理

固化/稳定化（S/S）土壤修复技术指运用物理或化学的方法将土壤中的有害污染物固定起来，或者将污染物转化成化学性质不活泼的形态，阻止其在环境中迁移、扩散等过程，从而降低污染物质毒害程度的修复技术。在英国环境署公布的《固化/稳定化技术处理污染土壤导则》中，固化/稳定化技术含义较宽，指通过添加物和土壤反应，减少污染物的移动性或者有效性，添加物能通过吸附、沉淀使污染物发生化学变化，引入某种稳定固体物质的晶格中。根据美国国家环保局（USEPA）的定义，稳定化和固化具有不同的含义。稳定化是指从污染物的有效性出发，通过形态转化，将污染物转化为不易溶解、迁移能力或毒性更小的形态来实现无害化，以降低其对生态系统的危害风险。固化是指将污染物囊封入惰性基材中，或在污染物外面加上低渗透性材料，通过减少污染物暴露的淋滤面积达到限制污染物迁移的目的。

重金属化学固化/稳定化技术作为一项永久性治理重金属的常用技术，自 20 世纪 80 年代以来，已在美国、欧洲、澳大利亚等地区应用多年，现已广泛应用于含重金属废渣、土壤和淤泥沉积物、铬渣、汞渣、砷渣等领域的环境治理。1982—2005 年，美国超级基金共对 977 个场地进行修复或拟修复，其中有 217 个场地修复使用固化/稳定化技术，在重金属污染项目中，固化/稳定化处理技术占比超过了 50%。

固化/稳定化技术可原位和异位实施，常用的工艺是将稳定固化剂与污染介质（废渣、底泥或土壤等）充分混合与养护，通过一系列物理化学反应过程，最终将污染介质中易溶出重金属处理为长期稳定低溶出的形态，甚至固定在原始矿石结构中。

固化/稳定化技术具有有效性、长期性、高效性、实用性和安全性等特点，通常采用的药剂主要包括三类：有机络合螯合剂、无机稳定固化剂、黏土矿物。其反应机理主要包括络合、螯合、钝化、晶格化、氧化还原、pH 变动效应和固化等，应针对处理介质经稳定固化处理后的去向，选择性地添加高效环境友好型修复剂，从而加强对环境的保护性。

2.3.2 化学还原修复技术原理

化学还原修复技术通过将污染土壤和多硫化钙（CaS_5）、焦亚硫酸钠/亚硫酸氢钠（$Na_2S_2O_5/NaHSO_3$）、连二亚硫酸钠（保险粉 $Na_2S_2O_4$）、硫酸亚铁（$FeSO_4$）等还原剂混合，将污染土壤或沉积物中的 Cr^{6+}还原成低毒、稳定的 Cr^{3+}。通过化学还原和铬的络合等作用将重金属固定在混合体内，降低重金属的释放，达到污染土壤的无害化处理。化学还原修复技术包括异位修复和原位修复两种。国内外学者探讨了水泥、粉煤灰、石灰等单一固化剂对铬渣或土壤中铬的固定效率，但是完整的解释固定机理的理论体系并没有建立起来，尤其是影响土壤固化体中重金属的持久固定的因素还不清楚，需要从重金属的固定过程与 pH、温度、物料配比、混合条件等关系进一步开展研究，探索土壤固化体中重金属的持久固定机制，以确保土壤化学还原修复技术的安全性。如 Meegoda 等应用还原稳定化技术，进行了治理铬污染土壤的小规模试验，将污染土壤挖出后与一定的硅土混合，从而实现铬的固化/稳定化，但该方法需将土壤挖掘出来，成本较高，处理效果也有待进一步提高。

异位化学还原修复技术工艺简单，可利用现有的工程设备，建设成本较低，但由于机械动力消耗和化学试剂消耗大，运行成本较高。该技术主要存在以下不足：①污染土壤中有一些是混合渣土，对于混合渣土，化学还原修复技术难以达到处理目标值效果；②增容比大，按照土壤：药剂=1：1 的比例估算，污染土壤处置后形成混合物的体积增大 1 倍；③该工艺需要挖掘、筛分、还原稳定化处理和固液分离等一系列步骤，需要注意对二次污染的控制；④还原稳定化后的混合体需要进行安全处置，一般采取填埋场填埋的处置方式，如果综合利用，则要在后期对混合体进行长期监测。

原位化学还原修复技术通过在污染区域的特定位置注射还原剂或溶液，使其与污染物反应。将六价铬还原解毒后固定在土壤中，主要适用于岩土工程地质结构简单和污染深度很深的区域。根据采用的还原剂不同，化学还原可分为铁系还原技术和硫系还原技术。向污染土壤中施加还原剂可以通过多种方式实现，如对于可溶性的还原剂可以将溶液通过地表喷洒、深井灌注或混合搅拌等方式施加。

该技术不用进行土壤的挖掘；安装和操作相当便宜；污染物质的人类暴露概率很低；污染深度很深的区域也能够得到处理。该技术最主要需要关注的是：①注射的活性物质必须是环境安全的，不能引起二次污染问题；②该技术需要对水文地质条件进行充分的调研，合理布置活性物质注射井和注射位置（图 2-1），避免出现部分区域未能得到治理或污染泄漏事故的发生；③防止出现短流或隔水层情况，否则难以均匀地去除土壤中的六价铬；④该技术适合污染程度轻的土壤，污染程度重的土壤采用该技术时易引起污染扩散；⑤当 Cr^{6+}存在于土壤或沉积物颗粒内部时，难以与还原剂接触并发生氧化还原反应，因此，土壤或沉积物颗粒内部的 Cr^{6+}的去除是化学还原技术的难点。该技术在美国北卡罗来纳州某军事基地、华盛顿州 Frontier Hard Chrome 公司、马萨诸塞州等的几个典型场地有应用。

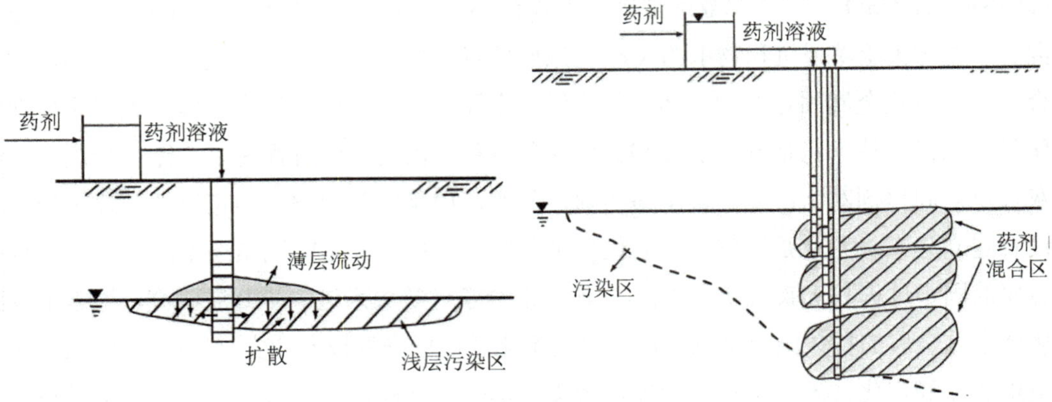

a. 重力注射　　　　b. 压力注射

图 2-1　活性物质注射方式

2.3.3　SVE 技术原理

土壤气相抽提（SVE）技术是利用真空泵抽提产生负压，空气流经污染区域时，解吸并夹带土壤孔隙中的挥发性和半挥发性有机污染物，由气流将其带走，经抽提井收集后最终处理，达到净化包气带土壤的目的。有时在抽提的同时，可以设置注气井，人工向土壤中通入空气。抽出的气体要经过除水汽和吸附等处理后排入大气，或者根据污染物的不同，采用相应的气体处理技术。

土壤气相抽提装置主要分为三大系统：抽提系统、尾气处理系统和中央控制系统。

SVE 主要用于挥发性较强的有机污染修复，且要求土壤质地均一、渗透性好、孔隙率大、含水率小及地下水位较低。

SVE 的优点：设备简单，易于安装操作；对现场环境破坏小；修复费用低廉，一般为 20～50 美元/t 土壤；易于和其他修复技术联合使用［地下水曝气（AS）、生物曝气（BS）等］；可以在建筑物等下方操作，而不破坏地上建筑物。

SVE 的缺点：将污染物浓度降低 90%以上较为困难；对低渗透性土壤和非均质介质的效果不确定；需对抽出的污染气体进行后续处理；只能对非饱和区域土壤进行处理。

2.3.4　MPE 技术原理

多相抽提（Multi-Phase Extraction，MPE）技术是指同时抽提地表下气相、液相或非水相液体（NAPL）相的污染物，常用于清除地下水水面变化带及毛细带中的污染物，但依据 MPE 的应用不同，也可清除包气带及含水层的污染物。其原理为通过真空提取手段，抽取地下污染区域的土壤气体、地下水和浮油层到地面进行相分离及处理，以控制和修复土壤与地下水中的有机污染物。

系统构成和主要设备：

MPE 系统通常由多相抽提、多相分离、污染物处理三个主要部分构成。系统主要设备包括真空泵（水泵）、输送管道、气液分离器、NAPL/水分离器、传动泵、控制设备、气/水处理设备等。

多相抽提设备是MPE系统的核心部分，其作用是同时抽取污染区域的气体和液体（包括土壤气体、地下水和 NAPL），把气态、水溶态以及非水溶性液态污染物从地下抽吸到地面上的处理系统中。多相抽提设备可以分为单泵系统和双泵系统。其中，单泵系统仅由真空设备提供抽提动力，双泵系统则由真空设备和水泵共同提供抽提动力。

多相分离指对抽出物进行的气－液及液－液分离过程。分离后的气体进入气体处理单元，液体通过其他方法进行处理。油水分离可利用重力沉降原理除去浮油层，分离出含油量低的水。

污染物处理是指经过多相分离后，含有污染物的流体被分为气相、液相和有机相等形态，结合常规的环境工程处理方法进行相应的处理处置。气相污染物的处理方法目前主要有热氧化法、催化氧化法、吸附法、浓缩法、生物过滤及膜法过滤等。污水中的污染物处理目前主要采用膜法（反渗透和超滤）、生化法（活性污泥）和物化法等技术，并根据相应的排放标准选择配套的水处理设备。

2.3.5 化学氧化技术原理

化学氧化（chemical oxidation）技术在国内外污染场地修复中应用非常广泛，分为异位化学氧化和原位化学氧化，在国外已经形成了较完善的技术体系，应用广泛，在国内也发展较快，已有工程应用。化学氧化技术的原理为向污染土壤添加氧化剂，通过氧化作用，使土壤中的污染物转化为无毒或毒性相对较小的物质。常见的氧化剂包括高锰酸盐、过氧化氢、Fenton 试剂、过硫酸盐和臭氧。

化学氧化可处理石油烃、BTEX（苯、甲苯、乙苯、二甲苯）、酚类、MTBE（甲基叔丁基醚）、含氯有机溶剂、多环芳烃、农药等大部分有机污染物；异位化学氧化不适用于重金属污染土壤的修复，对于吸附性强、水溶性差的有机污染物应考虑必要的增溶、脱附方式。

异位化学氧化处理周期较短，一般为数周到数月。国外处理成本为 200～660 美元/m^3；国内处理成本一般为 500～1 500 元/m^3。

相较于异位化学氧化，原位化学氧化技术不需要挖出或移出污染土壤和地下水，基本不破坏地层结构，保持地基承载力、施工简单及修复成本较低。同时，原位修复施工过程中不进行清挖、装载及外运污染土等施工过程，污染物暴露面积小，更好地保证了施工人员人身安全及身体健康。目前，在工程实施中，原位化学氧化技术按药剂注入方式主要包括原位浅层搅拌化学氧化技术、原位注入井化学氧化技术、原位直压式高压注射技术和原位高压旋喷化学氧化技术等 4 种。

原位化学氧化技术是一种反应强度大、对污染物浓度和性质较不敏感、修复效率高、作用时间短且环境安全的修复技术。尤其适用于有机及农药污染场地中土壤和地下水的快速修复。美国国家环保局的调查资料显示，近年来的场地修复案例中，原位化学氧化技术约占 33%，并且有日益增加的趋势，该技术成为目前发展最迅速的土壤及地下水修复技术。原位化学氧化技术常用来修复挥发性有机物、半挥发性有机物及农药类污染的土壤与地下水，由于地层环境的稳定性，这些污染物通常在地层中长期存在，难以通过自然方式进行氧化或生物降解。原位化学氧化修复过程中，药剂混合可采用注入和搅拌两种方式进行。原位注入以溶液形式添加药剂，原位搅拌可以将药剂以溶液或固体状态添加到污染土壤中，以实现修复药剂在土壤中的均匀扩散和分布，从而充分提高药剂的使用效率。

原位化学氧化技术除了能够氧化分解土壤和地下水中的污染物，还能显著增加饱和带土壤与地下水之间的传质速度，从而加速污染物总量的减少。该技术的修复效果受多种因素影响，包括污染物类型及浓度、氧化剂类型及投加比例、氧化剂在地下水中的传输，以及由非污染物（如地下水有机质及还原性金属等成分）引起的氧化剂需求量变化。其中，化学氧化药剂的选择和修复集成技术与工程体系是化学氧化修复技术实施的核心。

近年来，国内外原位化学和生物修复技术的研发主要集中在材料方面，填充材料包括零价铁、活性炭、泥炭、蒙脱石、石灰、锯屑等，可注入的化学反应试剂包括高锰酸钾、Fenton 试剂、过硫酸盐、释氢剂等，其中绿色、缓释的修复材料是目前国内外的研究热点。绿色修复材料可以减少二次污染物的生成，减少全生命周期的环境足迹，并且降低生产成本。绿色修复材料包括纳米铁的绿色制备工艺，利用堆肥、硅质砾石等天然材料制备可渗透反应墙内填料等。缓释修复材料可以在较长的时间维持修复效果，能够有效降解黏附于含水层中土壤颗粒上的有机污染物，形成可持续的原位修复系统。目前，缓释修复材料的研究包括胶体型缓释高锰酸钾氧化材料等。虽然绿色和缓释修复材料的研究较多，但目前在国内还没有成功的工程应用案例。

近 20 年来，西方国家在场地修复技术与装备研发、工程应用及产业化方面发展迅猛且日趋成熟，已成功应用于不同污染状态下的场地治理工程。发达国家污染控制的技术体系已基本形成，制定了系列的污染场地修复行动指南、技术导则与工程规范，形成了完备的监管体系、政策法规、技术集成和材料装备产业化综合体系。荷兰政府在 20 世纪 80 年代就投入 15 亿美元进行土壤修复技术的研究和工程应用试验。德国政府在 1995 年投资 60 多亿美元进行污染土壤修复工程实施。美国通过超级基金制度从 20 世纪 80 年代初开始，至 2009 年已经投入数百亿美元开展土壤和地下水的修复工作。近年来美国政府又投入 100 多亿美元用于土壤和地下水修复技术的开发研究与工程应用，共完成 1 164 个场地的修复工程，占《国家优先控制场地名录》（NPL）中的 69%，并开展近 93 000 个修复评估项目，总共有 130 万英亩①的土地得到修复。

2.3.6 热脱附技术原理

原位热脱附是石油类污染场地修复技术中一种重要的原位处理手段，主要用于处理一些难以实施异位修复的区域，如深层土壤及建筑物下方。原位热脱附是将污染土壤加热到一定温度，使污染物分解、挥发，然后通过气相或液相抽提的手段，将污染物从土壤中去除并得到净化。因此，在一定程度上，可以说原位热脱附是热增强版的 SVE。

原位热脱附特别适用于重污染土壤，包括高浓度的、难挥发的、非水相液体（NAPL）等有机污染物。具体可用原位热脱附技术处理的污染物主要有苯系物（BTEX）、氯代烃（CHC）、半挥发性有机物（SVOCs）、多环芳烃（PAHs）、石油烃（TPH）、多氯联苯（PCBs）及农药等。

根据常用的加热方式，可将原位热脱附技术分为电阻热脱附技术（ERH）、蒸汽热脱附技术（SEE）以及热传导热脱附技术（TCH）。这三种技术可以单独使用，也可以组合使用来处理包气带和饱和区。

（1）电阻热脱附技术（electrical resistance heating，ERH）是以一个核心电极为中心，周围建立一组电极阵并对土壤进行放电，电能在土壤中转换成热能并加热土壤，土壤中水分逐渐转化成蒸汽，促使有机污染物从土壤中脱附出来，并通过抽提井抽提到地面进行净化处理。土壤的导电性是影响 ERH 应用的关键因素，随着水分的蒸发，电导率降低，因此，电阻热脱附技术最高可将土壤加热至 100℃。此外，为了防止电极周围土壤变干后电导率降低，通常需要向土壤中补充水和盐分。

（2）蒸汽热脱附技术（steam enhanced extraction，SEE）是通过设置的注入井，将高温蒸汽注入土壤中，高温蒸汽液化放热，从而实现土壤中有机污染物的脱附，最终通过抽提井将含有污染物的气体抽提到地面进行净化处理。在一些特定情况下，SEE 加热温度最高可至 170℃。另外，SEE 受土壤渗透性的限制较大，一般适用于渗透系数 $K>10^{-4}$ m/s

① 1 英亩=0.404 856 hm^2。

的土壤。

（3）热传导热脱附技术（thermal conduction heating，TCH）是指在土壤中设置垂直加热井或者表面铺设电加热布，使土壤中的有机污染物挥发、发生热解等反应（图 2-2）。一般情况下，垂直加热井用于深层污染土壤修复，而电加热布用于表层污染土壤修复，表层污染土壤修复也可以采用水平加热井的方式。加热井的供能可以是电或燃气。位于地上的燃烧器将天然气或液化石油气燃烧后的热量传递到加热井，对周围土壤进行热传导加热，使有机污染物从土壤中脱附下来，通过抽提井进行收集处理（图 2-3）。与 ERH 和 SEE 相比，TCH 能够将土壤升温至 750～800℃，可以有效去除沸点大于 100℃的半挥发性有机物和难挥发性有机物。

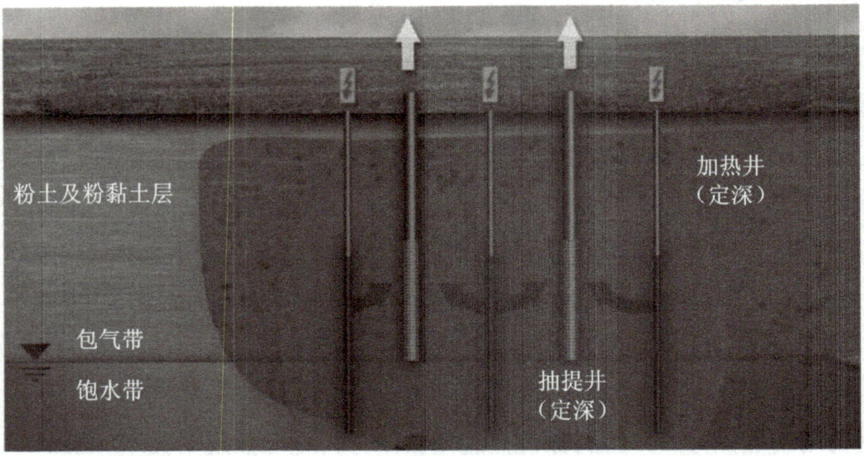

图 2-2　热传导热脱附技术示意

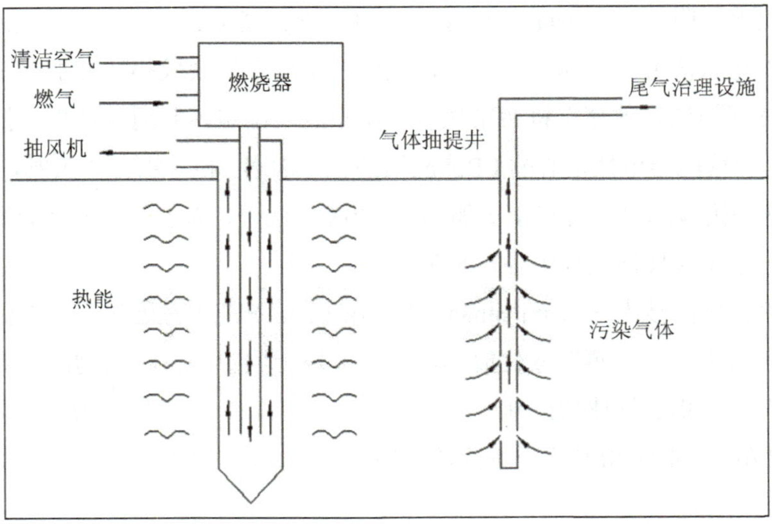

图 2-3　燃气热脱附技术原理

由于 TCH 通过直接热传导作用实现能量传递，其加热过程对土壤异质性的敏感度较低，因此，土壤异质性对加热速度的影响相对有限。与土壤气相抽提相同，土壤的渗透性会影响污染物的抽提效率，对于渗透性好的土壤，污染物更容易被抽提去除。由于 TCH 能够将土壤升温至 750～800℃，随着水分的蒸发、有机质的碳化，土壤的渗透性会增加，因此，TCH 能处理低渗透性的土壤。

以上这些技术的起源都可以追溯到石油工业，这些技术是为了提高石油开采率而开发的。20 世纪 80 年代，荷兰和美国开发了使用热蒸汽注入来修复受污染的土壤和地下水的技术；ERH 是美国 1988—1992 年开发的，该技术 1993 年在汉福德核遗址和萨凡纳河工厂进行了现场试验，并于 1996 年应用于多佛空军基地重质非水相液体（DNAPL）污染治理。壳牌石油公司以及通用电气公司研发中心均在实验室和现场试验中对 TCH 开展了研究，证明了加热井和电加热布去除土壤中的多氯联苯（PCBs）、农药、氯代烃等各种有机物非常有效，残留浓度远远低于修复目标。

原位热脱附技术可以应用于非饱和区和饱和区的修复，针对非饱和区的修复技术成熟，已经大规模应用；相较于非饱和区，饱和区的修复过程更为复杂，但近年来国外原位热脱附技术在饱和区的研究及应用也日益增多。

经过 30 多年的发展，国际上许多国家在热脱附修复有机污染场地方面形成了完整的成套技术和装备，广泛应用于高浓度有机污染土壤的异位或原位修复。我国在这方面尚处于起步阶段，存在的主要问题包括两个方面：①基础理论与国外存在差距，如有机污染物在不同升温阶段的迁移转化规律，土壤水分含量、质地等理化性质对热脱附修复的影响机制尚不清晰。②核心技术依靠进口，国产化程度低。国外设备引进费用较高，需要研发我国具有独立自主知识产权的热脱附技术装备。未来，研发具有热回用单元的能量高效利用、智能化、污染物排放可控的原位热脱附成套技术与装备，提升我国原位热脱附成套技术和装备的修复能力与能效水平将成为主流趋势。

2.4 质控要求

2.4.1 实验室质控要求

实验室需要对检测样品的接收、流转、贮存、处置以及检测样品的识别等各个环节实施有效的质量控制，以确保检测样品的代表性、有效性和完整性，从而保证检测结果的准确度。

实验室应使用合适的有证标准物质作为监控样品，定期或不定期将监控样品与样品以相同的流程和方法同时进行检测，以确保检测结果的精密度和准确度。

实验室应制订相应的样品管理流程，确保样品在采集、运输和贮存过程中的完整性和可追溯性。

2.4.2 现场中试施工质量控制措施

现场采样及质量控制措施包括仪器校准、现场空白样品采集等，以确保测量结果的准确可靠。

采集现场质量控制样，如平行样、空白样和运输样，其分析数据可反映从采样到样品运输、贮存和数据分析等不同阶段的数据质量。

2.4.3 验收采样及送样质量控制措施

使用钻孔设备在预定的点位采集特定深度的土壤样品，装满样品瓶，封盖后放入装有蓝冰的保温箱，立即送实验室检测。采样、送样过程填写样品采样记录单和样品流转单。

样品采集后应立即送至实验室。移交实验室时，收样人负责对样品状态及样品采样记录进行检查，完成样品交接，并签字确认。

采样人员应按照标准将主要的样品信息记录在采样记录单上，并清楚注明唯一性标识；采样完成后，采样人必须及时与样品管理员办理样品交接手续。

2.4.4 样品检测质量控制措施

土壤样品送有资质（CMA 或 CNAS 认证）的第三方权威检测单位进行分析。检测单位实施严格的实验室质量控制措施。

在检测过程中，持续地使用监控样品进行检测控制，对积累的监控数据进行统计分析，通过计算平均值、极差、标准差等统计量，按照质量控制图的制作程序，确定中心线和上、下控制线，以控制检测结果的精密度和准确度。

样品检测过程的质量控制至少选用一种质量控制措施，如空白实验、采用监控样品或加标样品、再检测等。有条件或必要时，可以同时选取多种措施，以确保检测过程的准确性和可靠性。

2.5 结果评估与应用

（1）小试试验结果可以用于制订详细的场地修复方案。通过实验室小试，可以初步评估不同修复技术对特定污染物的去除效果，并根据这些数据选择最适合的修复技术。例如，常温解吸、化学氧化和热解吸等技术在小试中的表现有助于确定哪些技术更适合实际场地的污染情况。此外，小试的结果评估对于确定修复技术的有效性至关重要，不仅提供了技术性能和适用性方面的初步结论，还为后续的中试奠定了基础。

（2）小试试验后，通常会进行现场中试，以进一步验证所选技术的实际效果。中试试验不仅可以确认小试试验结果的可靠性，还可以在实际场地条件下调整和优化修复参数，如温度、湿度、微生物丰度等。中试的有效性评估是评估修复技术在实际应用中的可行性和效率的关键步骤，确保了从小试到中试的过渡是平滑且有效的。

（3）小试和中试试验成果可以为新技术的研发提供理论依据和实验数据。通过对不同污染物和不同土壤类型的修复效果进行系统研究，可以推动新型修复技术的开发和应用。同时，这些试验结果的评估和参数确定为新技术的研发提供了精确的指导，确保了技术改进的方向与实际需求相匹配。

（4）小试和中试试验成果可以直接应用于实际的污染场地修复工程。通过在实际场地进行中试试验，可以验证修复技术的实际效果，并为后续的大规模修复工程提供经验和参数。这些成果的有效性评估和参数确定对于确保修复工程的成功至关重要，直接影响修复工程的效率和成本。

（5）小试和中试试验成果还可以转化为专利技术和装备。通过对修复技术的深入研究和优化，可以开发出具有自控功能的集成修复装备，并申请相关专利技术。这些技术和装备的成功应用，不仅可以提高修复效率，还可以降低修复成本。在这一过程中，对小试和中试结果的评估和参数确定起到了核心作用，是技术创新和专利申请的基础。

（6）小试和中试试验成果还可以为政策制定和标准制定提供科学依据。通过对不同修复技术的效果评估，可以为政府部门制定相关环保政策和标准提供参考。

综上所述，场地修复小试和中试试验成果可以在制订修复方案、验证技术效果、推动技术研发、实现工程化应用、开发专利技术和装备以及制定政策和标准等多个方面发挥重要作用。这些应用不仅可以提高污染场地修复的效率和效果，还可以促进相关技术的创新和产业化发展。

3

重金属锌污染场地稳定化修复小试/中试案例

本章深入探讨了某锌污染场地的稳定化修复小试和中试，从场地背景、污染现状，到实验室小试方案设计，再到中试结果分析，详尽记录了稳定化修复技术的每一个关键步骤。通过科学严谨的实验设计和数据分析，不仅展示了磷矿粉、生石灰以及商业药剂在降低土壤中锌浸出浓度、调节 pH 方面的应用效果，还提出了有针对性的修复策略，为实现场地的生态修复与安全再利用提供了坚实的技术支撑。

3.1 锌污染场地稳定化修复小试

3.1.1 场地背景

该锌污染场地位于我国西北地区，土壤以黑钙土、栗钙土、灰钙土等类型为主，均呈弱碱至碱性，土壤重金属含量背景值较低，其中锌的背景值约为 100 mg/kg，但在机械加工、钢铁生产、有色金属矿采选等企业所在地及周边土壤中可能留存较高含量的锌。锌是动植物生长发育所必需的微量元素，但也是公认的有害重金属元素之一，土壤中高含量的锌对植物、作物具有较大的生态毒性，从而在食物链中富集。此外，土壤中高含量的锌也可以引起土壤微生物的行为变异，从而改变土壤质量。有研究表明，某电镀基地的土壤锌含量达到约 5 000 mg/kg 时，会对人体造成不可接受的非致癌风险。

场地所在区域内发育的河流为南川河，属湟水河的一级支流。场地位于南川河东岸冲洪积平原上，距南川河 750 m，地面高出湟水河河床 20～25 m。现场钻探未探出地下水。钻孔资料表明场地所在区域地层分布情况较为单一。场地土壤背景值 pH 约为 8，属于高原偏碱性土壤，有机质含量低。场地土层分布情况及土壤理化性质见表 3-1。

表 3-1　土层分布情况及土壤理化性质

深度	土壤种类	理化性质	
0～2 m	松散杂填土	—	—
2～15 m	粉质黏土	有机质含量	5.8～7.3 g/kg
		粒度成分	粉粒：64%～68%
			黏粒：32%～36%
		孔隙比	0.5～0.6
		天然含水量	20%
15～17 m	粉砂层	—	—
＞17 m	圆砾层	粒径	1～2 mm
		揭露厚度	0.3～0.8 m

该场地原为某金属表面热处理企业，10 余年对钢铁材料的酸洗和热镀锌工艺导致约 1 000 m^3 土壤锌含量在 13.68～68 800 mg/kg，平均含量为 1 436.28 mg/kg（表 3-2）。其中，超过修复目标值的土壤锌含量主要分布在 2 560～34 800 mg/kg，平均含量约为 8 520 mg/kg。此外，约 500 m^3 的耐火砖、水泥砂等建筑垃圾表层的锌含量在 5 000～30 000 mg/kg。除土壤和建筑垃圾受到较严重的锌污染外，还存在一定程度的土壤盐度升高的问题，测定的环境介质中氯离子含量在 100～1 000 mg/kg。少数点位还存在一定程度的 pH 异常现象，个别点位样品的 pH 小于 3.0。主要污染集中在地表以下 5 m 以内。

表 3-2　土壤样品锌含量统计结果

样品数/个	最大值/（mg/kg）	最小值/（mg/kg）	平均值/（mg/kg）	UCL95/（mg/kg）	超标率（＞500 mg/kg）/%	超标率（＞5 000 mg/kg）/%
589	68 800	13.68	1 436.28	1 797.63	38.03	5.94

3.1.2　供试土壤

场地内获取的供试土壤与建筑垃圾污染情况和基本信息如表 3-3 所示。对供试土壤进行前处理：土壤样品和建筑垃圾样品自然风干后破碎至 10 目左右，称重（5±0.5）g 样品至 250 mL 烧杯，加入（25±3）mL 纯水，搅拌后加入不同质量分数的修复材料，充分搅拌后加入（15±3）mL 纯水再混匀。

表 3-3 待修复污染土壤与建筑垃圾的基本信息

样品类型		污染土壤	建筑垃圾
样品数量/个		50	24
锌含量/（mg/kg）	平均值	8 520	7 560
	范围	2 560～34 800	1 140～16 600
锌浸出液浓度/（mg/L）	平均值	38	56
	范围	1.0～470	1.0～532
pH		1.3～2.6	1.2～4.0
氯离子含量/（mg/kg）	平均值	76	202
	范围	7.6～700	55～1 080
粒径分布/%		粉粒 64～68、黏粒 32～36	—
样品含水率/%		20～25	15～20
孔隙比		0.5～0.6	—
有机质含量/（g/kg）		5.8～7.3	—

3.1.3 小试方案设计及材料设备

3.1.3.1 材料及设备选用

根据表 3-3 中土壤和建筑垃圾的污染情况，本研究拟设计采用磷矿粉、生石灰、商业药剂 X（主要成分为质量分数 35%左右的磷矿粉，5%的腐殖质，3%的氢氧化钙，55%左右的黏土矿物质）进行稳定化修复效果的对比分析，以确定最佳药剂投加比例和常规大宗稳定化材料与商业药剂效果的差别。本试验使用的药剂包括氧化钙（分析纯）、工业级磷矿粉［主要成分为氟磷灰石，全磷（按五氧化二磷算）35%］。

3.1.3.2 小试试验设计

小试试验设计见表 3-4。实验室小试样品实验前和养护 7 d 后分别测定 pH、锌的浸出浓度。浸出浓度测定方法参考《固体废物 浸出毒性浸出方法 硫酸硝酸法》（HJ/T 299—2007）。配制质量比为 2∶1 的浓硫酸和浓硝酸混合液加入试剂水（1 L 水约 2 滴混合液），作为提取液备用（pH 为 3.20±0.05）。称取 50 g 样品（干重）置于容器中，按液固比为 10∶1（液体，单位为 L；固体，单位为 kg）加入所需浸提液的体积，盖紧瓶盖后固定在翻转式振荡装置上，调节转速为（30±2）r/min，于（23±2）℃下振荡（18±2）h。振荡后用稀硝酸淋洗过滤器和滤膜，弃掉淋洗液，过滤并收集浸出液，于 4℃下保存，用于测定锌的浸出浓度。

表 3-4　实验室小试试验设计

实验对象	锌浸出浓度/（mg/L）	编号	稳定化材料	氧化钙投加比/%	磷矿粉投加比/%	商业药剂 X 投加比/%
污染土壤	64	1	氧化钙	2.0	—	—
	64	2	磷矿粉+氧化钙	2.0	1.0，2.0，3.0，4.0	—
	64	3	商业药剂 X*+氧化钙	2.0	—	2.0
建筑垃圾	85	4	氧化钙	1.0		—
	85	5	磷矿粉+氧化钙	1.0	1.0，2.0，3.0，4.0	—
	85	6	商业药剂 X	—	—	1.0，2.0，3.0
	85	7	商业药剂 X+氧化钙	1.0	—	3.0

注：* 商业药剂 X 的主要成分为质量分数 35%左右的磷矿粉，5%的腐殖质，3%的氢氧化钙，55%左右的黏土矿物质。

3.1.4　小试结果分析

待试土壤呈强酸性，pH 一般低于 3.0，锌的浸出浓度一般在 50～180 mg/L。pH 高于 5.0 时，锌的浸出浓度一般低于 5 mg/L。从实验室小试结果看，直接添加氧化钙达到 2.0% 的投加比就可以显著抑制锌的浸出浓度（低于 5 mg/L），但修复土壤的长期有效性和 pH 稳定性难以保障。单独使用商业药剂、低剂量（1.0%投加比）氧化钙及磷矿粉投加比在 1.0%～4.0%都不能有效降低土壤锌浸出浓度，土壤 pH 的有效调节也需要一定投加比（2% 及以上）氧化钙。在氧化钙施用不足（1.0%）条件下，增加磷矿粉的投加比会有效降低锌的浸出浓度，从而提升修复效果，但修复效果相对并不十分明显（稳定化后土壤的锌浸出浓度依然为 10 mg/L）。在保障土壤 pH 中性条件下，磷矿粉和商业药剂都表现出强有力的降低土壤中锌浸出的作用。但使用商业药剂在一定程度上对于降低土壤中锌的浸出浓度和不添加（少添加）氧化钙的前提下提升污染土壤的 pH 具有一定的效果（图 3-1 至图 3-4）。

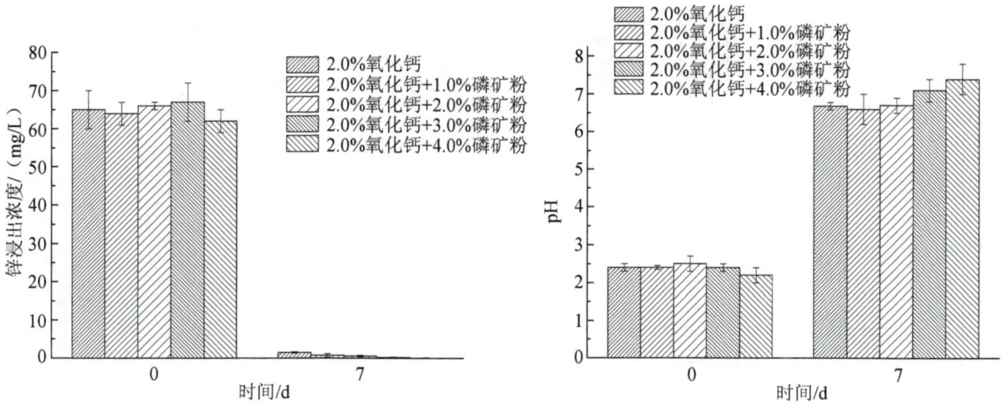

a. 锌浸出浓度　　　　b. pH

图 3-1　投加 2.0%氧化钙与不同比例磷矿粉的实验室小试结果

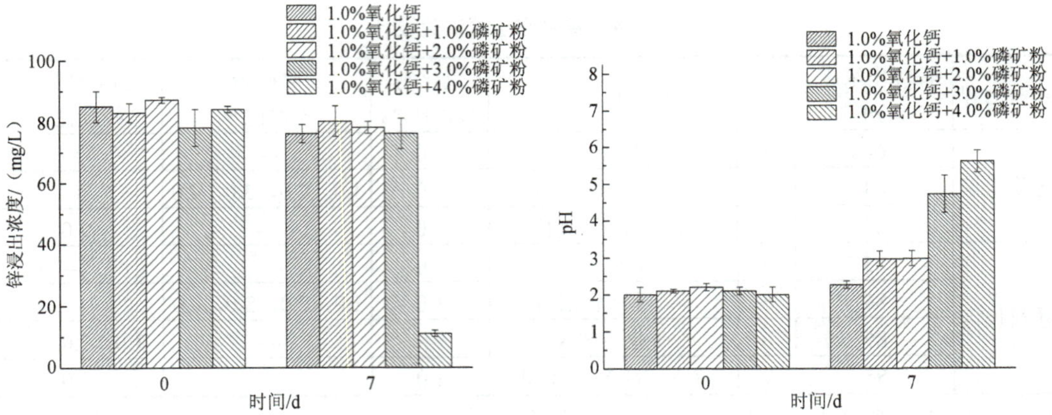

a. 锌浸出浓度　　b. pH

图 3-2　投加 1.0%氧化钙与不同比例磷矿粉的实验室小试结果

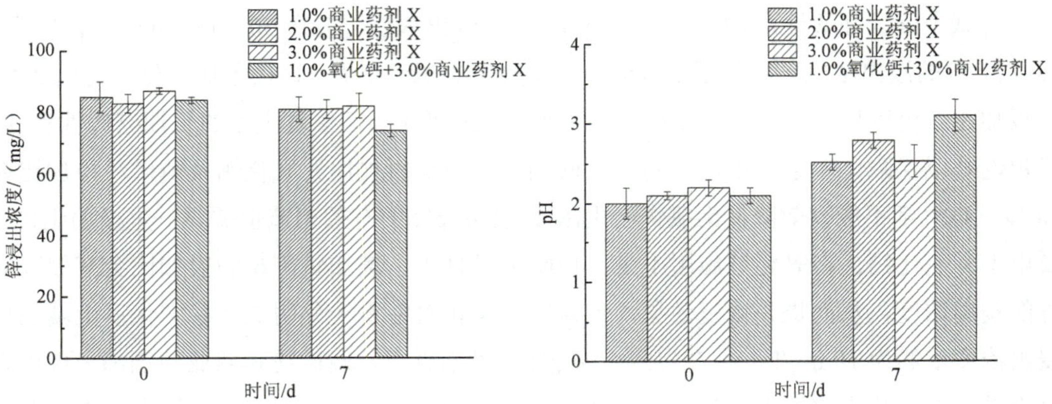

a. 锌浸出浓度　　b. pH

图 3-3　不同商业药剂投加比及添加 1.0%氧化钙的实验室小试结果

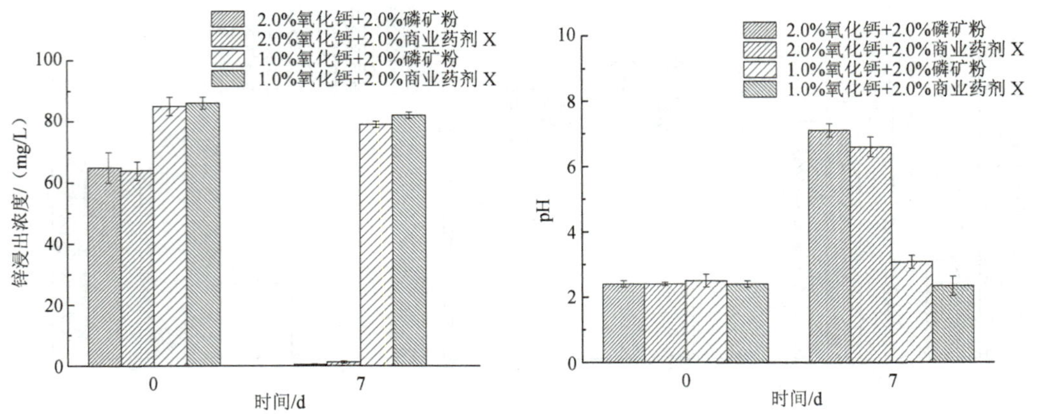

a. 锌浸出浓度　　b. pH

图 3-4　投加比分别为 2.0%和 1.0%氧化钙时添加 2.0%磷矿粉或商业药剂的实验室小试结果

在土壤中施加碳酸钙或氧化钙，可以在提高土壤 pH 的同时，增加土壤表面可变负电荷，增强吸附，形成金属碳酸盐沉淀；而含磷物质的输入，对于诱导重金属吸附、重金属生成沉淀或矿物都有显著作用。类似研究实验表明，当土壤 pH 达到 6.5 或以上时，添加足量的磷矿粉可以实现土壤中锌污染物的稳定化效率达 98%以上，稳定化修复后土壤中锌的交换态含量在 0.2%左右。氧化钙的加入可以通过改变土壤的 pH 来增加土壤表面的可变负电荷，从而促进土壤凝胶颗粒对锌的吸附，另外，随着氢离子竞争作用减弱，土壤中吸附锌污染物的载体（如铁锰氧化物和有机质等）与锌结合更紧密，土壤中的锌会向更加稳定的形态转化。但从理论分析来看，仅使用氧化钙或氢氧化钙，对于锌污染土壤的长期稳定性可能略显不足，因此，氧化钙（或氢氧化钙）的作用是调节 pH；腐殖质和黏土矿物的主要作用是降低土壤中无机盐离子的含量，缓冲土壤溶液的离子强度；磷矿粉是保持锌污染土壤稳定化长期有效的最关键材料，磷酸盐与锌反应生成的固相沉淀化合物从化学反应平衡角度具有较强的稳定性，对于抗土壤溶液溶解、离子置换和吸附解吸具有较强且稳定的作用。

3.2 锌污染场地稳定化修复中试

3.2.1 场地背景

该锌污染场地占地面积约 1 万 m^2，由于原厂址经过 10 余年的工业生产活动，每年使用约 200 t 盐酸对钢铁原材料进行酸洗、水洗，并进行热浸镀锌前准备和后续处理工作，且工业生产自动化程度不高，作业环境的密闭性和防渗处理因历史原因难以完全达到效果，以及日常管理中的“跑冒滴漏”和酸池泄漏，场地存在一定程度的土壤重金属污染和酸、碱污染。该地块部分区域依然保留为工业用地，计划后续仍对厂房进行租赁开展工业生产加工活动。部分区域规划为交通用地，东侧和西侧为高架桥墩，预计未来用于交通干道下绿化或空地。该地块周边敏感目标较多，场地东侧紧邻山地（林地），北区西侧约 100 m 为居住用地，北区西北侧约 20 m 为居住用地，场地西侧约 400 m 为河流。场地周围人群密集，涉及教育、交通、居住、商业等敏感用地类型（图 3-5），且坐落在河流台阶地段，地质钻探表明地表 17 m 以下有砾石层发育，未发现地下水痕迹。在部分钻孔中发现土壤湿度很大，有上层滞水形成孔隙水现象，且场地及周边冬季雨雪地表水下渗补给地下水的现象明显。

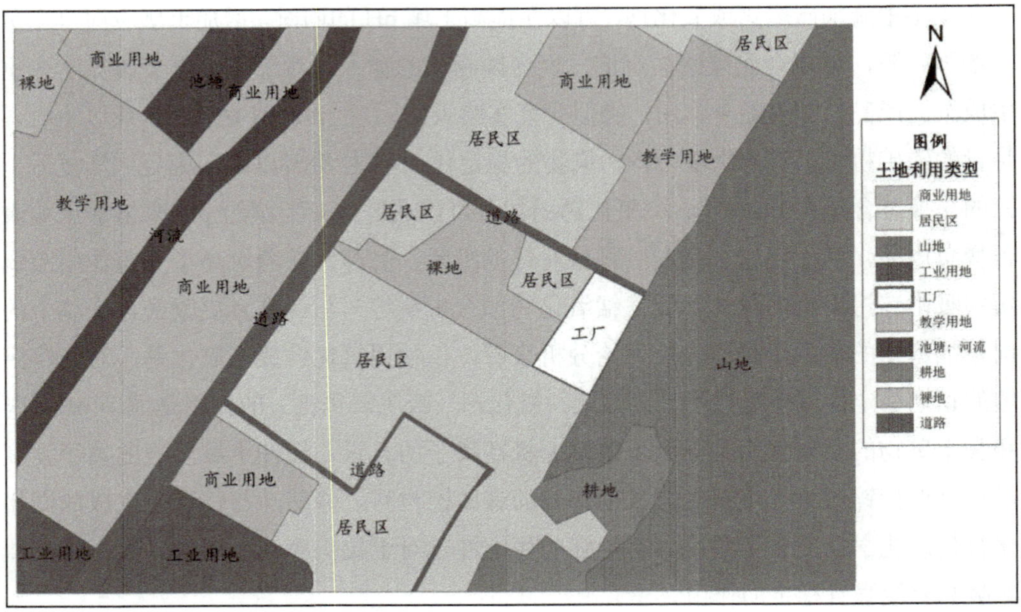

图 3-5 厂区位置和土地利用类型

本项目需要重点关注的污染类型包括 pH 异常、Cl^-等腐蚀性物质、锌等，拟对含重金属污染的较少量重度污染土壤采用异位挖掘、运输、固化/稳定化修复以及后续安全回填处置（或道路施工路基铺设建材），对大量中轻度污染土壤进行原位稳定固化处理后覆土绿化，对南区和北区酸洗池、水洗池和废池等构筑物（砖石、硬质附着废物等）进行必要性破碎和清洗后安全再利用，对酸碱性土壤进行安全中和治理，修复区域包括南区和北区及附近风险影响区土壤，需处理处置土方规模见表 3-5。

表 3-5 修复规模

处理单元名称	处理量/m^3				
	重度污染土壤	中度污染土壤	轻度污染土壤	酸碱污染土壤	构筑物
挖掘	1 000	500	1 000	—	—
S/S 预处理	1 000	500	—	50	—
其余处理和再处置	1 100	—	—	160	435.65
合计	1 100	500	1 000	210	435.65

通过修复技术的筛选和修复方案的比选，确定如图 3-6 所示的总体治理方案工艺流程。

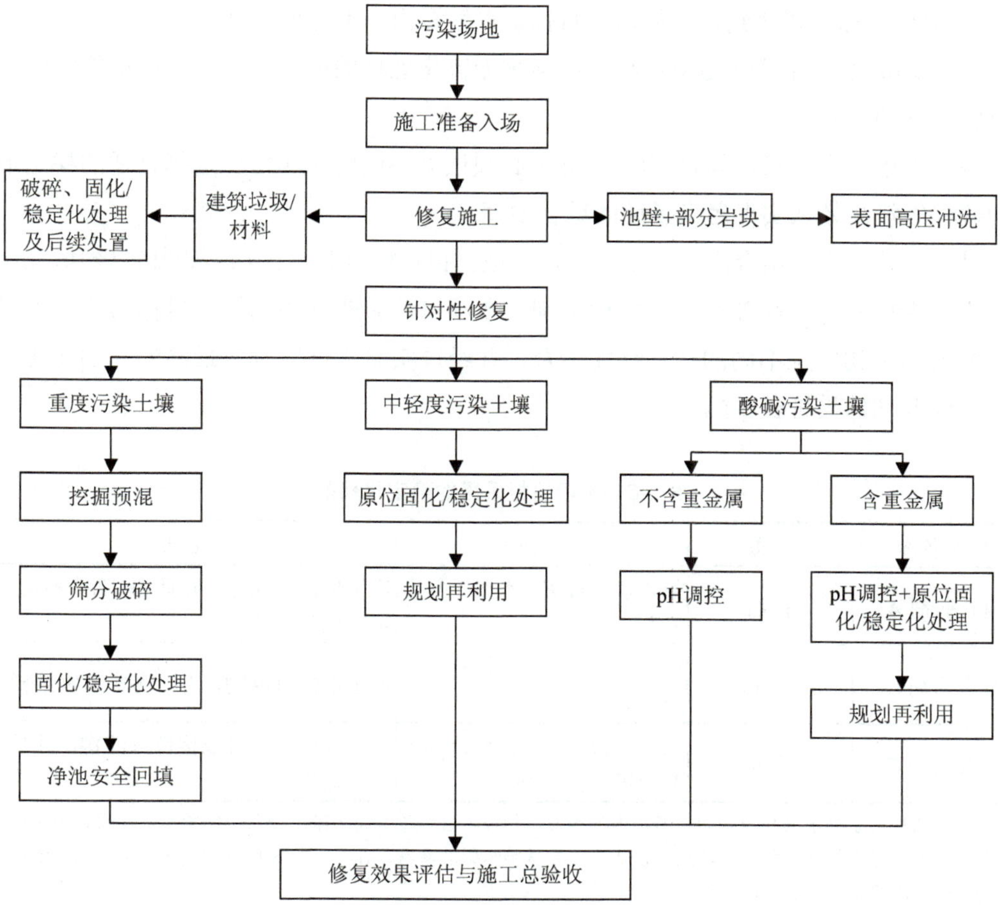

图 3-6 总体治理方案工艺流程

3.2.2 中试试验设计及材料设备

3.2.2.1 材料及设备选用

（1）药剂选择。

①药剂选择的考虑因素。

本项目修复治理的成功与否，关键在于修复剂的选择与投加，本项目稳定剂的选择重点考虑以下几方面因素。

a. 污染物基质的形态：本项目的主要污染介质为含重金属土壤，其颗粒形状差别大，污染程度和类型也各有差别。

b. 目标污染物：主要为锌（Zn）。

c. 环境特性：场地上不同区域、不同深度土壤的含水率和 pH 等特性差异很大。

d. 治理目标：要达到设定的治理目标，毒性浸出标准选取较严格。

e. 治理成本：在确保污染物超标废弃物无害化处理的前提下，还需尽可能降低每吨污染物处理的成本。

综合考虑以上因素，固化/稳定化处理必须根据不同的土壤特性选择合适的稳定剂，从而确保经济高效地实现污染场地的综合治理。

基于上述考虑，结合污染土壤特点，本项目拟选用以黏土矿物、硫基、磷基、pH 控制为主、无机复合的高效环境专用稳定剂。本项目针对药剂的功能与目标污染物差异，对不同的污染物实施不同的药剂搭配组合，并经过实验室试验确定最终的药剂配比和用量。具体药剂种类见表 3-6。

表 3-6 本项目拟采用的稳定化药剂

药剂名称	形态	主要种类	效果
组合药剂 A	粉剂	氧化镁、石灰、水泥等复合药剂	产生惰性沉淀物，并具 pH 调控和强化稳定固化效果
组合药剂 B	水剂+粉剂	硫基、人工合成矿物基质等复合药剂	产生惰性沉淀物，并产生类矿物结构
组合药剂 C	粉剂	钙基、铁基、有机螯合剂等复合钝化螯合剂	针对锌产生螯合或惰性沉淀物，并具 pH 调控效果

注：本项目选择的系列水剂和粉剂为参考国内外类似工程技术进行重金属污染土壤现场实验时，在符合国家相关标准的药剂中随机选取的几种稳定化药剂，仅作为工艺试验结果的参考，在下一阶段项目实施之前应委托有资质的实验室进行中试以明确具体的药剂及参数。

污染土壤处理后用于道路、桥梁建设用地、厂区等需表面硬化的区域时，稳定化药剂中可选择性添加固化剂，用以强化物理强度。覆土绿化再用土以稳定化为主。

②药剂使用的主要特性。

a. 处理后的物质性状长期稳定，可以原地回填；

b. 经毒性浸出与多重萃取溶出（MEP）测试，处理效果长期稳定；

c. 药剂添加量低，可大幅减少处理后的材料体积，减少运输、处置等成本；

d. 处理高浓度污染物时有较大的成本优势；

e. 药剂本身不含重金属或其他危险化学物质，具有较高的安全性。

（2）设备选择。

修复施工过程中，所需的用于挖掘、筛分、称重、搅拌的设备如图 3-7 所示。

a. 挖掘设备　b. 筛分设备　c. 称重设备　d. 搅拌设备

e. 颚式破碎机　f. 配料斗　g. 破碎后效果　h. 土钻取样

图 3-7 中试现场设备及工作照片

3.2.2.2 中试试验设计

为进一步确认土壤固化/稳定化处理药剂用量、配比等工艺参数及其稳定化处理效果，本项目针对土壤中的目标污染物锌，对土壤进行固化/稳定化试验。固化/稳定化试验大致包括以下几个步骤。

（1）固化/稳定化试验样品的选择。

根据现有的调查数据，选择具有代表性的 7 个样品进行固化/稳定化试验。共选择 SN-1、SN-2、SN-3、SN-4、SS-5、SS-6、SS-7 等 7 个土壤样品，如表 3-7 所示。

表 3-7 固化/稳定化试验样品情况

编号	潜在酸碱问题与超标重金属种类	污染情况与土层深度
SN-1	pH＜5，锌	锌＞3 000 mg/kg，5.0 m
SN-2	pH＜4，锌	锌＞2 000 mg/kg，1.0 m
SN-3	pH＜3，锌	锌＞10 000 mg/kg，0.5 m
SN-4	pH＜5，锌	锌＞30 000 mg/kg，0.5 m
SS-5	pH＞8，锌	锌＞3 000 mg/kg，1.5 m
SS-6	pH＞9，锌	锌＞50 000 mg/kg，1.0 m
SS-7	pH＞10，锌	锌＞60 000 mg/kg，0.5 m

注：“SN”代表场地北区剖面土样品；“SS”代表场地南区剖面土样品。

（2）固化/稳定化试验的设计。

固化/稳定化试验选用一种基于氧化镁、氧化钙和固化添加剂等的复合配比技术，通过添加稳定剂以及特殊的黏合剂，促进化学键在天然矿物基质中的形成，从而捕捉目标重金属污染物，并形成双层障碍，确保稳定化处理的长期稳定性。固化/稳定化试验的相关设计见表 3-8。

表 3-8　固化/稳定化试验设计

编号	试验次数	药剂情况	编号	试验次数	药剂情况
SN-1	5	粉剂	SS-5	8	粉剂
SN-2	8	粉剂	SS-6	10	粉剂+水剂
SN-3	10	粉剂	SS-7	10	粉剂+水剂
SN-4	11	粉剂+水剂	—	—	—

注：验收标准为 GB 8978—1996 一级标准；检测方法为 HJ/T 299—2007。

固化/稳定化试验主要包括以下三个程序。

①特性分析——分析样品的实验室检测数据（超标重金属种类、浓度、浸出毒性、pH 等），确定关注的污染物以及选用最佳的稳定化药剂。

②实验方案设计——针对每个样品设计一系列实验，进行人工混合，并检测处理后样品中的重金属浸出浓度。

③方案优化——根据针对每个样品所做的一系列实验的结果，设计一系列优化实验方案，确定固化/稳定化药剂的最佳投加量。

（3）药剂投加量建议。

根据同类项目的实施经验，结合现场情况，建议土壤固化/稳定化处理的最佳运行条件为粉剂投加比为 1%～2%，水剂投加比为 4%～6%，调节土壤水分含量为 40%～50%，搅拌时间为 3～5 min，养护时间为 36 h，养护后水分含量为 10%～15%，增容比为 4%～10%。初步确定的稳定剂/固化剂投加比见表 3-9，根据具体小试结果进行进一步调整。

表 3-9　稳定剂/固化剂建议投加比

污染程度	粉剂投加比/%	固化剂投加比/%
南区、北区重度污染土壤	2	5
南区中度污染土壤	1	5
南区轻度污染土壤	0.5	—

建议在工程施工前委托有资质的实验室开展中试试验，评估固化/稳定化药剂对该项目区域内污染土壤中锌的处理效果，筛选确定最佳药剂种类配比，精确确定不同污染土

壤的药剂使用量、工艺参数等。

3.2.3 中试结果分析

3.2.3.1 土壤稳定化药剂添加中试结果

装载机在土堆上多点铲土 2 t 并送至配料斗，调节配料斗上的电子秤，每次放 300 kg 土至称量斗，然后加 9 kg 磷矿粉，按质量比 2.0%、2.5%、3.0%、3.5%四组梯度分别加 6 kg、7.5 kg、9 kg、10.5 kg 熟石灰，土、磷矿粉、熟石灰经皮带传送至搅拌主机，搅拌 1 min 后，出料经过皮带，由装载机接料，分 4 次拌合作业。然后取 4 组样品，静置 1 d 后测定 pH，由测定结果确定最佳的熟石灰投加量，具体结果如表 3-10 所示。现场中试工作照片如图 3-8 所示。

表 3-10 土壤稳定化中试结果

熟石灰投加质量比	平行样编号	pH	熟石灰投加质量比	平行样编号	pH
2.0%	1	6.5	3.0%	1	8.2
	2	6.5		2	8.2
	3	6.8		3	8.3
2.5%	1	7.3	3.5%	1	9.5
	2	7.4		2	9.3
	3	7.4		3	9.5

注：固定每次 300 kg 土壤投加 3%磷矿粉，投加不同量熟石灰。

图 3-8 现场中试工作照片

结果表明，为保守起见，可选择的最佳熟石灰投加质量比为 3.0%。

（1）稳定性分析。

为验证以上方法的稳定性，采用磷矿粉与熟石灰一起拌合的作业方式，按照磷矿粉和熟石灰质量比均为3%的比例，使用搅拌主机拌合。配料机每次称量并输送300 kg土壤至皮带上；采用人工上药的作业方式。具体操作：准备1把铁锨、1个塑料桶、1个电子磅，人工用塑料桶称量9 kg熟石灰，然后在桶上做标记，根据标记，使用塑料桶每次加约9 kg熟石灰；人工称量9 kg磷矿粉，倒至铁锨上，约2平铁锨，根据称量结果，使用铁锨每次加2平铁锨磷矿粉。一名工人负责加熟石灰，一名工人负责加磷矿粉，药剂皆倾倒至传送皮带上，与土壤一同运送至搅拌主机拌合，上料2次，即搅拌主机每次拌合600 kg土壤、18 kg熟石灰、18 kg磷矿粉，拌合约1 min，然后搅拌主机出料，经皮带传送，装载机接料并转移至堆置区域。

取样测定拌合后土堆的pH值，结果见表3-11。可见按照3%的磷矿粉和熟石灰添加质量比，可以很好地控制稳定化土壤的pH。

表3-11　两次中试结果

第一次中试结果（11月18日）		第二次中试结果（11月19日）	
平行样编号	pH	平行样编号	pH
1	9.3	1	9.0
2	9.2	2	9.0
3	9.5	3	8.5

（2）锌污染土壤修复技术效果。

对加药拌合后的土壤随机布点采样进行检测分析，分别标记为2015年11月27日样品、2015年11月28日样品、2017年5月11日样品。

结果表明，本项目采用的稳定化修复工艺（磷矿粉+熟石灰）对锌污染土壤修复具有较好的效果，修复后土壤浸出锌浓度远远低于修复目标值25 mg/L，满足验收要求。另外，现场7个样品的土壤pH检测结果均介于6～9，送检的样品pH介于9.4～10.5，稍高于修复目标范围，可能是由于养护时间有限，熟石灰尚未完全发挥作用所致，2017年5月11日的验收样品送检结果显示，浸出锌浓度和pH均满足验收要求。具体测试结果如下。

①对整个处理后土堆进行取样，共均匀设置7个采样点，现场pH测定结果见表3-12。

表3-12　处理后土壤pH现场测定结果

序号	位置	pH	序号	位置	pH
1	土堆上部北	7.8	5	土堆西侧面中南	8.5
2	土堆上部中	8.0	6	土堆东侧面中北	8.3
3	土堆上部南	8.2	7	土堆东侧面中南	7.7
4	土堆西侧面中北	8.0	—	—	—

②污染土壤稳定化处理后 5～6 d，对整个处理后土堆进行取样，共取 5 个样品，送第三方检测实验室，测定结果见表 3-13。

表 3-13 加药拌合后土壤样品的 pH 和锌浸出浓度

日期	样品编号	土壤 pH	锌浸出浓度/（mg/L）	锌浸出浓度修复目标值/（mg/L）
2015 年 11 月 27 日	土壤-1	9.4	＜0.5	25
	土壤-2	10	＜0.5	25
	土壤-3	9.7	＜0.5	25
	土壤-4	9.8	＜0.5	25
	土壤-5	9.5	＜0.5	25
2015 年 11 月 28 日	土壤-①	9.9	＜0.5	25
	土壤-②	10.3	＜0.5	25
	土壤-③	10.2	＜0.5	25
	土壤-④	10.1	＜0.5	25
	土壤-⑤	10.5	＜0.5	25

③污染土壤稳定化处理一年半后，对整个处理后土堆进行取样，共取 2 个样品，送第三方检测，测定结果见表 3-14。

表 3-14 加药拌合后土壤样品的 pH 和锌浸出浓度（2017 年 5 月 11 日样品）

样品编号	土壤 pH	锌浸出浓度/（mg/L）	锌浸出浓度修复目标值/（mg/L）
土壤（混）-20 cm	7.3	0.30	25
土壤（混）-50 cm	7.3	0.20	25

3.2.3.2 建筑垃圾稳定化药剂添加中试结果

在建筑垃圾堆上多点取粒径 2 mm 的样品，称量 3 组，每组 500 g 样品置于小桶中，分别添加质量比 1%、2%、3%的熟石灰，测定 pH，结果见表 3-15。

表 3-15 建筑垃圾稳定化中试结果

熟石灰添加质量比	平行样编号	pH	熟石灰添加质量比	平行样编号	pH
1%	1	7.0	3%	1	11.0
	2	7.0		2	10.5
	3	7.0		3	11.0
2%	1	8.3	—	—	—
	2	8.3			
	3	8.2			

由于建筑垃圾拌合商业药剂 X 后 pH 会有所降低，因此，建议熟石灰的添加质量比为 3%。

（1）不同粒径建筑垃圾稳定化效果差异分析。

按 3%左右的质量比拌合熟石灰与商业药剂 X，经挖机拌合 2 遍，筛分斗筛分 1 遍，确保熟石灰与建筑垃圾已拌合均匀后，在建筑垃圾堆上多点取 3 组样品，分别是粒径 2 mm、粒径 3～4 cm、粒径 2 mm 与粒径 3～4 cm 的混合样品，3 组样品均用大锤破碎至粒径 2 mm 左右，测定 pH，每组平行测定 3 次，结果见表 3-16。

表 3-16　不同粒径建筑垃圾稳定化后 pH 分析

粒径	平行编号	pH	pH 均值	粒径	平行编号	pH	pH 均值
2 mm	1	6.5	6.5	3～4 cm	1	4.5	4.6
	2	6.5			2	4.5	
	3	6.5			3	4.8	
2 mm 与 3～4 cm 混合	1	4.3	4.53	—	—	—	—
	2	4.5					
	3	4.8					

结果表明，大粒径的建筑垃圾 pH 小于较小粒径建筑垃圾的 pH，且建筑垃圾的 pH 仍然较低，与小试数据存在较大差异，根据现场情况，可能原因总结如下：

①计量熟石灰方量时采用装载机铲斗的斗容，存在一定误差；

②拌合熟石灰后没有加水，反应较慢，且测定时间离拌合时间为 7 h，时间相对较短；

③熟石灰量不足。

增加熟石灰的添加质量比至 4%（3%商业药剂 X、4%熟石灰）样品的小试结果见表 3-17。

表 3-17　稳定化处理后的 pH

平行样编号	1	2	3
pH	11	11	10.5

根据以上试验结论，建议在采用 3%商业药剂 X 进行建筑垃圾稳定化修复时，应尽可能将建筑垃圾破碎至粒径为 2 mm 左右，若存在较多粒径较大的建筑垃圾，可适当增大熟石灰的添加质量比为 4%左右，并通过加水养护，实现较好的 pH 调节作用。

（2）锌污染建筑垃圾修复技术效果。

对加药拌合后的建筑垃圾均匀采样进行检测分析，结果表明，本项目采用的稳定化修复工艺（商业药剂 X+熟石灰）对锌污染建筑垃圾修复具有较好的效果，建筑垃圾破碎粒径以小于 2 mm 为宜，修复后建筑垃圾锌浸出浓度远远低于修复目标值 25 mg/L，满足验收要求。

对加药处理后不同粒级大小的建筑垃圾进行采样分析，其中细建筑垃圾（粒级≤2 mm）效果明显优于粗建筑垃圾（粒径 3～4 mm），可能是建筑垃圾粒径大导致搅拌及药剂反应不充分，从而效果欠佳。根据第一次检测结果，后续对较粗的建筑垃圾进行二次破碎及拌合，第二次检测结果显示，二次破碎及拌合后的建筑垃圾锌浸出浓度均低于 0.5 mg/L，满足验收要求。pH 稍高于验收标准要求，可能是由于养护时间有限，熟石灰尚未完全发挥作用所致。

为确保处理效果的稳定性，2017 年 5 月 11 日进行第三次建筑垃圾取样送检，现场均匀布点采集建筑垃圾样品 3 个，检测结果表明，建筑垃圾的 pH 和锌浸出浓度均满足验收标准。具体检测数据见表 3-18。

表 3-18 送检测试结果

取样节点	样品编号	土壤 pH	锌浸出浓度/（mg/L）	锌浸出浓度修复目标值/（mg/L）
处理后建筑垃圾（第一次）	细建筑垃圾-1	11.1	＜0.5	25
	细建筑垃圾-2	11.7	＜0.5	25
	粗建筑垃圾-1	6.7	35.8	25
	粗建筑垃圾-2	10.8	＜0.5	25
二次破碎处理后建筑垃圾（第二次）	建筑垃圾-1	11.3	＜0.5	25
	建筑垃圾-2	11.5	＜0.5	25
处理后一年半建筑垃圾（第三次）	渣（混）-1	7.2	1.25	25
	渣（混）-2	7.0	1.99	25
	渣（混）-3	7.4	0.84	25

3.3 小结

（1）实验室小试结果显示，直接添加 2.0%的氧化钙可以显著抑制锌的浸出，降至低于 5 mg/L 的水平。而单独使用商业药剂或低剂量氧化钙和磷矿粉则效果不明显。中试结果进一步证实，采用磷矿粉+熟石灰的稳定化修复工艺对锌污染土壤和建筑垃圾具有良好效果，修复后土壤的锌浸出浓度远低于 25 mg/L 的修复目标值，且土壤 pH 成功调节至 6～9。

（2）施工过程中，采用了包括颚式破碎机、配料斗、一体化搅拌设备在内的多种设备，确保了修复材料与污染土壤的充分混合和均匀分布。通过精确控制药剂投加量和工艺参数，实现对污染土壤的高效稳定化处理。

（3）长期稳定性分析表明，即使在一年半后，处理后的土壤和建筑垃圾的锌浸出浓度和 pH 仍然满足验收标准，证明了修复效果的持久性。这些结果不仅展示了稳定化修复技术在处理重金属污染土壤方面的应用潜力，也为类似场地的修复提供了宝贵的经验和数据支持。

4

重金属铬污染场地化学还原稳定化修复小试/中试案例

本章聚焦于铬污染场地的化学还原稳定化修复技术，通过一系列实验室小试和中试案例，深入探讨了不同污染程度土壤和建筑废物的修复策略。针对特定场地的水文地质条件和污染特征，精心设计了修复方案，采用了硫酸亚铁、多硫化钙等药剂，通过调整pH、还原堆浸、高压旋喷等技术手段，实现了对六价铬的有效还原和稳定化。本章不仅详细介绍了修复技术的实施过程和效果评估，还对修复工程中的参数优化、成本控制和环境风险管理提出了独到见解，为类似污染场地的修复提供了宝贵的经验和技术指导。

4.1 铬污染场地化学还原稳定化修复小试案例一

4.1.1 场地背景

场地位于我国北方地区，主要从事铬盐生产和钛白粉生产。地层以粉质黏土和黏土为主，地下水位埋深较浅，常年稳定水位埋深 1.0 m。场地土壤污染物主要为六价铬，最大污染浓度达 12 000 mg/kg，最大污染深度 18.5 m。

4.1.2 供试土壤

为确保修复工程的顺利进行，采集铬污染场地高浓度污染土壤（原土）作为本次小试试验待试污染土壤，并在实验室内模拟现场条件，对采集的污染土样进行稀释后制备成不同浓度梯度六价铬污染土壤进行模拟修复。

选取场地黄棕壤，通过一定配比添加到铬污染场地采集的高浓度六价铬污染土壤中，配制成如表 4-1 所示浓度梯度土壤。

表 4-1　试验土不同浓度设计

土壤编号	试验土六价铬浓度/（mg/kg）	原土六价铬浓度/（mg/kg）	原土质量/kg	客土六价铬浓度/（mg/kg）	稀释土添加量/kg	试验土总质量/kg
S1	300	2 000	0.75	0	4.25	5
S2	800	2 000	2	0	3	5
S3	1 500	2 000	3.75	0	1.25	5
S4	2 000	2 000	5	0	0	5
S5	5 000	5 000	5	0	0	5

试验土制备步骤如下（图 4-1）。

（1）稀释土前处理：25 kg，剔除其中大石块及明显杂物，自然风干 2～3 d，过 2 mm 尼龙筛，实验室快速测定六价铬浓度。

（2）六价铬污染土壤（原土）：25 kg，剔除其中大石块及明显杂物，自然风干 2～3 d，过 2 mm 尼龙筛，实验室快速测定六价铬浓度。

（3）土壤混合：按照表 4-1 试验土浓度梯度设置情况中原土和稀释土添加量进行土壤混合，获取不同六价铬浓度梯度试验土。

制备的不同六价铬浓度梯度试验土 pH、六价铬和总铬浓度如表 4-2 所示。试验土 pH、六价铬占比情况如图 4-2 所示，粒径分布情况如图 4-3 和图 4-4 所示。

可以看出，试验土主要为中性偏碱性，六价铬浓度占总铬浓度的 17%左右。土壤颗粒级配方面以黏粒、细粉粒和粗粉粒为主，黏粒占比 10%左右，细粉粒占比 80%左右。

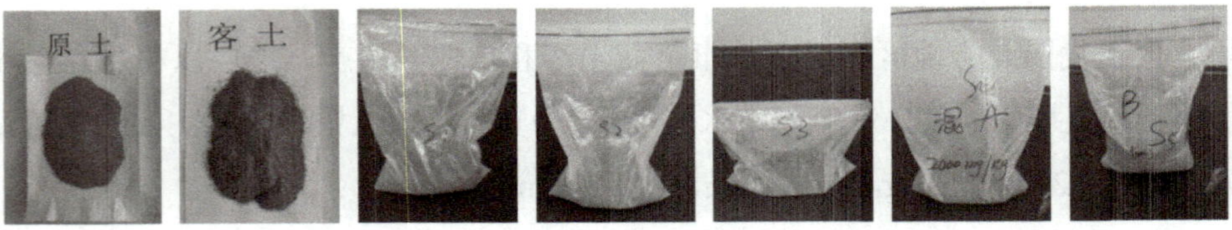

图 4-1　原土、客土及试验土

表 4-2　试验土指标测定值

样品编号	pH		六价铬/（mg/kg）		总铬/（mg/kg）	
	平行样 1	平行样 2	平行样 1	平行样 2	平行样 1	平行样 2
S1	8.88	8.92	303	293	1 653	1 713
S2	9.21	9.28	807	808	5 646	5 548
S3	9.87	9.93	1 614	1 643	9 366	9 474
S4	11.34	11.41	1 930	2 046	11 407	11 728
S5	11.97	12.06	4 494	4 592	27 028	26 389

样品编号	pH		六价铬/（mg/kg）		总铬/（mg/kg）	
	平行样 1	平行样 2	平行样 1	平行样 2	平行样 1	平行样 2
原土 1（W1）	11.29	11.42	2 714	2 523	15 034	15 286
原土 2（W2）	11.87	11.96	5 549	5 352	23 457	23 711
客土（C1）	8.41	8.40	<0.5	<0.5	45	46

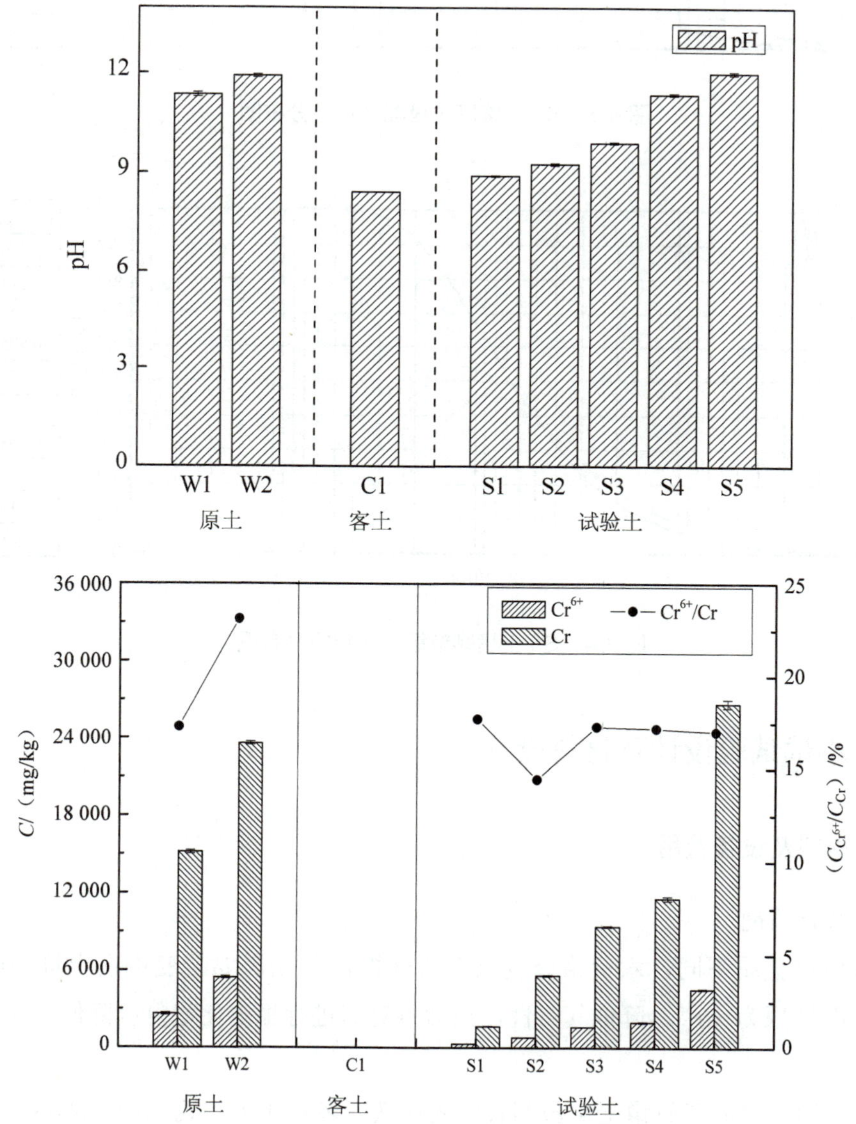

图 4-2 试验土 pH 及六价铬占比情况

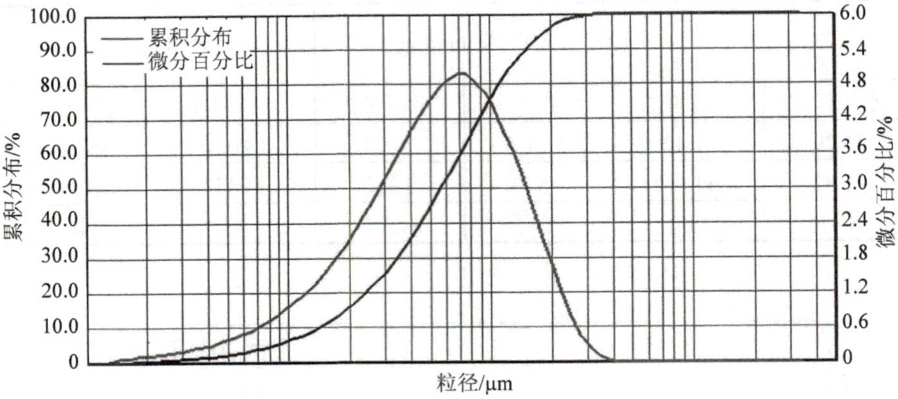

粒径/μm	含量/%
0.138	0.00
0.257	0.62
0.478	2.11
0.890	5.44
1.657	12.61
3.086	26.85
5.748	50.55
10.70	78.38
19.93	96.17
37.49	100.00

图 4-3　S1 土壤颗粒级配（粒径分布图）

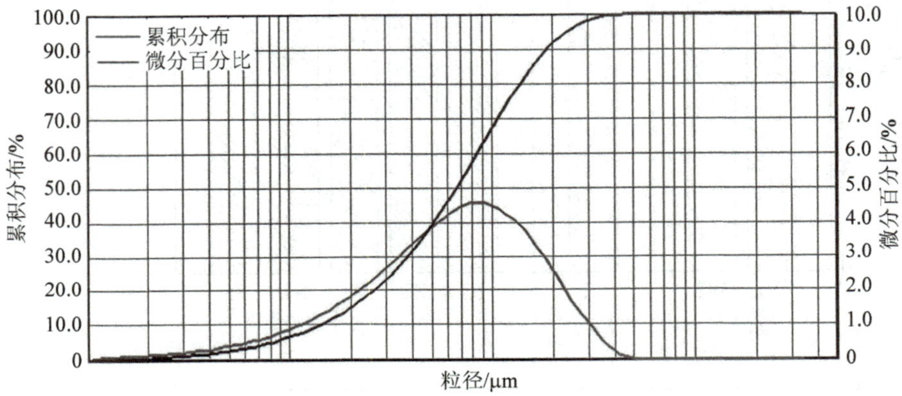

粒径/μm	含量/%
0.109	0.00
0.214	0.62
0.420	1.99
0.825	5.04
1.621	11.65
3.185	24.90
6.258	47.65
12.29	75.84
24.14	95.43
47.65	99.98

图 4-4　S5 土壤颗粒级配（粒径分布图）

4.1.3　小试试验设计及材料设备

4.1.3.1　材料及设备选用

（1）试验药剂。

与其他重金属不同，六价铬修复具有特殊性，首先需要改变铬在土壤中的赋存形态，将 Cr^{6+}还原为 Cr^{3+}，降低其毒性，然后再对其进行稳定化修复以降低其在环境中的迁移性。

目前应用较多的还原稳定化药剂有硫酸亚铁、多硫化钙、硫化钠（Na_2S）等。本项目小试试验拟选用硫酸亚铁、多硫化钙、硫化钠 3 种药剂作为土壤淋洗/化学还原/模拟湿法解毒修复小试试验药剂，其中土壤淋洗采用硫酸亚铁和硫化钠；化学还原采用硫酸亚铁、多硫化钙和硫化钠；模拟湿法解毒采用硫酸亚铁。除此之外，还需准备氢氧化钠、硫酸用于调节 pH。

（2）仪器及设备。

根据各小试试验情况，需要准备的主要仪器、药剂及耗材情况如表 4-3 和图 4-5 所示。

表 4-3 试验药剂、仪器、耗材情况一览表

试验类型	仪器、药剂及耗材		数量	主要用途	备注
浸出前处理及稳定化小试	仪器	振荡器	2 个	淋洗振荡	外部实验室
		pH 计	2 个	pH 测定	外部实验室
		实验天平	2 个	称量	外部实验室
	药剂	$FeSO_4 \cdot 7H_2O$	2 瓶（500 g）	稳定化/淋洗/模拟解毒药剂	化学纯或分析纯
		多硫化钙	5 L	稳定化药剂	现场成品
		硫化钠	2 瓶（500 g）	稳定化/淋洗药剂	化学纯或分析纯
		硫酸	1 瓶（500 mL）	浸提剂、振荡淋洗前调节 pH	优级纯
		氢氧化钠	1 瓶（500 g）	pH 调节剂	分析纯
	耗材	研钵或大锤	2 个	破碎	外部实验室
		1 L 塑料桶	200 个	装样	外部实验室
		尼龙网筛	5 个	筛分	2 mm 筛
		搅拌棒	5 个	搅拌	
		牛皮纸	若干	土壤自然风干	
		称量纸、药勺	若干	称量	
		100 mL 离心管	300 个	浸出时振荡装样容器及振荡淋洗时盛装容器	外部实验室
		一次性过滤纸	300 张	过滤	
		小号自封袋	150 个	稳定化后固体样品装样	
通用耗材等		一次性手套	5 盒		
		实验服	若干		
		去离子水	10 L		
		洗瓶	若干		

图 4-5　试验耗材及器材

4.1.3.2　小试方案设计

选择土壤淋洗、原位化学还原和模拟湿法解毒 3 种修复模式进行实验室小试。其中，土壤淋洗、模拟湿法解毒分别针对场地浅层中浓度、轻浓度和重浓度铬污染土壤的修复，原位化学还原针对场地深层污染土壤的修复。具体试验设计思路如图 4-6 所示。

4.1.3.3　土壤淋洗试验方案

（1）试验设计。

分别选用硫酸亚铁、硫化钠、去离子水（DIW）3 种单一淋洗剂作为本小试试验的淋洗剂。基于相关文献确定的最佳淋洗时间（8 h）、淋洗固液比（1∶10）、振荡速率（120 r/min）条件下，比较分析不同类型及浓度淋洗剂对不同浓度梯度六价铬污染土壤中六价铬的淋洗去除率。

（2）浓度设置。

对于硫酸亚铁、硫化钠 2 种淋洗剂，各设置 3 个溶剂浓度进行淋洗试验，分别为理论计算值的 2 倍、5 倍和 10 倍，试验土六价铬浓度分别为 300 mg/kg、800 mg/kg、1 500 mg/kg、2 000 mg/kg、5 000 mg/kg 等 5 种浓度，每组试验测定 2 个平行样。具体设计见表 4-4。

（3）试验步骤。

本试验分 3 组，第一组试验的外加淋洗剂为硫酸亚铁；第二组试验的外加淋洗剂为硫化钠；第三组试验的外加还原剂为去离子水。室温条件下，分析 3 种淋洗剂对制备的不同浓度六价铬污染土壤中六价铬的去除效率。每组进行 2 个平行试验，比较各组试验后土壤中残留 Cr^{6+} 的含量。

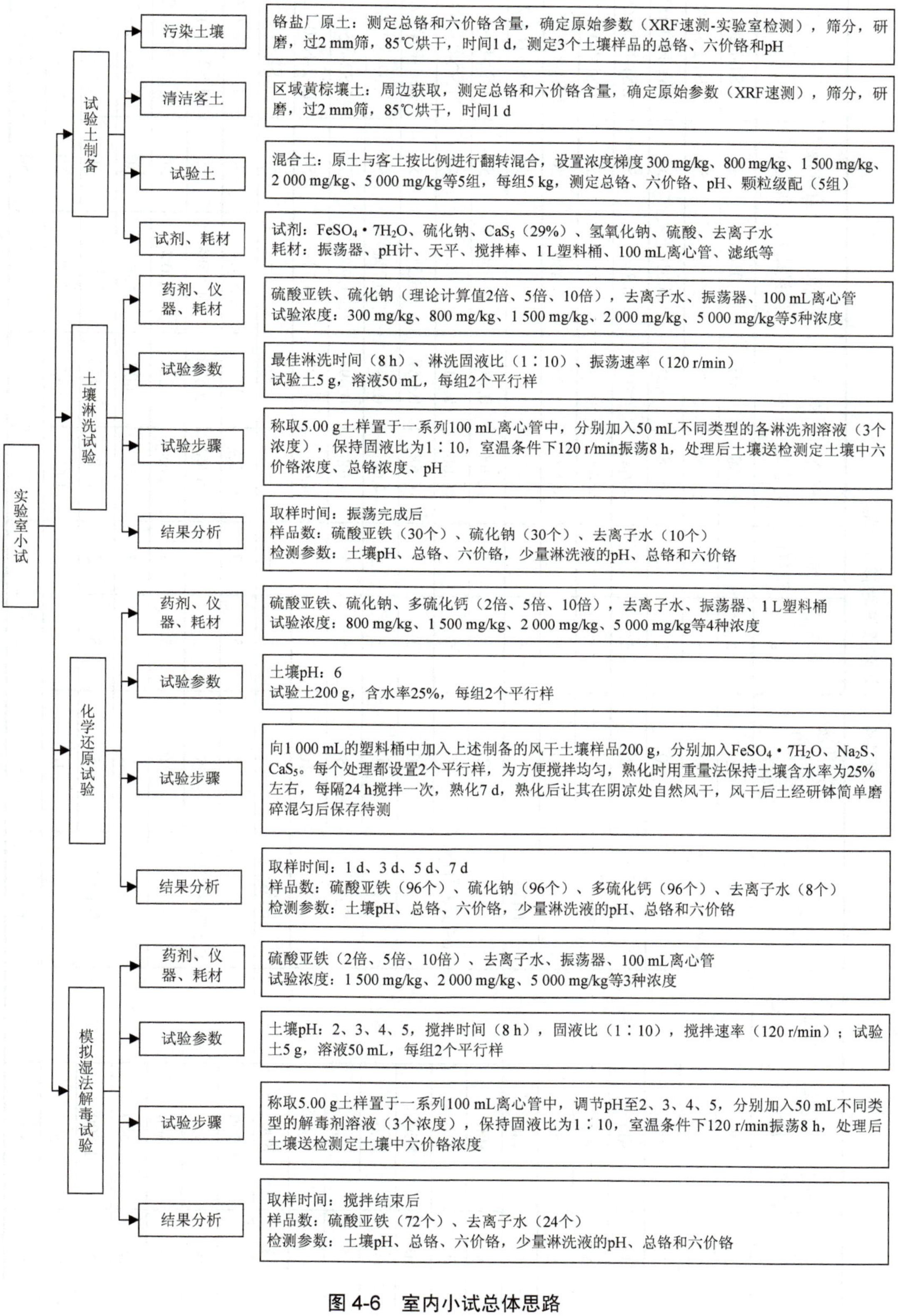

图 4-6 室内小试总体思路

表 4-4　土壤淋洗试验样品配制

序号	试验土六价铬浓度/（mg/kg）	试验土编号	试剂类型	试剂浓度（理论值倍数）/倍	土壤质量/g	理论摩尔比	理论质量比	药剂添加量/g	药剂添加比（质量比）	淋洗液添加量/mL	样品编号
1	300	S1	$FeSO_4 \cdot 7H_2O$	2	5	3	16.68	0.05	1.0%	50	LS1-F2-1/2
2	300			5	5	3	16.68	0.125	2.5%	50	LS1-F5-1/2
3	300			10	5	3	16.68	0.25	5.0%	50	LS1-F10-1/2
4	300		Na_2S	2	5	3	4.68	0.014	0.3%	50	LS1-N2-1/2
5	300			5	5	3	4.68	0.035	0.7%	50	LS1-N5-1/2
6	300			10	5	3	4.68	0.07	1.4%	50	LS1-N10-1/2
7	300		DIW	—	5	—	—	—	—	50	LS1-D-1/2
8	800	S2	$FeSO_4 \cdot 7H_2O$	2	5	3	16.68	0.133	2.7%	50	LS2-F2-1/2
9	800			5	5	3	16.68	0.334	6.7%	50	LS2-F5-1/2
10	800			10	5	3	16.68	0.667	13.3%	50	LS2-F10-1/2
11	800		Na_2S	2	5	3	4.68	0.037	0.7%	50	LS2-N2-1/2
12	800			5	5	3	4.68	0.094	1.9%	50	LS2-N5-1/2
13	800			10	5	3	4.68	0.187	3.7%	50	LS2-N10-1/2
14	800		DIW	—	5	—	—	—	—	50	LS2-D-1/2
15	1 500	S3	$FeSO_4 \cdot 7H_2O$	2	5	3	16.68	0.25	5.0%	50	LS3-F2-1/2
16	1 500			5	5	3	16.68	0.626	12.5%	50	LS3-F5-1/2
17	1 500			10	5	3	16.68	1.251	25.0%	50	LS3-F10-1/2
18	1 500		Na_2S	2	5	3	4.68	0.07	1.4%	50	LS3-N2-1/2
19	1 500			5	5	3	4.68	0.176	3.5%	50	LS3-N5-1/2
20	1 500			10	5	3	4.68	0.351	7.0%	50	LS3-N10-1/2
21	1 500		DIW	—	5	—	—	—	—	50	LS3-D-1/2

序号	试验土六价铬浓度/（mg/kg）	试验土编号	试剂类型	试剂浓度（理论值倍数）/倍	土壤质量/g	理论摩尔比	理论质量比	药剂添加量/g	药剂添加比（质量比）	淋洗液添加量/mL	样品编号
22	2 000	S4	$FeSO_4 \cdot 7H_2O$	2	5	3	16.68	0.334	6.7%	50	LS4-F2-1/2
23	2 000			5	5	3	16.68	0.834	16.7%	50	LS4-F5-1/2
24	2 000			10	5	3	16.68	1.668	33.4%	50	LS4-F10-1/2
25	2 000		Na_2S	2	5	3	4.68	0.094	1.9%	50	LS4-N2-1/2
26	2 000			5	5	3	4.68	0.234	4.7%	50	LS4-N5-1/2
27	2 000			10	5	3	4.68	0.468	9.4%	50	LS4-N10-1/2
28	2 000		DIW	—	5	—	—	—	—	50	LS4-D-1/2
29	5 000	S5	$FeSO_4 \cdot 7H_2O$	2	5	3	16.68	0.834	16.7%	50	LS5-F2-1/2
30	5 000			5	5	3	16.68	2.085	41.7%	50	LS5-F5-1/2
31	5 000			10	5	3	16.68	4.17	83.4%	50	LS5-F10-1/2
32	5 000		Na_2S	2	5	3	4.68	0.234	4.7%	50	LS5-N2-1/2
33	5 000			5	5	3	4.68	0.585	11.7%	50	LS5-N5-1/2
34	5 000			10	5	3	4.68	1.17	23.4%	50	LS5-N10-1/2
35	5 000		DIW	—	5	—	—	—	—	50	LS5-D-1/2

具体试验步骤：称取 5.00 g 土样 S1—S5 置于一系列 100 mL 离心管中，分别加入 50 mL 不同类型的各淋洗剂溶液（3 个浓度），保持固液比为 1∶10，室温条件下 120 r/min 振荡 8 h，处理后土壤送检测定土壤中总铬浓度、六价铬浓度、pH。

实验室小试土壤淋洗试验过程照片如图 4-7 所示。

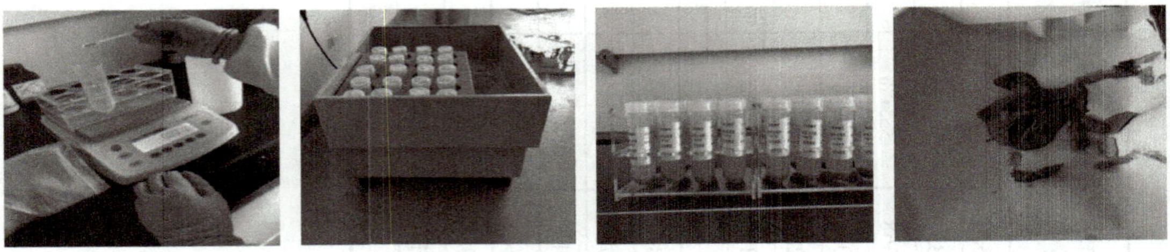

a. 土壤称量　　b. 振荡淋洗　　c. 静置　　d. 淋洗后土壤风干

图 4-7　土壤淋洗试验过程

4.1.3.4　化学还原试验方案

（1）试验设计。

分别采用硫酸亚铁、多硫化钙、硫化钠 3 种药剂在不同浓度下进行室内还原试验。

（2）浓度设置。

本项目采用化学还原技术进行修复，拟采用硫酸亚铁、多硫化钙、硫化钠 3 种药剂进行还原稳定化修复试验。

使用硫酸亚铁药剂作为修复药剂时，需用石灰将土壤 pH 调节到 6 左右。

对于硫酸亚铁、多硫化钙、硫化钠 3 种还原剂，各设置 3 个浓度梯度进行还原稳定化试验，分别为理论计算值的 2 倍、5 倍和 10 倍，试验土六价铬浓度分别为 800 mg/kg、1 500 mg/kg、2 000 mg/kg、5 000 mg/kg。

（3）实验步骤。

向 1 000 mL 的塑料桶中加入上述制备的风干土壤样品 200 g，分别加入 $FeSO_4 \cdot 7H_2O$、CaS_5 和 Na_2S 药剂。每个处理都设置 2 个平行样，为方便搅拌均匀，熟化时用重量法保持土壤含水率为 25%左右，每隔 24 h 搅拌一次，熟化 7 d，熟化后让其在阴凉处自然风干，风干后土经研钵简单磨碎混匀后保存待测。实验室小试化学还原试验过程照片如图 4-8 所示。

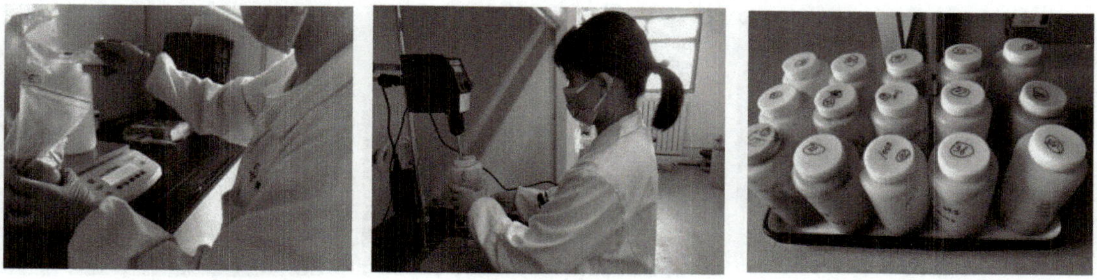

a. 称量、加药　　b. 搅拌　　c. 化学还原反应

d. 污染土壤消解处理　　e. 处理后土壤风干　　f. 分析测定

图 4-8　化学还原试验过程

4.1.3.5　模拟湿法解毒试验方案

（1）试验设计。

由于六价铬在酸性环境下较易浸出，因此本试验在开始前应先将污染土壤调至酸性，而多硫化钙和硫化钠在酸性条件下均会产生硫化氢气体，因此本次室内小试选用硫酸亚铁作为模拟湿法解毒工艺药剂，并设置多种 pH 环境（pH=2、3、4、5）开展模拟湿法解毒试验。

（2）浓度设计。

针对每一种 pH（2、3、4、5）土样，对硫酸亚铁设置 3 个药剂浓度进行还原稳定化试验，分别为理论计算值的 2 倍、5 倍和 10 倍。

（3）试验步骤。

称取 5.00 g 土样置于一系列 100 mL 离心管中，调节 pH 至 2、3、4、5，分别加入 50 mL 不同类型的解毒剂溶液（3 个浓度），保持固液比为 1∶10，室温条件下 120 r/min 振荡 8 h，处理后土壤再次测定 pH 后送检测定土壤中六价铬浓度。实验室小试模拟湿法解毒照片如图 4-9 所示。

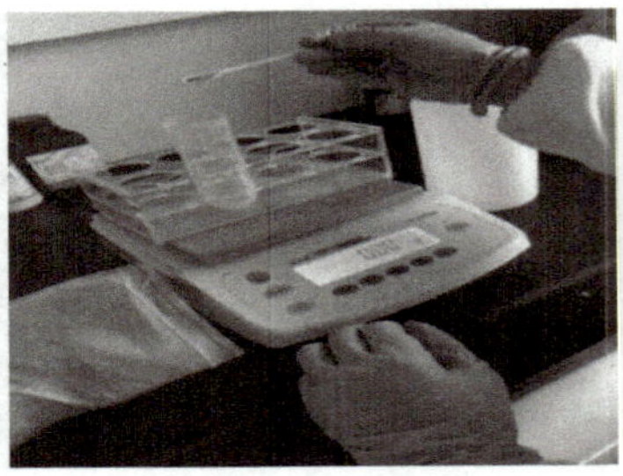

a. 土壤称量

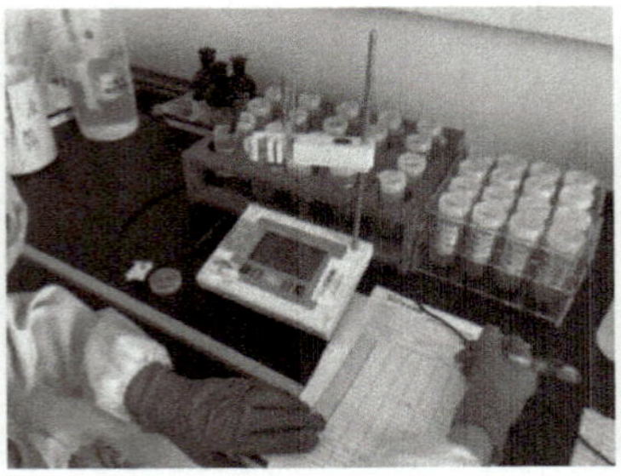

b. 调节 pH

c. 振荡

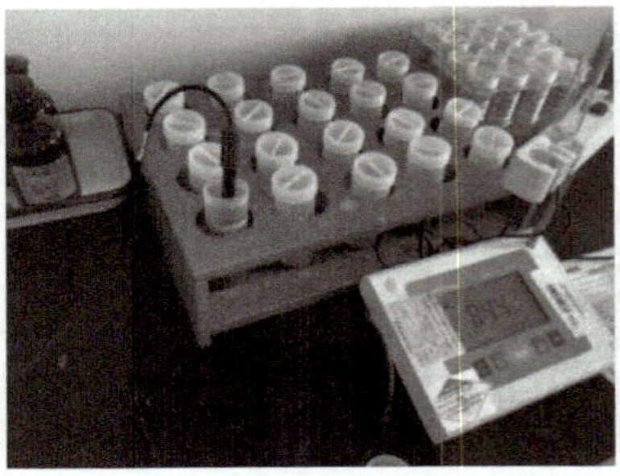

d. pH 测定

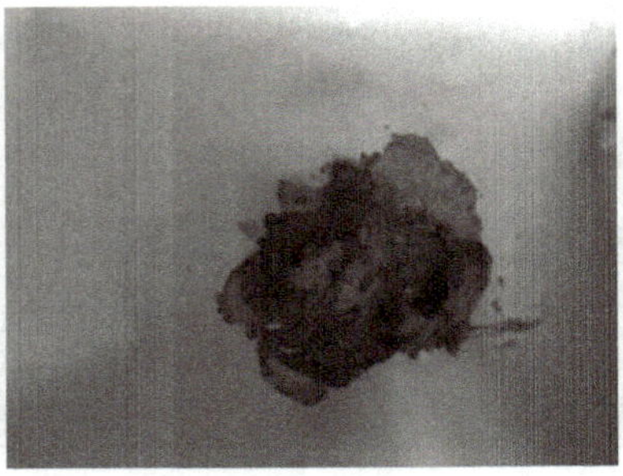

e. 解毒后土壤风干

图 4-9 模拟湿法解毒试验过程

4.1.4 小试结果分析

4.1.4.1 土壤淋洗

按照室内振荡淋洗技术方案设置，一方面比较去离子水、硫化钠溶液和硫酸亚铁溶液 3 种单一淋洗剂对该铬盐厂污染土壤的淋洗效率，进行可行性分析；另一方面，针对以上 3 种单一淋洗剂对制备的不同六价铬浓度污染土壤的淋洗去除率进行分析，便于后期工程施工筛选最佳的淋洗剂，并设置淋洗剂的浓度及相关淋洗参数。试验结束后测定土壤中总铬浓度、六价铬浓度、pH 变化（图 4-10 至图 4-12）。具体试验结果分析如下。

（1）淋洗效率和可行性分析。

通过分析比较去离子水、硫化钠溶液和硫酸亚铁溶液淋洗处理后污染土壤中六价铬浓度，可以看出硫酸亚铁相对于去离子水和硫化钠具有一定的淋洗效果，但鉴于场地中层和深层土壤以细粒径的粉黏和黏土为主，淋洗效果不明显。通过添加硫酸亚铁淋洗液可以有效降低土壤中六价铬浓度，去除率在 30%～70%。硫化钠的淋洗效果一般，对于本次试验设计的土壤浓度，均未能实现土壤修复目标。

（2）淋洗过程 pH 和总铬浓度变化情况分析。

经硫化钠溶液淋洗后的土壤 pH 总体呈上升趋势，处理后土壤偏碱性，硫酸亚铁溶液淋洗后的土壤 pH 总体呈下降趋势，且均位于 6～9。去离子水处理后的土壤 pH 略有降低，但变化不大。

（3）土壤淋洗适用型判断。

基于以上淋洗效率和可行性分析，结合场地土壤粒径特征，土壤淋洗对于细粒径的黏土和粉质黏土不太适用，虽然可有效降低土壤六价铬浓度，但远未达到修复目标，在后期进行工程施工时，建议对于场地浅层和深层土壤不采用土壤淋洗处理，若表层大粒径杂填土拟采用土壤淋洗处置时，需考虑添加硫酸亚铁药剂，添加比为理论计算值的 5～10 倍，采用多次淋洗处置。

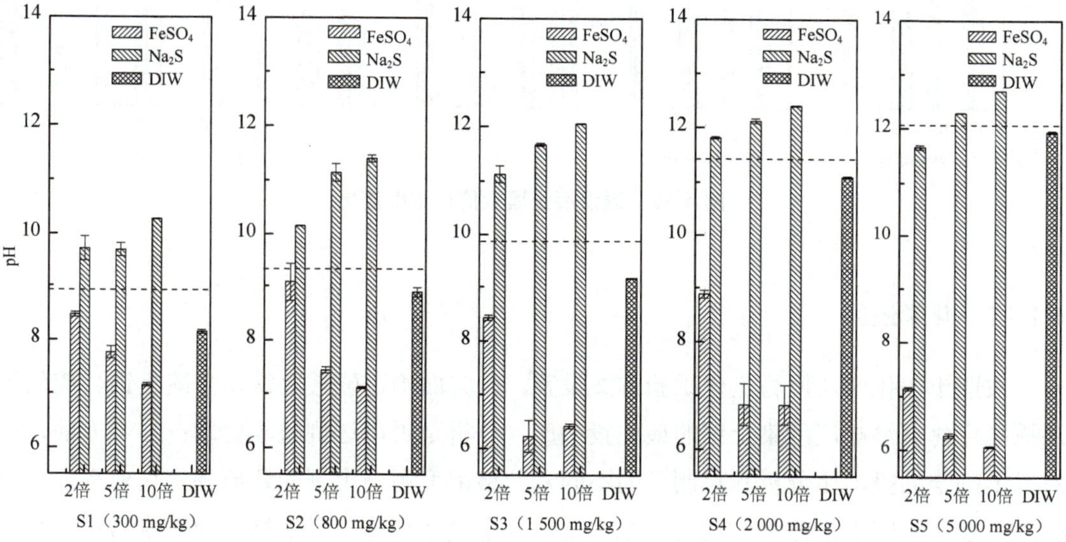

图 4-10　淋洗后土壤 pH 变化

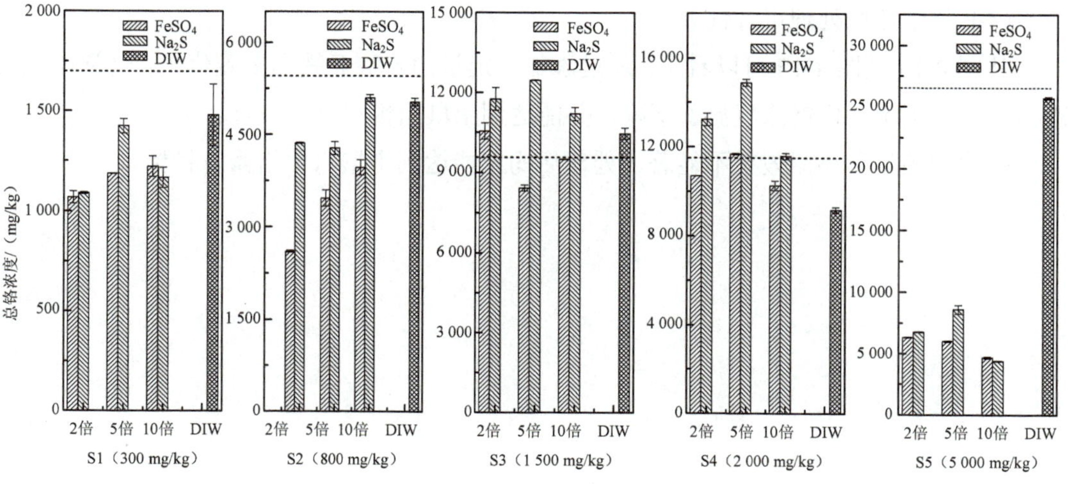

图 4-11　淋洗后土壤总铬浓度变化

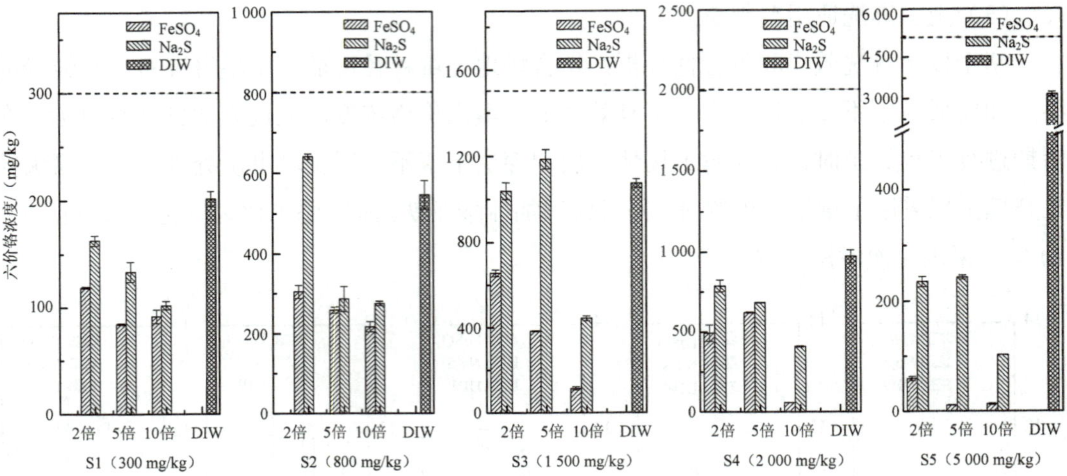

图 4-12 淋洗后土壤六价铬浓度变化

4.1.4.2 化学还原

按照土壤化学还原稳定化试验方案设置，一方面确定硫酸亚铁、多硫化钙、硫化钠还原稳定化该铬盐厂污染土壤的最佳投加比，分析是否可达到验收要求；另一方面，针对以上确定的投加比分析其对制备的不同六价铬浓度污染土壤的还原稳定化效率，并分析其主要影响因素，便于后期还原稳定化修复土壤工程施工时根据场地土壤污染实际情况确定药剂的添加比例，并进行还原稳定化有效性分析。试验结束后主要测定土壤中总铬、六价铬、pH。具体实验结果分析如下。

（1）化学还原处理可行性分析。

从图 4-13 至图 4-15 可以看出，通过添加一定量的硫酸亚铁和多硫化钙，化学还原处理后的污染土壤六价铬浓度显著下降，并能达到土壤六价铬修复目标。

硫化钠的化学还原效果不显著，处理后均未能达到土壤六价铬修复目标。

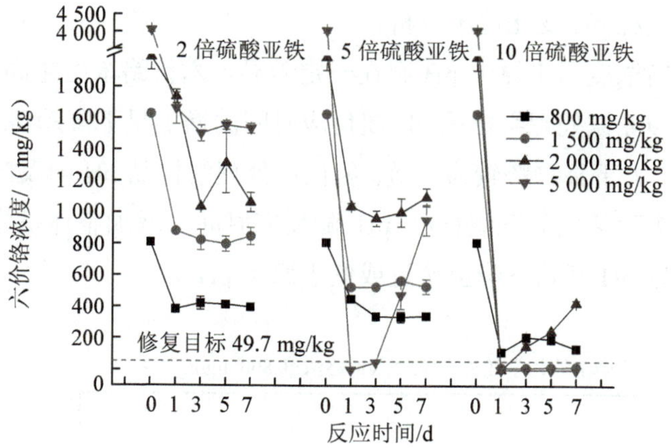

图 4-13 硫酸亚铁还原稳定化效果

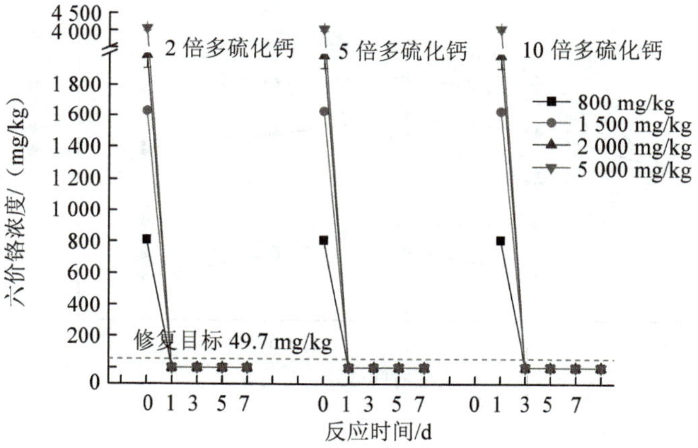

图 4-14 多硫化钙还原稳定化效果

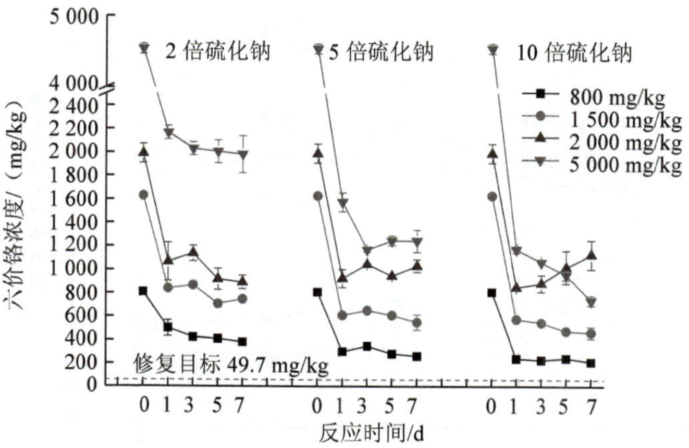

图 4-15 硫化钠还原稳定化效果

（2）化学还原过程 pH 变化情况分析。

由于不同六价铬浓度污染原土 pH 存在一定差异，六价铬浓度越高，pH 越大。从图 4-16 可以看出，硫酸亚铁处理组样品 pH 随反应时间的增加呈下降趋势，第 1 天 pH 急剧下降，第 2 天至第 7 天下降趋势较为平缓；硫化钠处理组样品 pH 随反应时间的增加整体呈缓慢上升趋势；多硫化钙处理组样品 pH 随反应时间的增加整体呈先上升后下降的趋势，即从第 5 天开始 pH 开始下降至接近或低于原土 pH。

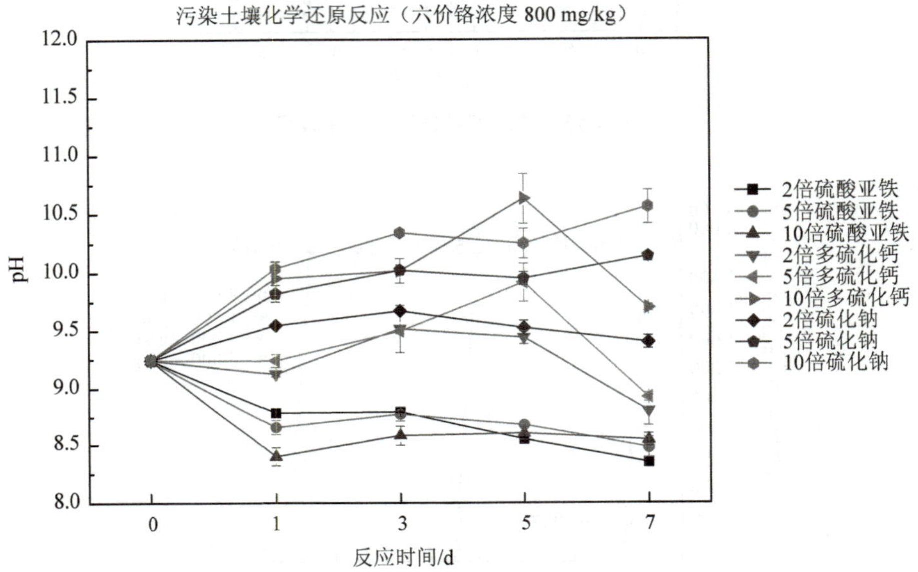

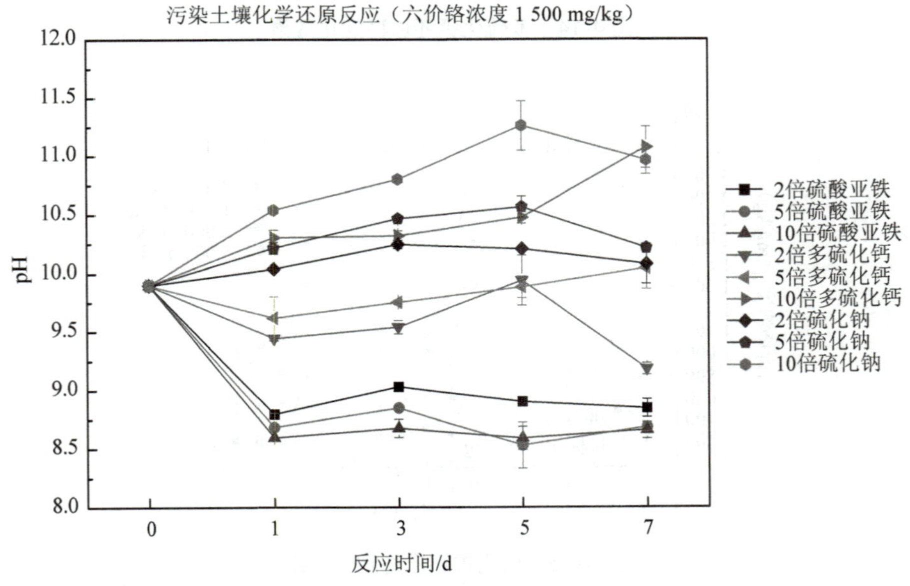

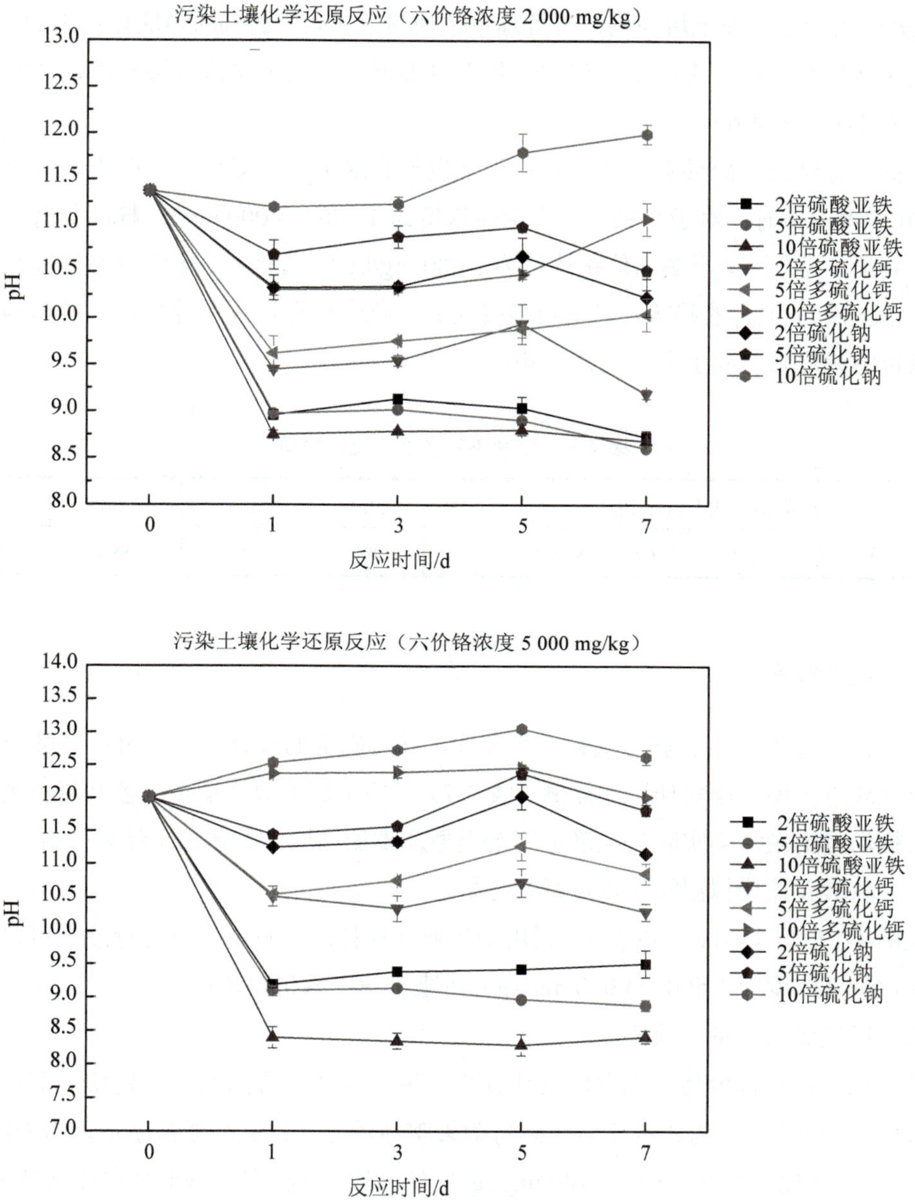

图 4-16 污染土壤化学还原过程 pH 随时间变化趋势

（3）化学还原剂和相关参数确定。

基于以上可行性及影响因素分析，多硫化钙相较硫酸亚铁和硫化钠，化学还原效果最佳。

经多硫化钙化学还原处理后的不同六价铬浓度污染土壤（800～5 000 mg/kg）中六价铬浓度均小于 0.5 mg/kg，满足修复目标要求。处理后 pH 也基本能接近或略低于原土 pH。且当多硫化钙的添加量为六价铬理论添加量的 2 倍时即可实现修复目标。初步估算，以

500 mg/kg 六价铬污染土壤为例，每处理单位质量的土壤，29%的多硫化钙添加量为 2% 基本能实现修复目标。实际修复工程过程中可根据土壤六价铬浓度进行添加量的计算和调整（表 4-5 和表 4-6）。

根据试验结果，硫酸亚铁在一定条件下也能实现土壤修复目标。即当硫酸亚铁添加量为 10 倍理论值时，对于污染土壤六价铬浓度为 1 500～5 000 mg/kg 样品具有一定的化学还原效果。其中污染土壤六价铬浓度为 2 000 mg/kg 组试验土壤中六价铬浓度在第 2 天至第 7 天出现了上升的趋势，考虑可能受实验室化学还原过程中养护水量的影响，导致出现六价铬浓度随时间上升的变化趋势。

表 4-5　化学还原药剂建议添加量

六价铬浓度/（mg/kg）	500	1 000	2 000	5 000
还原药剂多硫化钙（29%）添加比	2%	4%	8%	20%

4.1.4.3　湿法解毒

按照铬污染土壤湿法解毒试验方案设置，针对确定的搅拌时间，分析硫酸亚铁对该铬污染地块重污染土壤最佳添加比例（表 4-7），便于后期湿法解毒工艺修复土壤工程施工时根据场地土壤污染实际情况确定药剂类型及添加比例。具体试验结果分析如下。

（1）硫酸亚铁模拟湿法解毒可行性分析。

从图 4-17 至图 4-19 可以看出，采用硫酸亚铁模拟湿法解毒在一定程度上可以降低高浓度（六价铬浓度为 1 500～5 000 mg/kg）污染土壤中六价铬浓度。

（2）模拟湿法解毒参数确定。

基于以上可行性分析，选取硫酸亚铁作为模拟湿法解毒药剂在一定条件下可以实现修复目标。当 pH 设置为 2 或 3 时，解毒效果整体较好，且硫酸亚铁添加量为 10 倍理论值时，基本能控制六价铬浓度在 100 mg/kg 左右。因为本次实验室小试在控制溶液 pH 时不能完全达到稳定设定 pH 值（2、3、4、5），实际反应时 pH 值发生变化，均较设计值偏高，导致还原反应较预期不充分，基于以上情况，结合铬盐厂前期湿法解毒经验及国内其他场地案例，建议在实际的工程修复过程中可选用 2～5 倍理论值添加量的硫酸亚铁作为湿法解毒药剂，硫酸和硫化钠作为调节剂，并通过多次湿法解毒操作来确保达到修复目标（表 4-8）。

表 4-6 化学还原试验样品配制

序号	试验土六价铬浓度/（mg/kg）	试验土编号	试剂类型	理论摩尔比	理论质量比	试剂浓度（理论值倍数）/倍	土壤质量/g	药剂添加量/g	还原液添加量/mL	样品编号
1	800	S2	$FeSO_4 \cdot 7H_2O$	3.00	16.68	2	200	5.338	51.334	HS2-F2-1/2
2	800				16.68	5	200	13.344	53.336	HS2-F5-1/2
3	800				16.68	10	200	26.688	56.672	HS2-F10-1/2
4	800		Na_2S	3.00	4.68	2	200	1.498	50.374	HS2-N2-1/2
5	800				4.68	5	200	3.744	50.936	HS2-N5-1/2
6	800				4.68	10	200	7.488	51.872	HS2-N10-1/2
7	800		CaS_5（29%）	1.50	19.90	2	200	6.368	43.632	HS2-CF2-1/2
8	800				19.90	5	200	15.920	34.080	HS2-CF5-1/2
9	800				19.90	10	200	31.840	18.160	HS2-C10-1/2
10	800		DIW	—	—	—	200	—	50	HS2-D-1/2
11	1 500	S3	$FeSO_4 \cdot 7H_2O$	3.00	16.68	2	200	10.008	52.502	HS3-F2-1/2
12	1 500				16.68	5	200	25.020	56.255	HS3-F5-1/2
13	1 500				16.68	10	200	50.040	62.510	HS3-F10-1/2
14	1 500		Na_2S	3.00	4.68	2	200	2.808	50.702	HS3-N2-1/2
15	1 500				4.68	5	200	7.020	51.755	HS3-N5-1/2
16	1 500				4.68	10	200	14.040	53.510	HS3-N10-1/2
17	1 500		CaS_5（29%）	1.50	19.90	2	200	11.940	38.060	HS3-CF2-1/2
18	1 500				19.90	5	200	29.850	20.150	HS3-CF5-1/2
19	1 500				19.90	10	200	59.700	0	HS3-C10-1/2
20	1 500		DIW	—	—	—	200	—	50	HS3-D-1/2

序号	试验土六价铬浓度/（mg/kg）	试验土编号	试剂类型	理论摩尔比	理论质量比	试剂浓度（理论值倍数）/倍	土壤质量/g	药剂添加量/g	还原液添加量/mL	样品编号
21	2 000	S4	$FeSO_4 \cdot 7H_2O$	3.00	16.68	2	200	13.344	53.336	HS4-F2-1/2
22	2 000				16.68	5	200	33.360	58.34	HS4-F5-1/2
23	2 000				16.68	10	200	66.720	66.68	HS4-F10-1/2
24	2 000		Na_2S	3.00	4.68	2	200	3.744	50.936	HS4-N2-1/2
25	2 000				4.68	5	200	9.360	52.34	HS4-N5-1/2
26	2 000				4.68	10	200	18.720	54.68	HS4-N10-1/2
27	2 000		CaS_5（29%）	1.50	19.90	2	200	15.920	34.080	HS4-CF2-1/2
28	2 000				19.90	5	200	39.800	10.200	HS4-CF5-1/2
29	2 000				19.90	10	200	79.600	0	HS4-C10-1/2
30	2 000		DIW	—	—	—	200	—	50	HS4-D-1/2
31	5 000	S5	$FeSO_4 \cdot 7H_2O$	3.00	16.68	2	200	33.360	58.34	HS5-F2-1/2
32	5 000				16.68	5	200	83.400	70.85	HS5-F5-1/2
33	5 000				16.68	10	200	166.800	91.7	HS5-F10-1/2
34	5 000		Na_2S	3.00	4.68	2	200	9.360	52.34	HS5-N2-1/2
35	5 000				4.68	5	200	23.400	55.85	HS5-N5-1/2
36	5 000				4.68	10	200	46.800	61.7	HS5-N10-1/2
37	5 000		CaS_5（29%）	1.50	19.90	2	200	39.800	10.200	HS5-CF2-1/2
38	5 000				19.90	5	200	99.500	0	HS5-CF5-1/2
39	5 000				19.90	10	200	199.000	0	HS5-C10-1/2
40	5 000		DIW	—	—	—	200	—	50	HS5-D-1/2

表 4-7 湿法解毒还原药剂建议添加量

六价铬浓度/（mg/kg）	1 000	2 000	5 000
还原药剂 $FeSO_4 \cdot 7H_2O$ 添加比	4%	8%	20%

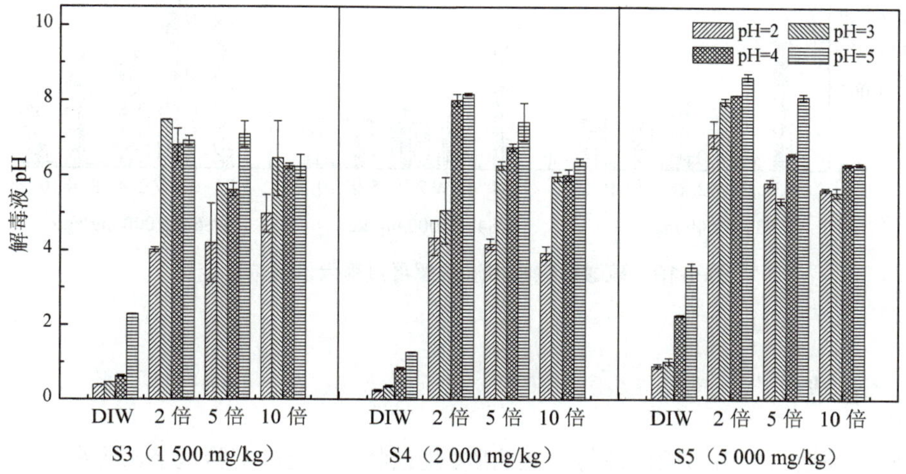

图 4-17 硫酸亚铁模拟湿法解毒过程 pH 变化

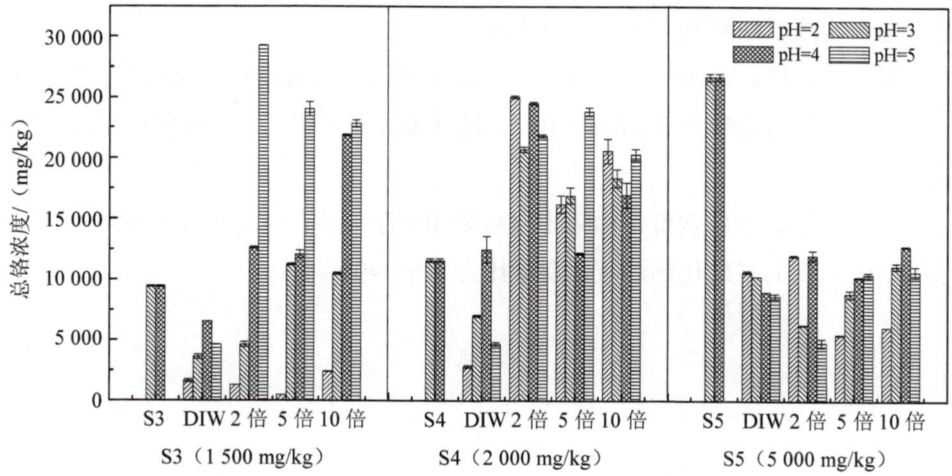

图 4-18 硫酸亚铁模拟湿法解毒过程总铬浓度变化

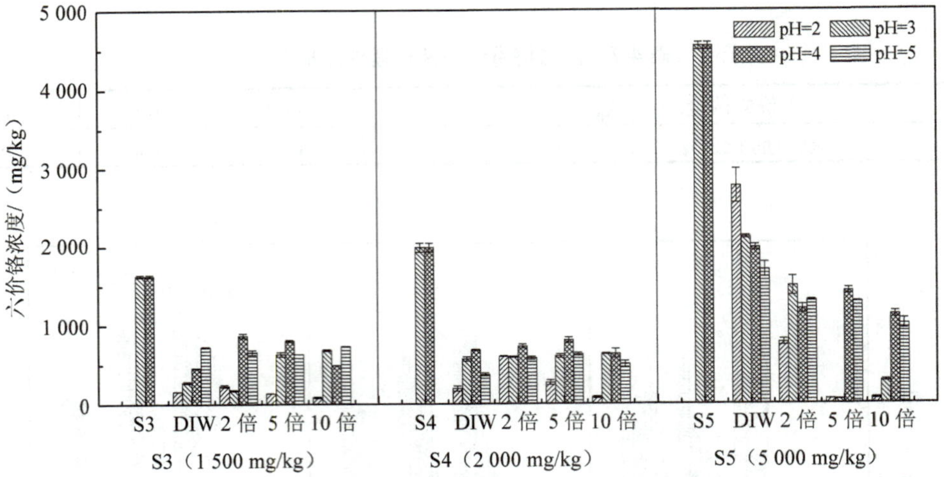

图 4-19 硫酸亚铁模拟湿法解毒过程六价铬浓度变化

4.1.5 小结

针对本场地六价铬污染特征与水文地质、地层特征，通过实验室小试可得出如下结论：

（1）土壤淋洗技术对于本场地中间层、深层细粒径污染土壤不适用，淋洗效率达不到修复要求。

（2）若采用土壤淋洗技术处置场地表层土、浅层杂填土、素填土等大粒径轻污染土壤，建议选用硫酸亚铁溶液进行多次淋洗还原。

（3）场地中浓度、高浓度六价铬污染土壤可采用湿法解毒技术进行异位治理修复，解毒还原药剂可选用硫酸亚铁（8%～40%）进行多级还原解毒，同时应控制还原环境 pH 小于 3。

（4）场地中层、深层六价铬污染土壤可采用化学还原技术进行原位治理修复，还原剂可选用 29%浓度的多硫化钙溶液，质量比为 2%～40%。

表 4-8 模拟湿法解毒试验样品配制

序号	试验土六价铬浓度/（mg/kg）	试验土编号	试剂类型	土壤pH	理论摩尔比	理论质量比	试剂浓度（理论值倍数）/倍	土壤质量/g	药剂添加量/g	药剂添加比（质量比）	解毒液添加量/mL	样品编号
1	1 500	S3	$FeSO_4\cdot 7H_2O$	2	3	16.68	2	5	0.25	5.0%	50	JS3-F2p2-1/2
2	1 500				3	16.68	5	5	0.63	12.6%	50	JS3-F5p2-1/2
3	1 500				3	16.68	10	5	1.25	25.0%	50	JS3-F10p2-1/2
4	1 500			3	3	16.68	2	5	0.25	5.0%	50	JS3-F2p3-1/2
5	1 500				3	16.68	5	5	0.63	12.6%	50	JS3-F5p3-1/2
6	1 500				3	16.68	10	5	1.25	25.0%	50	JS3-F10p3-1/2
7	1 500			4	3	16.68	2	5	0.25	5.0%	50	JS3-F2p4-1/2
8	1 500				3	16.68	5	5	0.63	12.6%	50	JS3-F5p4-1/2
9	1 500				3	16.68	10	5	1.25	25.0%	50	JS3-F10p4-1/2
10	1 500			5	3	16.68	2	5	0.25	5.0%	50	JS3-F2p5-1/2
11	1 500				3	16.68	5	5	0.63	12.6%	50	JS3-F5p5-1/2
12	1 500				3	16.68	10	5	1.25	25.0%	50	JS3-F10p5-1/2
13	1 500		DIW	2	—	—	—	5	—	—	50	JS3-Dp2-1/2
14	1 500			3	—	—	—	5	—	—	50	JS3-Dp3-1/2
15	1 500			4	—	—	—	5	—	—	50	JS3-Dp4-1/2
16	1 500			5	—	—	—	5	—	—	50	JS3-Dp5-1/2
17	2 000	S4	$FeSO_4\cdot 7H_2O$	2	3	16.68	2	5	0.33	6.6%	50	JS4-F2p2-1/2
18	2 000				3	16.68	5	5	0.83	16.6%	50	JS4-F5p2-1/2
19	2 000				3	16.68	10	5	1.67	33.4%	50	JS4-F10p2-1/2
20	2 000			3	3	16.68	2	5	0.33	6.6%	50	JS4-F2p3-1/2
21	2 000				3	16.68	5	5	0.83	16.6%	50	JS4-F5p3-1/2
22	2 000				3	16.68	10	5	1.67	33.4%	50	JS4-F10p3-1/2
23	2 000			4	3	16.68	2	5	0.33	6.6%	50	JS4-F2p4-1/2
24	2 000				3	16.68	5	5	0.83	16.6%	50	JS4-F5p4-1/2

序号	试验土六价铬浓度/（mg/kg）	试验土编号	试剂类型	土壤pH	理论摩尔比	理论质量比	试剂浓度（理论值倍数）/倍	土壤质量/g	药剂添加量/g	药剂添加比（质量比）	解毒液添加量/mL	样品编号
25	2 000	S4	$FeSO_4 \cdot 7H_2O$		3	16.68	10	5	1.67	33.4%	50	JS4-F10p4-1/2
26	2 000			5	3	16.68	2	5	0.33	6.6%	50	JS4-F2p5-1/2
27	2 000				3	16.68	5	5	0.83	16.6%	50	JS4-F5p5-1/2
28	2 000				3	16.68	10	5	1.67	33.4%	50	JS4-F10p5-1/2
29	2 000		DIW	2	—	—	—	5	—	—	50	JS4-Dp2-1/2
30	2 000			3	—	—	—	5	—	—	50	JS4-Dp3-1/2
31	2 000			4	—	—	—	5	—	—	50	JS4-Dp4-1/2
32	2 000			5	—	—	—	5	—	—	50	JS4-Dp5-1/2
33	5 000	S5	$FeSO_4 \cdot 7H_2O$	2	3	16.68	2	5	0.83	16.6%	50	JS5-F2p2-1/2
34	5 000				3	16.68	5	5	2.09	41.8%	50	JS5-F5p2-1/2
35	5 000				3	16.68	10	5	4.17	83.4%	50	JS5-F10p2-1/2
36	5 000			3	3	16.68	2	5	0.83	16.6%	50	JS5-F2p3-1/2
37	5 000				3	16.68	5	5	2.09	41.8%	50	JS5-F5p3-1/2
38	5 000				3	16.68	10	5	4.17	83.4%	50	JS5-F10p3-1/2
39	5 000			4	3	16.68	2	5	0.83	16.6%	50	JS5-F2p4-1/2
40	5 000				3	16.68	5	5	2.09	41.8%	50	JS5-F5p4-1/2
41	5 000				3	16.68	10	5	4.17	83.4%	50	JS5-F10p4-1/2
42	5 000			5	3	16.68	2	5	0.83	16.6%	50	JS5-F2p5-1/2
43	5 000				3	16.68	5	5	2.09	41.8%	50	JS5-F5p5-1/2
44	5 000				3	16.68	10	5	4.17	83.4%	50	JS5-F10p5-1/2
45	5 000		DIW	2	—	—	—	5	—	—	50	JS5-Dp2-1/2
46	5 000			3	—	—	—	5	—	—	50	JS5-Dp3-1/2
47	5 000			4	—	—	—	5	—	—	50	JS5-Dp4-1/2
48	5 000			5	—	—	—	5	—	—	50	JS5-Dp5-1/2

4.2 铬污染场地化学还原稳定化修复小试案例二

4.2.1 场地背景

某铬盐厂始建于 1955 年，是国内最早生产重铬酸钠的厂家之一，1985 年迁改扩建，1997 年因设备陈旧和管理不善等因素破产，遗留铬渣 47.24 万 t，遗留有 3 处铬渣场，原厂区也有较重污染。因生产历史悠久，早年环保意识薄弱，环保工艺设施落后，另有铬渣任意处置乱堆乱埋情况，导致重金属铬不断渗入地下并向周围扩散，进而引起土壤及地下水污染。此外，3 处较大规模铬渣露天堆存过程中产生的颗粒物，受风吹、日晒，也造成周边土壤及地下水，甚至周围大气中重金属铬含量超标。根据国家发展和改革委员会及国家环境保护总局联合提出的《铬渣污染综合整治方案》的有关要求，需要对该铬盐厂遗留铬渣及因其造成的污染土壤进行处理。

该场地及周边土壤和地下水铬污染的调查和整治工作已有一定基础。通过历年检查，并综合前期土壤调查结果，发现土壤污染非常严重，检测样品中总铬含量最高达到 38 600 mg/kg，六价铬最高含量达到 7 733 mg/kg。本次现场第一批共采集供试样品 82 份，总铬（XRF 数据）含量范围为未检出～1 851 mg/kg，实验室测定 pH 的范围为 4.41～9.97。

我国自 1958 年建成第一条铬盐生产线至今，先后有 70 余家企业生产铬盐，随着《铬渣污染综合整治方案》《重金属污染综合防治“十二五”规划》等相关文件的出台，历史遗留铬渣污染场地污染土壤、废渣及建筑垃圾的综合治理工程越来越受到关注。

硫酸亚铁（$FeSO_4$）作为一种成本低、还原效果好的稳定化药剂，已普遍应用于铬污染场地固化/稳定化相关研究及修复工程实践中。还原稳定化药剂的效果主要体现在两个方面，一是提高土壤中 Cr^{6+}的还原率，二是改变土壤中铬的形态，降低水溶态和酸可提取态含量。已有研究表明，$FeSO_4$ 对土壤中 Cr^{6+}的还原效果明显，而且 $FeSO_4$ 可以在短期内大幅降低土壤中的浸出浓度和 Cr^{6+}含量，且随着时间的增加稳定效果逐渐提高，孙尧等的研究表明，$FeSO_4$ 可将 80%以上的酸可提取态铬转化为其他形态，主要为可还原态铬。也有研究表明添加 $FeSO_4$ 修复后土壤中铬的稳定性较差，还原后的 Cr^{3+}并不能以稳定不溶的形态存在。在此过程中，土壤 pH、有机质含量、反应时间等对土壤中铬的价态及形态会产生一定影响，从而影响 $FeSO_4$ 的最终还原稳定化效果。为了确保稳定化效果，在添加 $FeSO_4$ 还原剂的同时，通过配合使用 NaOH、$Ca(OH)_2$、CaO、高岭土、膨润土等稳定剂，可提高对实际场地的修复效果。可见，$FeSO_4$ 对铬污染场地具有一定的修复效果，但同时受多方面因素的影响。为了更好地有针对性地利用 $FeSO_4$ 进行铬污染场地修复，需要结合场地实际情况对 $FeSO_4$ 还原稳定化工艺去除 Cr^{6+}的特性进行进一步研究。

本次小试试验拟选取该铬污染场地遗留的不同污染浓度的代表性土壤及建筑废物样品开展 $FeSO_4$ 还原稳定化工艺去除 Cr^{6+} 的特性分析。

4.2.2 供试土壤

用于本试验的样品性质见表 4-9 和表 4-10。

表 4-9 供试样品基本信息

供试样品编号	pH	有机质含量/（g/kg）	土样总铬浓度/（mg/kg）	土样 Cr^{6+} 浓度/（mg/kg）	浸出液总铬浓度/（mg/L）	浸出液 Cr^{6+} 浓度/（mg/L）
HS	11.3	39.2	31 600	3 840	190	170
MS	8.8	39.8	4 400	98.1	3.45	3.24
LS	8.7	28.5	1 320	119	10	1.25
HJ	7.1	—	18 100	14 500	3 850	3 490
MJ	8.1	—	1 400	719	95.6	86.8
LJ	8.8	—	374	63.5	0.3	0.14

表 4-10 供试土样粒径分析

供试土样	砂/%		粉粒/%			黏粒/%
	0.25～0.5 mm	0.075～0.25 mm	0.05～0.075 mm	0.01～0.05 mm	0.005～0.01 mm	<0.005 mm
HS	5	42	28.6	16.9	2.1	5.4
MS	—	24.7	13.2	47.5	7.1	7.5
LS	6	14	9.6	57.5	3.8	9.1

注：编号为 HS、MS、LS 土壤样品分别定义为高污染、中污染和低污染土壤；同理，HJ、MJ 和 LJ 建筑废物样品分别定义为高污染、中污染和低污染建筑废物。其中，定义高污染为 Cr^{6+} 浓度大于 2 000 mg/kg，中污染为 Cr^{6+} 浓度在 500～2 000 mg/kg，低污染为 Cr^{6+} 浓度在 60～500 mg/kg。

4.2.3 小试方案设计及材料设备

4.2.3.1 材料及设备选用

本小试试验使用药剂主要包括：

（1）$FeSO_4 \cdot 7H_2O$（分析纯）；

（2）多硫化钙（CaS_5）；

（3）商业药剂 X。

仪器及主要材料见表 4-11。

表 4-11 仪器及主要材料

名称	数量	用途	备注
稳定化系列药剂	3 份	还原稳定 Cr^{6+}	粉剂形式投加
pH 调控剂	若干	pH 调控	氧化钙
XRF	1 个	重金属快速检测	Thermos
pH 计	1 个	分析土样和浸出液 pH	PHB-3 型
100 mL 螺口圆底离心管	30 个	浸出	PE
注射器及配套玻纤滤膜过滤头	50 个	过滤	0.45 μm
烧杯/搅拌棒	若干	还原稳定前处理	自备
天平	1 个	称量	1%天平
防护用品	若干	防护	包括口罩、手套、实验服等
筛网	1 个	筛分土样	2 mm
封口袋	若干	装样送检	分为 8#和 10#袋子
其他	若干	其他耗材	视实验条件调整

4.2.3.2 主要修复机理

以 Fe^{2+}为主要成分的还原性药剂，可将 Cr^{6+}还原成 Cr^{3+}，生成的 Fe^{3+}与 Cr^{3+}可形成稳定的铬铁沉淀，二次污染风险很低。为在保证修复效果的前提下防止处理介质过酸/过碱，在修复过程中将过酸/过碱土壤的 pH 调节到 6～8。

Cr^{6+}一般存在于强氧化环境下，修复过程中通常在还原条件下将 Cr^{6+}还原为 Cr^{3+}，并形成氢氧化物沉淀，达到修复 Cr^{6+}污染的目的。

中度和轻度污染土壤采用原位化学还原工艺，所用化学还原药剂的还原成分主要是 CaS_5。该药剂与铬反应前分解为硫代硫酸根（$S_2O_3^{2-}$）和硫化氢（H_2S）。此反应在药剂注入前后均可发生，反应如下：

（1）与酸：$CaS_5+2H^+ \longrightarrow Ca^{2+}(aq)+H_2S+4S(s)$

（2）与氧气：$2CaS_5+3O_2 \longrightarrow 2Ca^{2+}(aq)+2S_2O_3^{2-}(aq)+6S(s)$

（3）与二氧化碳：$CaS_5+CO_2+H_2O \longrightarrow CaCO_3(s)+H_2S+4S(s)$

以上反应，第一步是 CaS_5 的水解作用，产生不稳定的 H_2S_5，继续分解为硫和硫化氢。曝气会使之氧化成硫代硫酸盐和硫。

硫代硫酸盐和硫化氢将 Cr^{6+}还原为 Cr^{3+}，并生成沉淀：

$$2CrO_4^{2-}(aq)+3S_2O_3^{2-}(aq)+5H_2O \longrightarrow 2Cr(OH)_3(s)+3S(s)+3SO_4^{2-}(aq)+4OH^-$$

$$2CrO_4^{2-}(aq)+3H_2S \longrightarrow 2Cr(OH)_3(s)+3S(s)+2H_2O+2OH^-$$

4.2.3.3 铬污染土壤稳定化试验处理

对土壤样品采用粉剂添加、混合搅拌、加水养护、分析测试的工艺进行稳定化，具体操作步骤如下：向 500 mL 的烧杯中各加入风干土壤样品 200 g，对编号为 HS 的样品按 2%、4%、6%、8%投加比，MS 样品按 0.5%、1%、2%、4%投加比，LS 样品按 0.1%、0.5%、1%、2%投加比，分别加入 $FeSO_4 \cdot 7H_2O$ 药剂，每个处理都设置一个平行样，为方便搅拌均匀，熟化时用重量法保持底泥含水率为 60%左右，实验组每隔 12 h 搅拌一次，熟化 7 d，熟化后让其在阴凉处自然风干，风干后的土经研钵简单磨碎混匀后保存待测。土壤样品浸出毒性测定前处理方法参考《固体废物　浸出毒性浸出方法　硫酸硝酸法》（HJ/T 299—2007）。

4.2.3.4 建筑废物堆浸处理

对建筑废物样品采用破碎、$FeSO_4$ 溶液堆浸、调节 pH、静置、分析测试的工艺进行稳定化，具体步骤如下：在进行建筑废物试验前，首先利用破碎设备将建筑废物破碎到粒径小于 30 mm。向 5 000 mL 的烧杯中分别加入 1 kg 编号为 HJ、MJ、LJ 的建筑废物样品，每组样品都设置一个平行样和一个空白对照样，按照 2.5∶1 的液固比往各烧杯中先加水，浸出部分 Cr^{6+}，再按照 10%的投加比加入 $FeSO_4 \cdot 7H_2O$ 药剂（浓度较高的 HJ 样品，采用 20%的投加比），使 $FeSO_4 \cdot 7H_2O$ 药剂充分溶解，将 Cr^{6+} 还原成 Cr^{3+}；最后，加石灰调节 pH 为 9 左右，静置，使 Cr^{3+} 沉淀。

设置总堆浸周期为 20 d，堆浸过程中间隔采集样品进行分析。每次采集 2 个建筑废物混合样品，送实验室进行 Cr^{6+} 浸出、总铬浸出检测，同时采集两个堆浸水样，检测 pH、Cr^{6+} 浓度及总铬浓度，监测 Cr^{6+} 和总铬浓度随堆浸处理时间的变化。

4.2.3.5 小试试验过程

（1）自然风干土样。

（2）土壤/废渣破碎筛分：将土样用尼龙锤敲碎，过 2 mm 孔径的尼龙筛，过筛后样品充分混匀。

（3）pH 测试：测定原始土壤 pH。取 5.00 g 样品，至 50 mL 锥形瓶中，加入 25 mL 纯水，充分搅拌，混匀（15 min），静置，测上清液 pH。

（4）稳定化：取 200.00 g 样品至 250 mL 烧杯中，加入不同配比的稳定化剂，用小勺以从下到上翻动样品的手法将样品和药剂充分混合，大约混合 15 min，加水搅拌再混匀至泥浆态，大约加水 40 mL（根据不同的样品加水量有 5～10 mL 的调整）。盖上保鲜膜，上面扎两个小孔，养护 7 d。

（5）调节 pH：检测稳定化后样品的 pH，添加生石灰调节 pH 至中性。

（6）浸出实验：称取 5.00 g（对应干重）稳定化后的样品，至 100 mL 离心管中，加入 50 mL 浸提剂（HJ/T 299—2007 中浸提剂 1#），加盖，编号。放入恒温振荡器中，调至转速为 250 r/min，温度为室温，振荡 18 h。静置 4 h，取上清液过 0.45 μm 玻纤滤膜，过滤液置于 15 mL 离心管中，加入 1 滴浓硝酸，加盖，密封，混匀，编号，置于 4℃冰箱中，待送检。

（7）送检样品数及检测指标：原土样 3 份（HS1、MS1、LS1）测定总铬和六价铬，及其浸出总铬和六价铬浓度；稳定化后的土壤样品 24 份测定 pH 和六价铬，及其浸出液总铬和六价铬浓度。

将每种土壤分为 200 g 每份，准备加入不同投加比的药剂。结合以往六价铬污染土壤修复处理小试经验，本次小试的药剂投加比见表 4-12。

表 4-12　药剂投加比信息

使用药剂	样品编号	投加比
七水硫酸亚铁	HS1	2%、4%、6%、8%
七水硫酸亚铁	MS1	0.5%、1%、2%、4%
七水硫酸亚铁	LS1	0.1%、0.5%、1%、2%

4.2.3.6　样品检测

pH、含水率详细测定过程如下。

（1）土壤样品含水率测定。

操作步骤：

①称量用于盛放底泥样品的容器重量（玻璃皿、烧杯等容器）；

②称取 50～100 g 样品置于已称量容器中，扎孔的锡纸遮盖瓶口，于 105℃下烘干，称量；

③恒重至两次称量值的误差绝对值小于 1%，计算样品含水率。

（2）土壤样品初始 pH 值测定。

可参考《土壤检测　第 2 部分：土壤 pH 的测定》（NY/T 1121.2—2006）、《土壤 pH 的测定》（NY/T 1377—2007）。

操作步骤：

①pH 计校准：25℃条件下，用 pH 为 4.00、6.86、9.18 的缓冲液校准 pH 计。每次测定前均用去离子水冲洗探头电极，再用纸轻轻擦干，注意不要摩擦探头的玻璃电极。

②底泥样品称量：称量 10～20 g 土壤样品，置于 100 mL 烧杯或离心管中。

③加水：以 1 g 土壤∶5.0 mL 水的比例添加。

④搅拌：搅拌至底泥样品与水充分混合，30 min 为宜。

⑤静置：根据样品性质调整静置时间，静置至固液两相明显分离为止。

⑥测定：将校准过的 pH 计电极探头浸入试样悬液中（注意：如果是玻璃电极，球泡下部位于土液界面处；如果是甘汞电极，插入上部清液中）。

⑦每个样品设置一个平行样，每次测定重复读数 3 次取平均值。

在本次试验中，采用 $FeSO_4$ 作为不同浓度及特性的污染土壤和建筑废物的还原稳定化药剂时，Cr^{6+}还原率最高为 94%，浸出 Cr^{6+}还原率最高为 98%，可见 $FeSO_4$ 对土壤和建筑废物中 Cr^{6+}具有较好的还原和稳定化效果，这与已有相关研究结论基本一致（表 4-13）。孙尧等的研究表明，$FeSO_4$ 可将 80%以上的酸可提取态铬转化为其他形态，主要为可还原态铬。黄莹等的研究结果也表明，$FeSO_4$ 药剂对土壤中 Cr^{6+}的中试还原率超过 99%。硫酸亚铁等药剂的添加可以抑制土壤中水溶性 Cr^{6+}的浸出，且土壤粒径、污染物浓度、工艺搅拌方式等均会影响治理效率。

表 4-13　$FeSO_4$ 还原 Cr^{6+}效果

样品类型	样品特性		Cr^{6+}还原率/（$FeSO_4$ 添加比）	浸出 Cr^{6+}还原率/（$FeSO_4$ 添加比）
	浓度	有机质含量/（g/kg）		
土壤	高	39.2	43.75%/（8%）	69.21%/（8%）
	中	39.8	9.88%/（2%）	95.63%/（2%）
	低	28.5	64.03%/（2%）	85.68%/（2%）
建筑废物	高	—	94.03%/（20%）	98.17%/（20%）
	中	—	64.60%/（10%）	97.05%/（10%）
	低	—	45.83%/（10%）	—

4.2.4　小试结果分析

4.2.4.1　$FeSO_4$ 去除土壤中 Cr^{6+}特性分析

由于土壤样品中污染物浓度、有机质含量、土壤质地等的不同，$FeSO_4$ 表现出对 Cr^{6+}不同的还原稳定化去除效果。

对于高污染土壤样品（HS），随着 $FeSO_4$ 添加量的增加，Cr^{6+}含量及浸出总铬、浸出 Cr^{6+}浓度均显著降低，但是即使在 $FeSO_4$ 最高添加量（8%）时，还原稳定化后的土壤 Cr^{6+}含量、浸出总铬及 Cr^{6+}浓度仍高于修复目标（图 4-20a）。该试验结果表明 $FeSO_4$ 不适合用于修复高浓度污染的砂性固体介质。

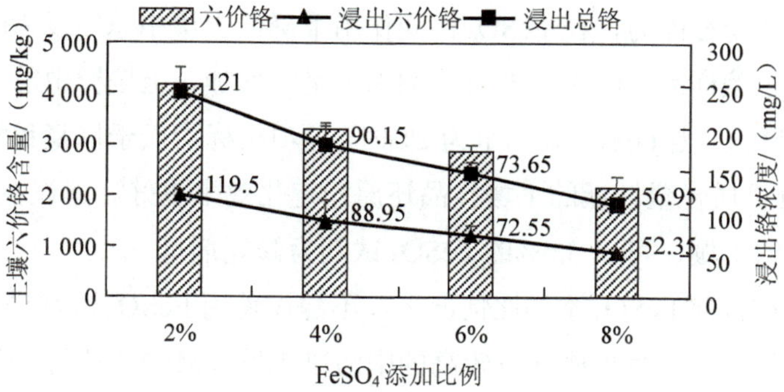

a. 高污染土壤样品

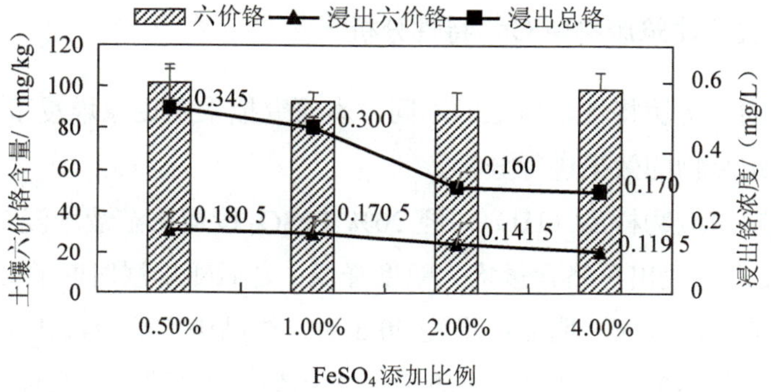

b. 中污染土壤样品

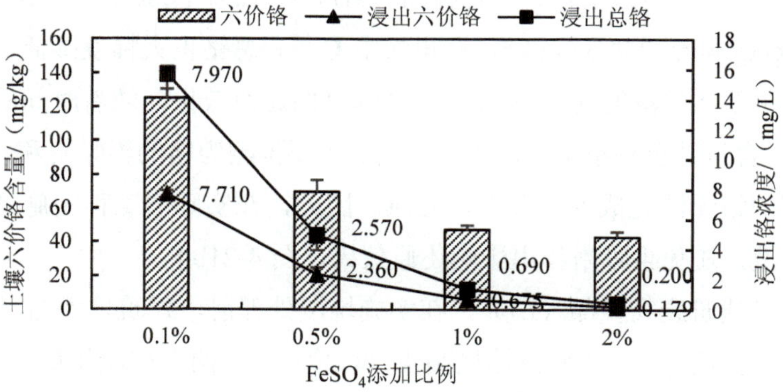

c. 低污染土壤样品

图 4-20　不同浓度土壤样品还原稳定化效果

对于中污染土壤样品（MS），还原稳定化后土壤浸出总铬和浸出 Cr^{6+} 浓度均低于修复目标值（图 4-20b），但在土壤 Cr^{6+} 还原效果方面，各试验处理中土壤 Cr^{6+} 并没有随 $FeSO_4$ 添加量的增加而显著变化，且均在 80 mg/kg 以上，高于修复目标值。这可能是由于该土壤样的有机质含量较高（39.8 g/kg），土壤样有机质浓度较高，一方面，硫酸亚铁对 Cr^{6+} 的还原效果较差；另一方面，使得土壤中可交换态铬少，有机结合态铬多，从而影响铬的生物可利用性和迁移能力，在 $FeSO_4$ 协同作用下降低土壤中总铬及 Cr^{6+}浸出浓度。

对于低污染土壤样品（LS），随着药剂添加量的增加，土壤样中总 Cr^{6+}、浸出总铬、浸出 Cr^{6+}均显著降低，当 $FeSO_4$ 添加量为 2%时，各项指标均低于修复目标值（图 4-20c），表明 $FeSO_4$ 对有机质含量较低的土壤样品还原稳定化效果更好。建议在工程修复时，针对污染浓度较低的土壤，可以 3.6%的 $FeSO_4$ 试剂为修复剂量。

总的来说，在目前 $FeSO_4$ 添加比情况下，不建议使用 $FeSO_4$ 试剂进行高污染（HS）土壤还原稳定修复；对于有机质含量较高的中污染土壤（MS）应联合其他试剂以降低土壤 Cr^{6+}；低污染土壤（LS）进行工程修复时，可考虑应用 3.6%的 $FeSO_4$ 进行修复。

4.2.4.2 $FeSO_4$ 去除建筑废物中 Cr^{6+}特性分析

由于建筑废物与土壤特性本质上的不同，本研究拟采用还原堆浸工艺对 $FeSO_4$ 处理不同污染浓度建筑废物的效果进行分析。

对于高污染建筑废物样品（HJ），经 20% $FeSO_4$ 投加比溶液堆浸 2 d 后，样品中总铬、Cr^{6+}及浸出 Cr^{6+}、浸出总铬含量均大幅度降低；之后随堆浸时间的延长，各含量降低幅度较小，堆浸的时间效应不明显；堆浸 20 d 后，样品中 Cr^{6+}及浸出 Cr^{6+}、浸出总铬含量仍远高于修复的目标值。该试验结果表明，对于该高污染建筑废物样品，$FeSO_4$ 堆浸处理未能对其实施成功修复（图 4-21a）。

与 HJ 样品相似，中污染建筑废物样品（MJ）用 10% $FeSO_4$ 堆浸 20 d 后，Cr^{6+}含量从初始 719 mg/kg 降至 254.5 mg/kg，浸出液中 Cr^{6+}和总铬也大幅度降低，但仍远高于处理的标准，且主要在堆浸的前 2 天表现出大幅度的还原效果，随着时间的增加还原效果基本不变，Cr^{6+}含量甚至有小幅度的上升波动。主要推测为铬的再吸附和包裹作用，导致建筑废物内部的铬无法完成释放并得以还原。因此，在实际的工程实施过程中应尽可能定期更换堆浸液，避免再吸附作用影响还原效果（图 4-21b）。

对于低污染建筑废物样品（LJ），在实施堆浸处理前，建筑垃圾的浸出总铬和 Cr^{6+}已低于处置的目标值，但是堆浸液浓度高于目标值；与前两个样品相反，$FeSO_4$ 药剂堆浸 20 d 后，样品中总铬、浸出总铬和 Cr^{6+}明显增加，其可能的原因是该样品中含有其他具有氧化性质的物质成分，在堆浸过程中将铬氧化。同样，堆浸时间对样品中各关注的目标没有较大的影响，在实际实施中可减少堆浸时间，以提高效率（图 4-21c）。

总的来说，$FeSO_4$ 堆浸工艺能显著降低建筑废物中浸出总铬和 Cr^{6+}的浓度，但对六价铬的还原效率欠佳，尤其不适宜用 $FeSO_4$ 对高浓度建筑废物进行修复；MJ 经处理后，浸出总铬和 Cr^{6+}的浓度接近治理的目标值，约为其两倍，建议增加 $FeSO_4$ 的投加量；另外，延长堆浸时间对修复效果影响不大，在实际修复中可减少堆浸时间。

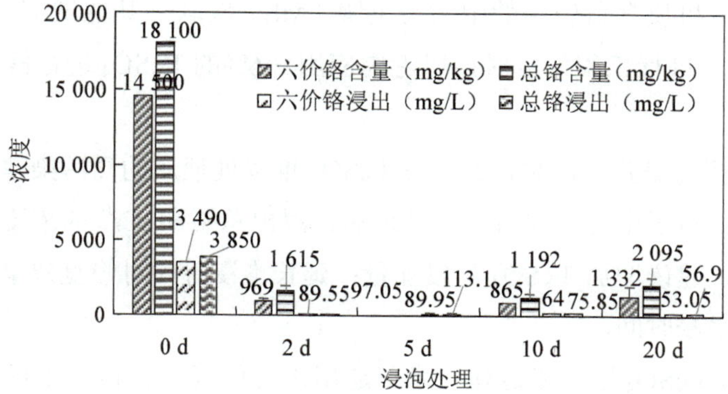

a. 高污染建筑废物样品

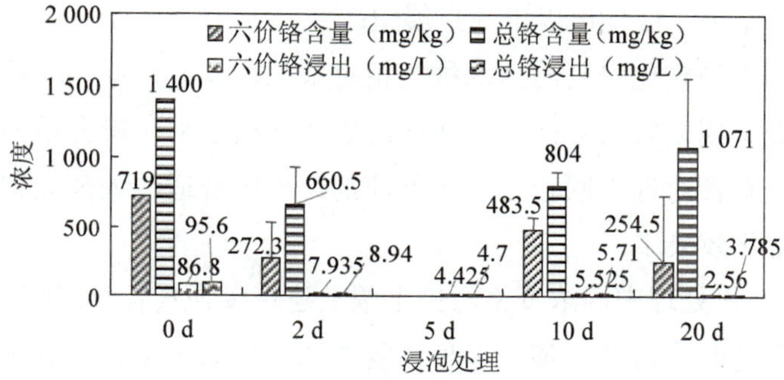

b. 中污染建筑废物样品

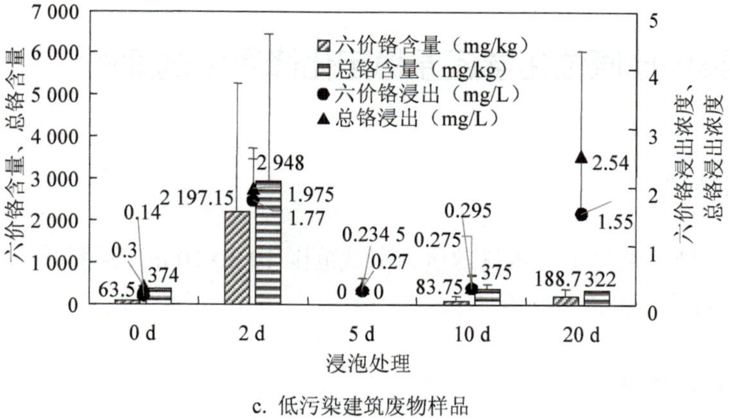

c. 低污染建筑废物样品

图 4-21 不同浓度建筑废物样品还原堆浸效果

4.2.5 小结

根据以上试验结果分析，主要结论如下：

（1）对于 Cr^{6+} 污染土壤，当稳定化药剂 $FeSO_4$ 添加比例为 8%时，高污染土壤（HS）中总铬、浸出总铬和 Cr^{6+} 仍远高于修复目标值，不建议使用 $FeSO_4$ 试剂对其进行还原稳定化修复；对于有机质含量较高的中污染土壤（MS）应联合其他试剂以降低土壤总铬；低污染土壤（LS）进行工程修复时，可考虑应用 3.6%的 $FeSO_4$ 进行修复，养护时间为 7 d。

（2）对于 Cr^{6+}污染建筑废物，20%的 $FeSO_4$ 堆浸处理后的高污染建筑废物仍无法满足修复目标要求；对于中污染建筑物经处理后，浸出总铬和 Cr^{6+}的浓度接近治理的目标值，约为其两倍，建议增加 $FeSO_4$ 的投加量；延长堆浸时间对修复效果影响不大，在实际修复中可减少堆浸时间。

某种程度上，$FeSO_4$ 还原稳定化技术仅适用于还原稳定化修复中低污染土壤或建筑废物，且污染浓度、有机质含量、土壤质地、处理工艺等都会对修复效果产生影响。

根据以上试验结果，现提出以下几点展望：

（1）目前，用于稳定化修复的药剂种类相对杂乱、零散，单一的药剂种类很难解决含多种重金属或类金属复合污染问题，往往需要在详细了解污染介质的污染特性及污染程度等的基础上，有针对性地联合使用多种药剂，采用合适的处理处置工艺，以便达到更好更长久的稳定化效果。

（2）$FeSO_4$ 稳定化处理中高浓度铬污染土壤及建筑废物具有一定的局限性，因此在进行场地修复技术筛选时，可联合使用多种修复方法，根据污染介质的不同特性分别选择经济的适用方法，实现修复工程环境效益、经济效益、社会效益的最大化。

4.3 铬污染场地原位化学还原稳定化修复中试案例

4.3.1 场地背景

本次中试区域为某化工污水排放区，中试范围 10 m×10 m，深度 0～12 m。作业施工面积控制在 100 m^2 左右。

4.3.1.1 水文地质条件

本场地埋深约 25.00 m 范围内地层按成因年代和力学性质从上到下可分为以下 7 层。

（1）人工填土层（Q^{ml}）。

全场地均有分布，厚度 2.90～6.50 m，底板标高为 1.72～−1.52 m，该层从上到下可分为 2 个亚层。

第一亚层，杂填土（地层编号$①_1$）：厚度为 1.00～4.00 m，呈杂色，松散状态，由砖块、石子、废土、炉灰渣组成。

第二亚层，素填土（地层编号①$_2$）：厚度为 0.80～3.90 m，一般呈黑褐色至褐色，可塑状态；局部呈青绿色，软塑状态为主。无层理，粉质黏土质，含石子。

（2）新近冲积层（$Q_4^{3N}al$）。

厚度为 0.70～2.70 m，顶板标高为 1.72～−0.74 m，主要由黏土（地层编号③$_1$）组成，呈黄褐色至黑褐色，可塑状态，无层理，含铁质。局部为粉质黏土土质。受人工填土影响，局部缺失该层。

（3）全新统上组陆相冲积层（Q_4^3al）。

厚度为 1.50～1.80 m，顶板标高为−0.98～−1.52 m，主要由黏土（地层编号④$_1$）组成，呈灰黄色，可塑状态，无层理，含铁质。本层土局部为粉质黏土土质。

（4）全新统中组海相沉积层（Q_4^2 m）。

厚度 5.70～6.00 m，顶板标高为−2.78～−3.22 m，主要由粉质黏土（地层编号⑥$_1$）组成，呈灰色，可塑状态，有层理，含贝壳。局部夹粉土透镜体。本层土局部为黏土土质。

（5）全新统下组沼泽相沉积层（Q_4^1 h）。

厚度 1.80～2.50 m，顶板标高为−8.45～−9.05 m，主要由粉质黏土（地层编号⑦）组成，呈黑灰色至浅灰色，可塑状态，无层理，含有机质、腐殖物。

（6）全新统下组陆相冲积层（Q_4^1al）。

厚度为 4.80～6.50 m，顶板标高为−10.57～−11.02 m，该层从上到下可分为 2 个亚层。

第一亚层，粉质黏土（地层编号⑧$_1$）：厚度为 2.60～4.00 m，呈灰黄色，可塑状态，无层理，含铁质，属中压缩性土。

第二亚层，粉土（地层编号⑧$_2$）：厚度为 1.60～2.50 m，呈灰黄色，密实状态，无层理，含铁质，属中压缩性土。

（7）上更新统第五组陆相冲积层（Q_3^eal）。

本次勘察钻至最低标高−20.76 m，未穿透此层，揭露最大厚度 4.20 m，顶板标高为−16.56～−17.18 m，主要由粉质黏土（地层编号⑨$_1$）组成，呈褐黄色，可塑状态，无层理，含铁质，属中压缩性土。

根据前期钻探时对各钻孔的初见水位进行观测识别，初见水位埋深 2.00～2.50 m，相当于标高 1.93～2.98 m。外业完成后采用载波相位差分技术（RTK）对钻孔标高进行了测量，并对其进行了 4 次观测，最终采用后期水文稳定数据，各孔静止水位埋深 1.48～2.03 m，相当于标高 2.40～3.50 m。

根据前期及本次钻探所揭示的地基土的岩性分布、室内渗透试验结果及场地地下水测量情况综合分析，本场地埋深 1.50 m 以上为包气带，主要为杂填土（地层编号①$_1$），土质杂乱，由砖块、石子、废土、炉灰渣组成。

其下至埋深约 13.00 m 段的素填土（地层编号①$_2$）、新近冲积层黏土（地层编号③$_1$）、全新统上组陆相冲积层黏土（地层编号④$_1$）及全新统中组海相沉积粉质黏土（地层编号⑥$_1$）为潜水含水层，为极微至微透水层，其中素填土为弱透水层。埋深 13.00～15.00 m 的全新统下组沼泽相沉积层黏土（地层编号⑦）为极微透水层，为本场地潜水含水层的相对隔水底板。埋深 15.00 m 以下全新统下组陆相冲积层（Q_4^1al）粉质黏土（地层编号⑧$_1$）为承压含水层的隔水顶板，上更新统第五组陆相冲积层（Q_3^eal）粉质黏土（地层编号⑨$_1$）为承压含水层的隔水底板；全新统下组陆相冲积层（Q_4^1al）粉土（地层编号⑧$_2$）为承压含水层。

综上可知，场地内水位观测孔静止水位标高为 2.43～3.51 m，场地地下水流向是由东南流向西北，场地水位最大高差约为 1.08 m，水力梯度约为 3‰。

4.3.1.2 中试区域污染特征

中试区域位于该化工铬渣湿法处理湿磨车间污染区西侧污水排放区，污染深度 0～12 m。土壤中六价铬最高含量为 9 060 mg/kg，地下水六价铬最高浓度为 594 mg/L，土壤和地下水 pH 主要范围为 9～13，地下水呈黄色（表 4-14 和表 4-15）。

表 4-14 中试区域及周边点位土壤六价铬浓度分布 单位：mg/kg

点位	0～2 m	2～4 m	4～6 m	6～8 m	8～10 m	10～12 m	12～14 m
A35	224	524	—		572	—	<0.1
B181	1 070	27.2	45.2	116	<0.1		
B203	156	63.3	124	4 410	9 060	—	1 830
B205	6.6	113	50.6	<0.1	<0.1		

表 4-15 中试区域地下水情况统计 单位：mg/L

点位	第一层（0.5～4.5 m）	第二层（4.5～7.5 m）	第三层（8～13.5 m）	第四层（15.5～18 m）
A35-pH	12.33	11.6	9.3	—
A35-Cr^{6+}	237	594	383	—

4.3.1.3 中试区域修复目标值

根据该铬渣污染地块土壤环境风险评估报告，该场地的土壤六价铬修复目标值定为 49.7 mg/kg；该场地的地下水六价铬修复/管控目标值定为 2.57 mg/L。

4.3.2 中试方案设计及材料设备

4.3.2.1 主要使用设备和材料

根据中试区域场地地质条件与污染特征，结合施工工艺，主要使用设备和材料见表 4-16。

表 4-16 中试所用设备和材料

名称	单位	数量	备注
高压旋喷钻机	套	1	配备药剂配制和高压注射系统、空气压缩系统 1 套，配药系统要求 1.5 m^3 药剂罐（3 个）；注射工艺采用二重管法
引孔机	台	1	平整场地
测量仪器	套	1	钻孔坐标定位、高程测量
水车	辆	1	运输水
PVC 管	根	20	放到引孔中，防止塌孔等
12 m 钢板止水桩	根	102	旋喷前中试区降水
多硫化钙溶液	t	20	溶质浓度为 29%

4.3.2.2 中试工艺技术路线

根据中试区域的污染状况及工程地质条件，并结合目标污染物的主要物理和化学性质，分析本场地修复工程具有以下特点和难点：

本场地属于较复杂场地，本场地埋深 1.50 m 以上为包气带层，主要为杂填土，土质杂乱，由砖块、石子、废土、炉灰渣组成；其下至埋深约 13.00 m 段的素填土、新近冲积层黏土、全新统上组陆相冲积层黏土及全新统中组海相沉积粉质黏土为潜水含水层，为极微至微透水层，其中素填土为弱透水层；埋深 13.00～15.00 m 的全新统下组沼泽相沉积层黏土为极微透水层，为本场地潜水含水层的相对隔水底板。场地第一层地下水埋藏很浅（地表以下 0.5～1.0 m），地下水丰富。综合考虑本项目修复工程的特殊性，为验证原位化学还原技术在本场地应用情况，确定中试总体工艺技术路线如图 4-22 所示。

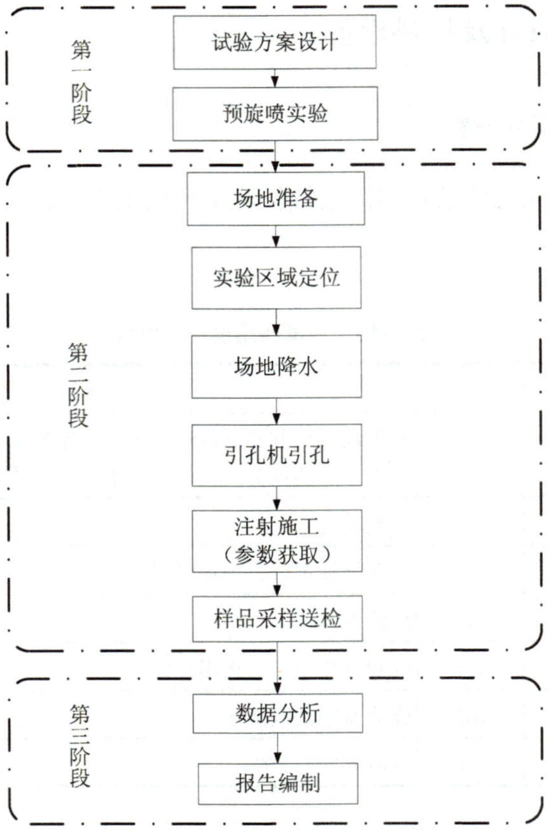

图 4-22 中试工艺技术路线

4.3.2.3 试验性旋喷

为了验证应用于本场地土壤的高压旋喷合适的影响半径及工艺可行性，根据实验要求，先进行高压旋喷影响半径的探索性试验，再开展确定影响半径下的旋喷效果论证性试验。

扩散半径试验：设置 3 个实验组，每组设计孔位 3 个，均采用梅花布点法。其中，A 组影响半径 0.75 m，B 组影响半径 0.9 m，C 组影响半径 1.2 m，单井间距分别为 1.3 m、1.6 m 和 2.2 m。

因本项目中试深度为 0～12 m，考虑影响范围，本次中试试验引孔深度往下设计 1 m，至 13 m，注射药剂深度至污染最深处 12 m，根据药剂与影响半径内土壤的混合量与适宜含水率（14%）计算，A、B、C 三组试验单孔的每延米注射药剂量分别为 250 L/m、375 L/m、680 L/m。

具体现场布置及施工见图 4-23 和图 4-24。操作工人和现场管理人员需配备适当的个人防护。

由于旋喷时场地地下水水位较浅（0.5 m），水量丰富，现场施工时能看到：

（1）药剂从距离大于 1.2 m 的土孔中涌出，则本项目场地高压旋喷影响半径大于 1.2 m；

（2）旋喷时药剂很快就饱和，单孔返浆量在 80%以上，随着旋喷药剂量的注入，场地地面开始开裂，说明土壤过度饱和；

（3）结合同区域相关中试结果和现场效果，不降水时场地旋喷的影响半径大于 2.2 m，但返浆厉害，土壤过度饱和，存在一定的地面开裂、塌陷风险。应重新选择场地进行降水后旋喷中试。

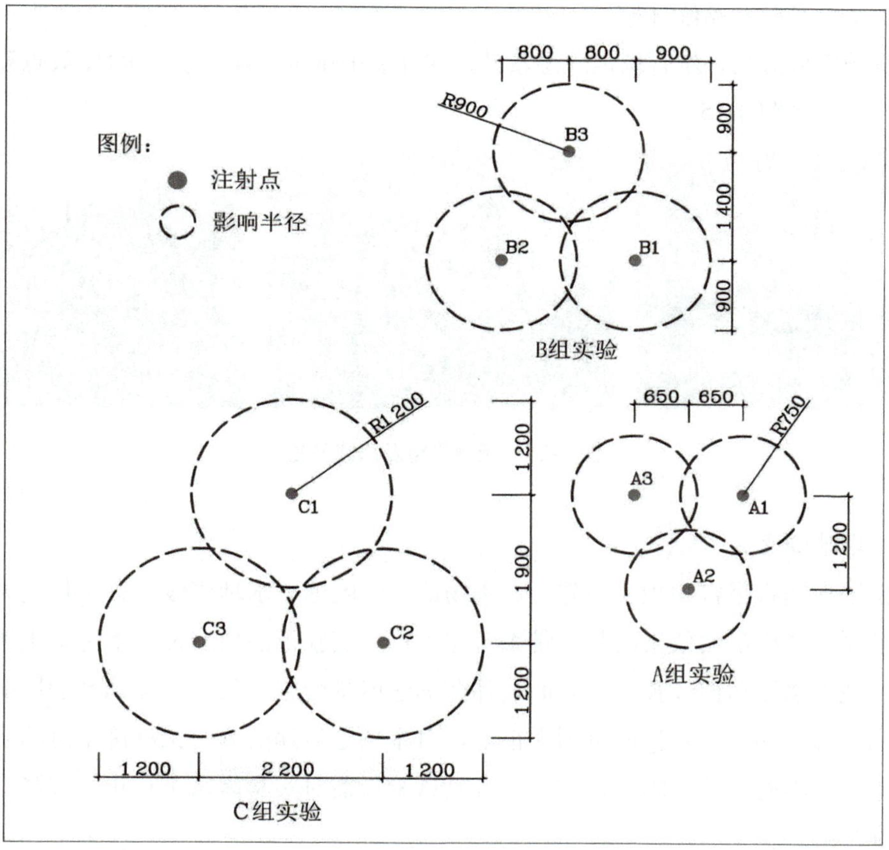

图 4-23　三组中试实验现场布置（单位：mm）

图 4-24 布设施工

4.3.2.4 场地准备

（1）场地平整及路线开挖。

根据预实验效果，结合场地地层条件，在开展中试试验前，进行 RTK 放点和路线开挖工作。具体见图 4-25。

图 4-25 场地平整及路线开挖

（2）场地降水。

根据场地调查报告和预实验效果，本场地实验区地下水埋深较浅、水量较大、返浆严重，给原位高压旋喷效果的验证带来一定干扰，实验范围内水位以下污染土壤处于饱和状态，地下水流动性较强，一方面液体药剂注射量受限，另一方面药剂的影响范围会较非饱和状态下的土壤中扩散范围大很多，对本场地后期的修复工程施工时的旋喷半径确定带来一定不确定性。因此，在开展旋喷试验前需对实验区域进行止水和降水。分两个阶段进行：

①第一阶段：止水帷幕建设。

采用长 12 m、宽 40 cm 的钢板桩对中试区（10 m×10 m）进行全面阻隔施工，累计使用钢板桩 102 根，完成阻隔长度 100 m。具体见图 4-26 和图 4-27。

a. 止水帷幕设计施工图

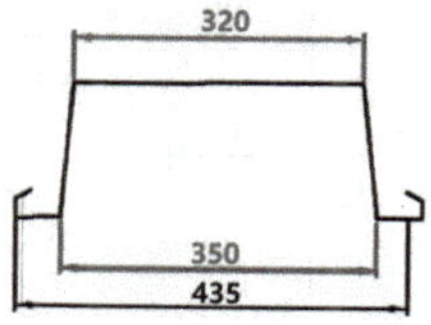

b. 止水帷幕钢板截面图

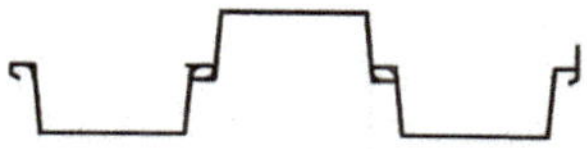

c. 止水帷幕钢板咬合图

注：（1）止水区域 10 m×10 m，范围 1～13 m，厚度 12 m；
（2）咬合方式：反扣。

图 4-26 止水帷幕设计图（单位：mm）

图 4-27 止水桩施工

②第二阶段：建井抽水。

止水帷幕建好后，采用 2 口内径 32 cm 的水泥制花管进行场地内降水工作，两口降水井设置于场地对角方向，深度 12 m，采用小型抽水泵进行不定期抽水，累计抽水 18 天，抽水量约 46 m^3，降水量约占总体积的 5%。具体见图 4-28 和图 4-29。

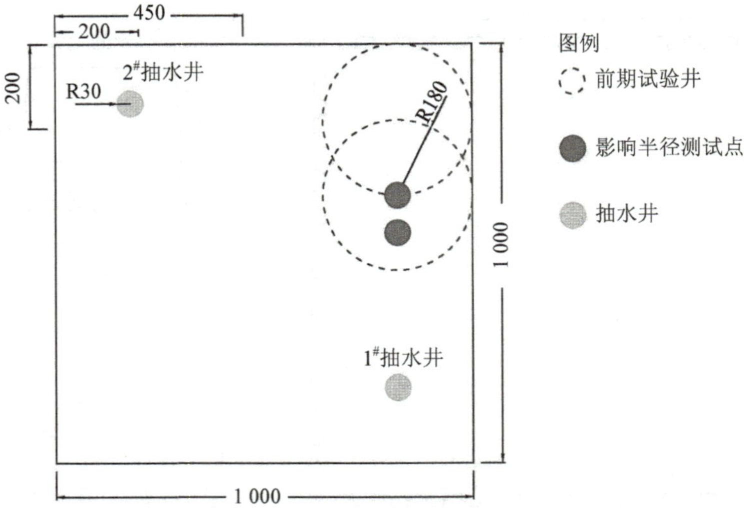

图 4-28 降水井设计（单位：cm）

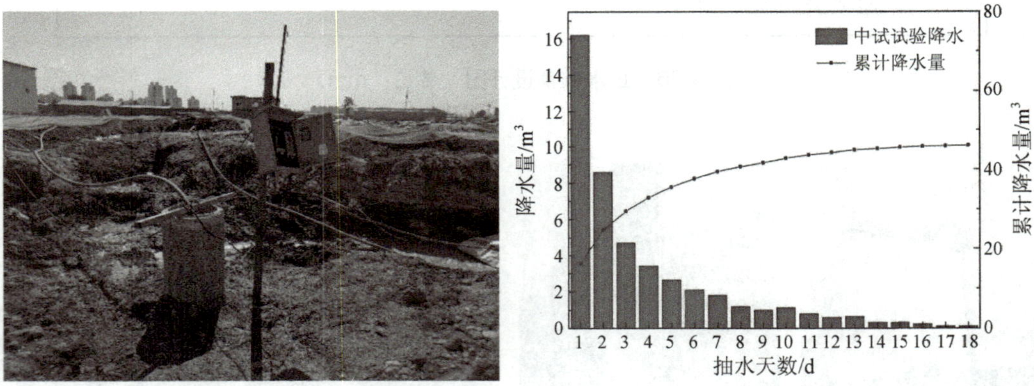

图 4-29 抽水施工

4.3.2.5 高压旋喷注射点位确定

根据现场旋喷效果，初步确定止水中试取旋喷点位，并于旋喷点位 1.8 m、2.5 m 处布设后期验证孔，确定适宜于本场地水文地质条件环境下的高压旋喷药剂扩散半径，并开展确定半径下的旋喷连续性效果验证工作。具体布点见图 4-30。

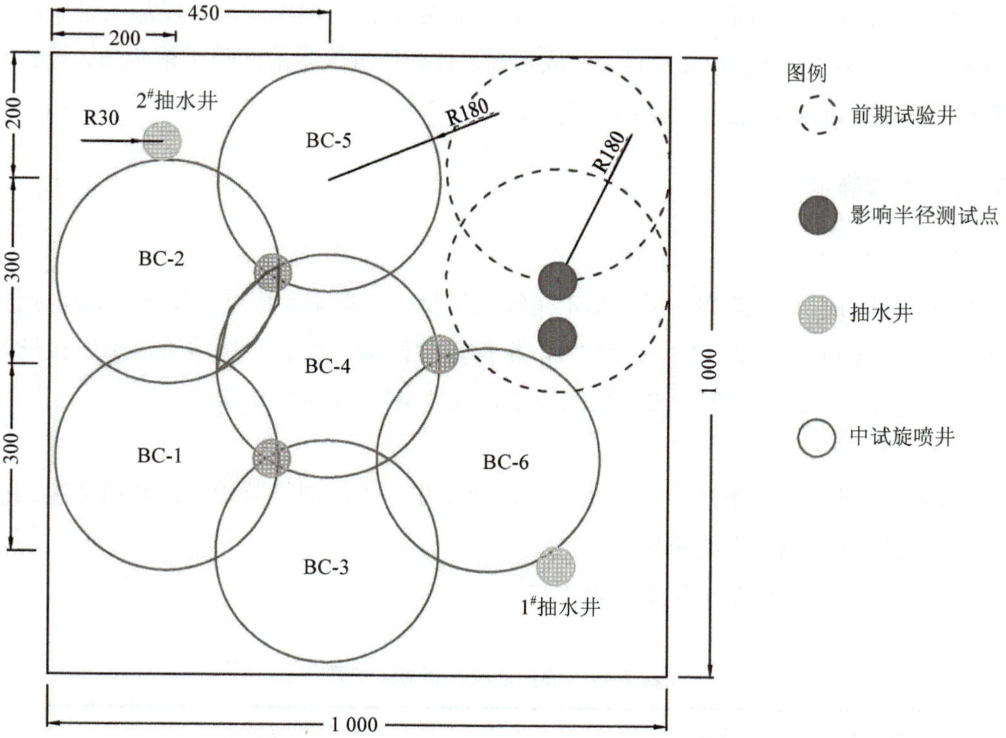

图 4-30 影响半径验证与连续性实验现场布置（单位：cm）

4.3.2.6 高压旋喷注射药剂确定

中试修复区域污染土壤类型为粉土和粉质黏土，适合采用高压旋喷原位注射修复方法，修复过程中选择液体状的 S 药剂比较合适。

S 药剂中还原成分主要是多硫化钙（CaS_5）。S 药剂与铬反应前分解为硫代硫酸根（$S_2O_3^{2-}$）和硫化氢（H_2S）。此反应在药剂注入前后均可发生，反应如下：

与酸：$CaS_5+2H^+ \longrightarrow Ca^{2+}(aq)+H_2S+4S(s)$

与氧气：$2CaS_5+3O_2 \longrightarrow 2Ca^{2+}(aq)+2S_2O_3^{2-}(aq)+6S(s)$

与二氧化碳：$CaS_5+CO_2+H_2O \longrightarrow CaCO_3(s)+H_2S+4S(s)$

以上反应，第一步是 CaS_5 的水解作用，产生不稳定的 H_2S_5，继续分解为硫和硫化氢。曝气会使之氧化成硫代硫酸盐和硫。

硫代硫酸盐和硫化氢将 Cr^{6+} 还原为 Cr^{3+}，并生成沉淀：

$$2CrO_4^{2-}(aq)+3S_2O_3^{2-}(aq)+5H_2O \longrightarrow 2Cr(OH)_3(s)+3S(s)+3SO_4^{2-}(aq)+4OH^-$$

$$2CrO_4^{2-}(aq)+3H_2S \longrightarrow 2Cr(OH)_3(s)+3S(s)+2H_2O+2OH^-$$

原位注射 S 药剂时需依据六价铬污染浓度确定最佳药剂投加比。投加比过低，污染修复不完全，但如果药剂投加量过大，成本高，且会使沉淀生成两级可溶物质，导致 Cr^{6+} 含量升高，因此需要注意准确投加药剂量。

4.3.2.7 参数确定

（1）药剂投加比。

多硫化钙与 Cr^{6+}污染物的反应基本是纯化学反应，理论反应摩尔比为 3∶2，折算为质量比（3×200.06）/（2×52）=5.77∶1。根据场地污染浓度和小试结果，本中试场地修复药剂多硫化钙（29%）溶液的投加比为 2%（Cr^{6+}浓度为 500 mg/kg）。

（2）布孔方法。

采用梅花形（正三角形）方式布点，该种布孔方式药剂扩散均匀，其相邻注入点的扩散半径之间有 15%左右的搭接。

（3）高压旋喷钻机施工参数（表 4-17）。

表 4-17 高压旋喷钻机施工参数

编号	施工参数	技术要求	备注或说明
1	注射压力	20～25 MPa	根据地层调整，施工至地表附近降低压力，保证施工安全
2	气泵压力	0.7 MPa 左右	未旋喷下钻过程，压力保持在 0.3～0.4 MPa 即可
3	提升速度	5～20 cm/min	根据药剂投加比调整
4	注浆速度	40～60 L/min	根据药剂投加比及配制浓度调整
5	旋转速度	10～20 r/min	—
6	钻孔偏差	小于 5 cm	由于障碍物钻孔偏离较大幅度，需详细记录
7	垂直度	不大于 1.5%	肉眼观察不得倾斜，特别是深度区域施工（0～12 m）保证垂直度的要求

4.3.2.8 高压旋喷注射

利用高压旋喷注射设备将修复药剂注入地下，使药剂和六价铬充分反应，去除危害，如图 4-31 和图 4-32 所示。

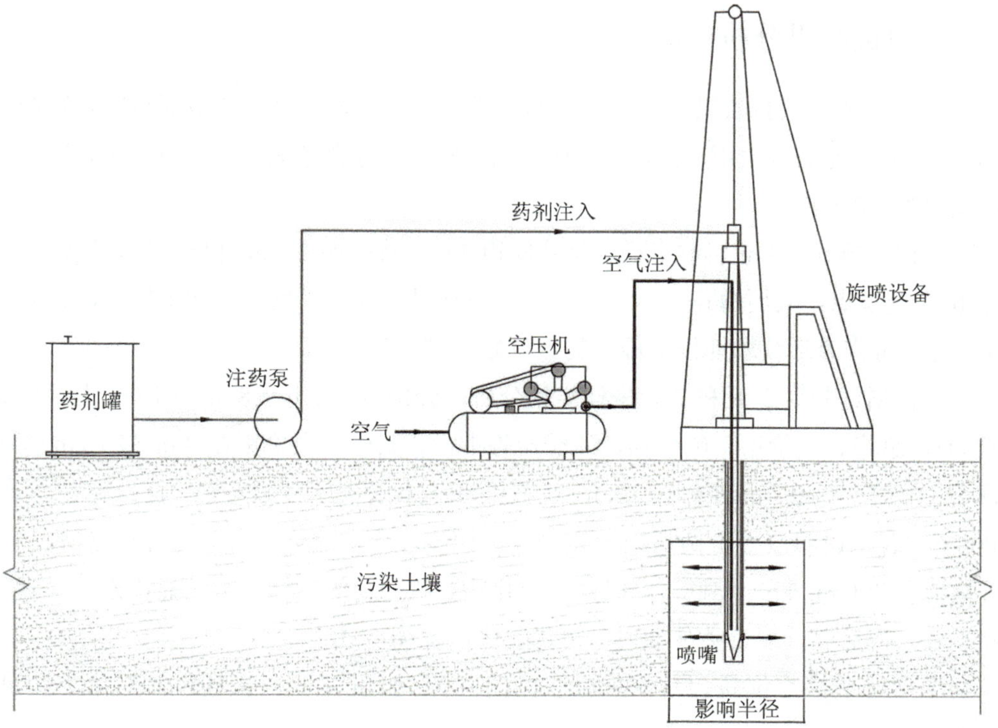

图 4-31 高压旋喷注射剖面示意

图 4-32 高压旋喷效果施工

4.3.3 中试结果分析

（1）根据现场试验效果，影响半径验证性试验中 1.8 m 距离处验证点有药剂喷出，2.5 m 距离处验证点有气压产生，但无明显药剂喷出，综合考虑，本次中试试验影响半径初步设定为 1.8 m。

（2）根据单孔 1.8 m 影响半径、空孔间距 3 m、排间距 2.5 m 开展场地连续性试验，设置 6 个旋喷点，采用梅花型布点，根据旋喷结果，场地土壤旋喷效果较好，翻浆量在 10%之内，可作为后续场地修复施工的原位修复技术参数。

同时根据试验后 3 天和 7 天采样结果分析，分别采取 3 m、8 m 和 12 m 土壤样品，检测 pH、总铬、六价铬、硫化物、硫酸盐等指标。其中，六价铬在 3 m 和 12 m 基本低于修复目标值（49.7 mg/kg），8 m 处总铬和六价铬浓度均较高，且总铬浓度超过 10 000 mg/kg，说明该处土壤污染较为严重，初步设计多硫化钙药剂投加比（2%，针对六价铬浓度 500 mg/kg）偏低，同时该处硫化物、硫酸盐等指标均有明显检出，说明反应过程充分。但后续开展旋喷作业时，可进行多次复喷方式。

高压旋喷采样点位布设及效果验收见图 4-33 和图 4-34，采样检测结果见图 4-35 和表 4-18。

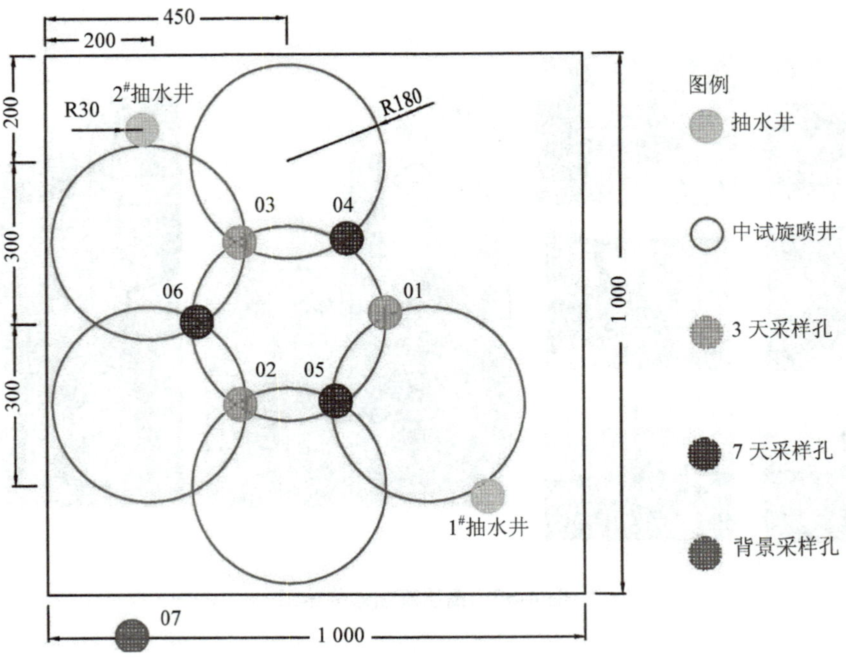

图 4-33 高压旋喷采样点位布设（单位：cm）

图 4-34 高压旋喷效果验收

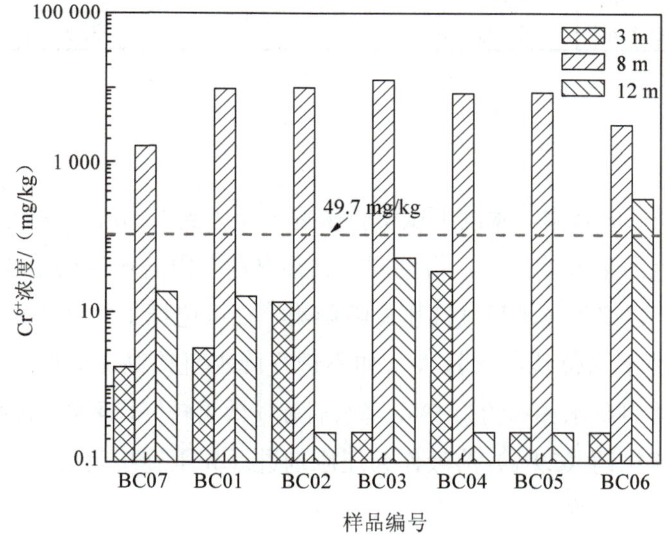

图 4-35 六价铬浓度

表 4-18 采样检测结果

样品			硫酸根/（mg/kg）	硫化物/（mg/kg）	六价铬/（mg/kg）	pH（量纲一）	铬/（mg/kg）
旋喷前	S1			20.9	250	8.63	2 230
	S2			27.3	110	8.89	1 110
3 天	BC01-3.0 m	杂色杂填土	1 080	9.11	3.2	8.44	665
	BC01-8.0 m	灰绿色粉质黏土	4 150	3.73	9 630	7.52	15 500
	BC01-12.0 m	灰色粉质黏土	1 830	5.34	16	8.90	2 240

样品			硫酸根/（mg/kg）	硫化物/（mg/kg）	六价铬/（mg/kg）	pH（量纲一）	铬/（mg/kg）
3 天	BC02-3.0 m	杂色杂填土	845	5.70	13.3	9.01	1 690
	BC02-8.0 m	灰绿色粉质黏土	18 800	1.04	9 960	7.65	15 900
	BC02-12.0 m	灰色粉质黏土	1 840	9.39	＜0.5	8.78	507
	BC03-3.0 m	杂色杂填土	1 930	17.9	＜0.5	8.93	1 270
	BC03-8.0 m	灰绿色粉质黏土	4 380	1.81	12 700	7.73	16 400
	BC03-8.0 m-DUP	灰绿色粉质黏土	4 260	2.96	11 800	7.52	16 100
	BC03-12.0 m	灰色粉质黏土	1 710	7.93	51.2	9.41	1 620
7 天	BC-04-3.0 m	棕褐色黏土			34.2	—	—
	BC-04-8.0 m	棕褐色黏土			8 390	7.27	18 900
	BC-04-12.0 m	棕褐色黏土			＜0.5	—	—
	BC-05-3.0 m	棕褐色黏土			＜0.5	—	—
	BC-05-8.0 m	棕褐色黏土			8 610	7.25	21 500
	BC-05-12.0 m	棕褐色黏土			＜0.5	—	—
	BC-06-3.0 m	棕褐色黏土			＜0.5	—	—
	BC-06-8.0 m	棕褐色黏土			3 140	7.70	11 700
	BC-06-12.0 m	棕褐色黏土			320	—	—

4.3.4 小结

（1）根据现场试验效果，本次中试实验影响半径达到 1.8 m，但结合场地实际施工条件与污染浓度（重污染方量大），借鉴同区域某农药有限公司污染地块原位化学还原经验，为保守考虑，建议本场地后续高压旋喷影响半径可选择 1.5～1.8 m。

（2）本场地地下水位浅、水量大，如不进行降水直接高压旋喷，返浆量大（超过 80%），通过止水帷幕降水体积约为 5%，降水后旋喷效果较好，返浆量能控制在 10%以内。

（3）采用多硫化钙（29%）溶液作为还原剂进行高压旋喷效果较好，药剂与场地污染土壤反应充分，能有效去除土壤中的六价铬。

5

典型有机污染场地土壤气相抽提技术修复中试案例

本章基于某化工厂和某炼油厂两个含苯有机污染场地，开展了土壤气相抽提（SVE）技术中试的全过程，从场地历史沿革、污染状况评估，到中试方案的设计、施工过程的实施，以及中试修复效果的监测和分析，深入探讨了 SVE 技术的原理、工艺流程、设备选择及其在实际工程中的应用效果，旨在为同类场地的土壤修复提供科学依据和实用指导。

5.1 苯系物污染土壤气相抽提技术修复中试案例

5.1.1 场地背景

5.1.1.1 场地历史沿革及地理位置

某化工厂原厂址占地面积 94.58 亩，于 1999 年到 2011 年主要生产醇酸树脂、丙烯酸树脂、聚氨酯固化剂、乙酸正丁酯等；于 2011 年由于政策因素停止生产，开始在原厂址销售树脂类产品，直至 2016 年彻底关停。

5.1.1.2 场地污染情况

2018 年 9 月，该化工厂委托专业技术单位对其场地内的 3 个疑似历史遗留陈腐垃圾填埋区进行调查，以确定填埋区域的固体废物数量、分布、埋藏深度，并开展固体废物属性判别。调查结果显示，场地内除 3 个疑似污染区外，场地东侧还存在 1 个填埋坑，埋存有建筑垃圾和生活垃圾（图 5-1）。

场地主要污染物为铅、苯系物。其中，1 号区两个水池周边土壤主要受苯系物污染，3 号填埋区、4 号填埋区的土壤以重金属铅污染为主。

图 5-1　某化工厂疑似污染区块分布

5.1.2　供试土壤

在 1 号区，地表存在约 10 t 的合成树脂类，初步鉴定为危险废物，需清理处置；此外，1 号区受污染土壤平面面积约 200 m^2，污染深度 6～8 m，主要污染物为苯系物，需修复（表 5-1）。1 号区存在的苯系物污染，主要来自化工生产作业，树脂类物质和苯系物通过水池侧壁渗透导致，苯、乙苯、苯乙烯等污染物浓度在《土壤环境质量　建设用地土壤污染风险管控标准（试行）》（GB 36600—2018）筛选值左右，需要采取修复措施。

对 1 号区的有机污染场地采用原位气相抽提技术进行中试处理。

表 5-1　中试目标污染物及污染介质方量

修复区区号	清理修复目标	分布范围	受污染土壤
1	苯系物	地下 0～8 m	200 m^2
	合成树脂类	地面	10 t
2	建筑垃圾/生活垃圾	地下 0～5 m	200 t
3	铅	地下 0～5 m	800 t
4	铅	地下 0～5 m	

5.1.3 中试方案设计及材料设备

5.1.3.1 施工工艺流程

本项目中有机污染物主要为苯，因此采用气相抽提技术进行处理，具体的工艺流程见图 5-2。

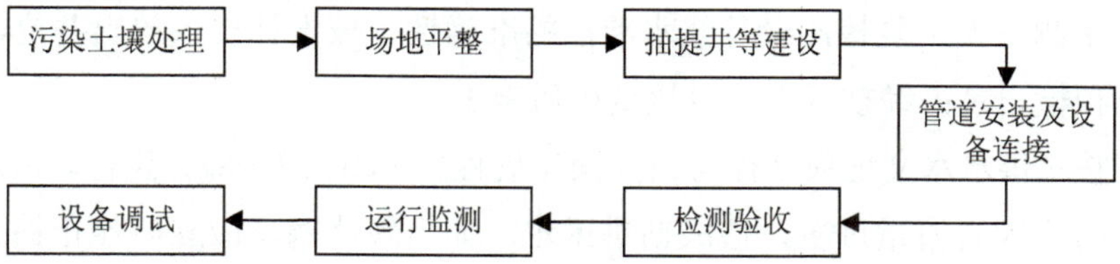

图 5-2 SVE 工艺流程

5.1.3.2 工程设计与实施

（1）测量放线。

污染区定位和测量放线是保障修复工程质量和工程进度的依据和基础。本工程主要涉及包气带污染土壤，因此需要对污染区域进行测量控制网的布设，重点对污染定位边界、标高等进行进度测量，以确保污染边界经过修复后能够达到验收标准。

（2）抽提井等建设。

气相抽提井的个数是根据土壤空气渗透率进行设计计算的，因此通过现场中试试验过程中取得的结果，确定一定的空气流量或者真空水平所产生的有效抽提半径，进而确定修复整个受污染区域所需要的抽提井的数量。依据所需要的真空水平确定有效半径范围。本项目根据场地地质条件以及工程经验，最终确定抽提井间距为 6 m，修复场地面积为 200 m^2（10 m×20 m）。具体的抽提井及监测井位布置见图 5-3。

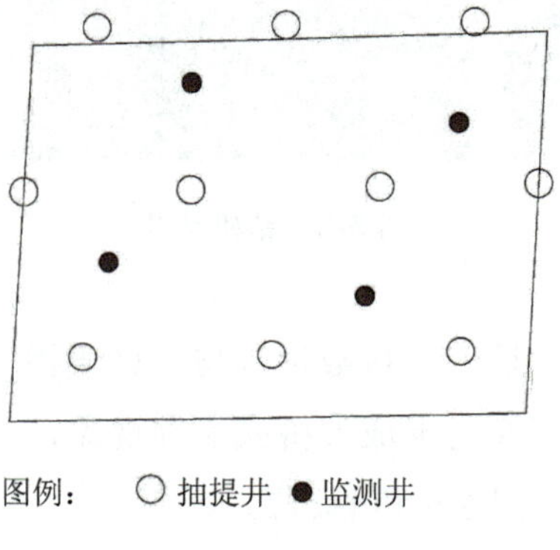

图 5-3 SVE 井点布置

根据设计的井组布置及规格数量进行钻井及井管安装工作。本工程采用潜孔锤冲击钻进成孔、套管跟进施工工艺。施工工艺流程如图 5-4 所示。

图 5-4 钻井施工工序

①首先由测量人员复核测量基线水准点的准确性，按设计要求放出井位，由专人验线并做桩位预检记录；经技术人员复核认可后施工。

②钻井按《供水水文地质钻探与凿井操作规程》（CJJ 13—87）执行。钻进过程中要中速钻进，防止因岩屑量过多，造成钻进困难。如出现堵塞，应立即停止钻进，进行沉渣清理。钻机中要求保证钻孔的垂直度，尽量采用钻具自身重量加压进行钻进，钻进时跟管要及时，避免出现塌孔、卡钻现象。

③井管安装前，应进行疏孔、扫孔等有关工序。由专业质检员验收，验收合格的方可进行下一步施工。井管安装按有关规范规定执行。井管连接时按要求进行。井管下放速度不宜过快，中途遇阻时不能猛墩硬提，可适当上下提动和缓慢转动井管，仍下不去时，应将井管提出，扫除孔内障碍后再下，保证井管垂直度不得大于 1°。井管下完后，要用升降机将管柱调直，并在孔口将其扶正、固定，与钻孔同心（图 5-5）。

图 5-5 钻机钻井

④填料必须连续、均匀。填入滤料数量应与计算值相差不大。石滤料在回填前应冲洗干净并沥干，应避免滤料填充时形成架桥或卡锁现象，可使用导砂管将滤料缓慢输入管壁与井壁中的环形孔隙内（图 5-6 和图 5-7）。

图 5-6　井管外填料

图 5-7　井口封口

（3）设备连接。

地面平整阻隔完成后进行设备及管线连接。主要内容有检测仪表安装、抽提井管线与设备连接等。设备管线的连接布局应合理整齐，避免相互交叉（图 5-8 和图 5-9）。

图 5-8　抽提区铺膜覆盖

图 5-9　抽提井管道连接

井管结构和实物如图 5-10 至图 5-13 所示。

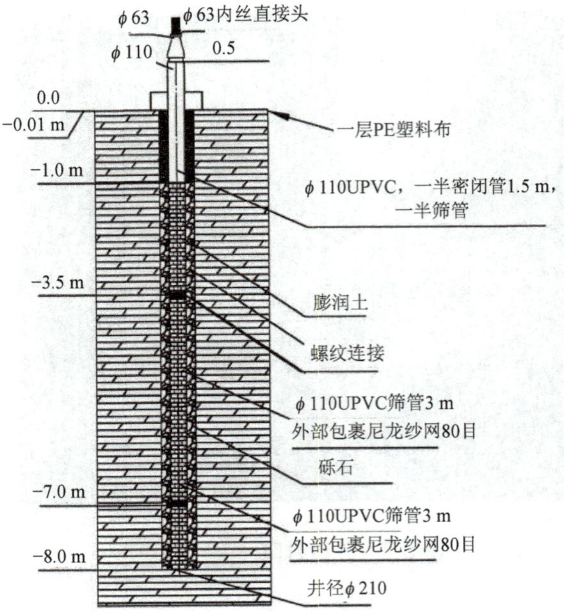

图 5-10　SVE 抽提井结构示意

图 5-11　SVE 抽提井实物

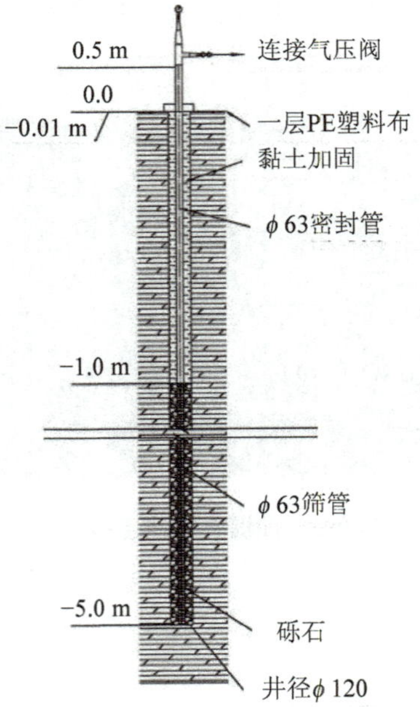

图 5-12　SVE 监测井结构示意

图 5-13　SVE 监测井实物

（4）气相抽提系统运行。

设备连接安装完成后开始运行，系统开始进入运行修复阶段，一般分为 4 个阶段：

①抽提阶段。

在抽提初期，土壤孔隙中空气含有的挥发性有机物处于平衡（或饱和）状态。当启动抽提系统时，呈饱和平衡状态的气相首先开始流动（抽出），呈液相状态的有机物转变为气相，并被抽出，气流中有机物浓度相对比较稳定；当大部分自由相状态的有机物被抽出后，不同相间的平衡被破坏，气相移动的速率（或者说将污染物带出的速率）大于污染物从液相或者固相挥发转移的速率，此时黏附在土壤颗粒表面的有机物逐渐挥发；然后，水相中呈溶解状态的物质挥发，被吸附在土壤颗粒表面上的有机物脱附。

②尾气处理阶段。

尾气处理阶段用于处理土壤中抽提上来的气体，通常由水蒸气、空气和一小部分目标污染物组成。尾气处理采用活性炭吸附的方法。活性炭处理尾气时需要注意两点：一是进入处理系统的气体温度不宜过高，当尾气温度高于 37.8℃时，吸附能力明显减弱；二是进入处理系统的气体应做除湿处理，活性炭一般吸附其自身质量 10%～20%的污染物，当尾气相对湿度超过 50%时，由于吸附水的缘故，吸附能力会有所下降，当活性炭吸附接近饱和后，需要更换。

为使气体通过活性炭系统时能够达到充分的吸附效果，应尽可能地降低气体流速，以确保在活性炭系统中形成足够大的吸附范围，从而提高整个吸附过程的效率和质量。

③抽提系统监测。

系统在运行过程中必须进行现场监测，以保证有效运行，并确定关闭系统的合适时间。在运行过程中测量和记录以下参数：测量日期及时间；每个抽提井及注射井的气相流动速率；测量仪器可采用不同的流量计，包括皮托管、转子流量计等；每个抽提井及注射井的压力监测用压力计或真空表读数；抽提井的气相浓度及组成分析；设备运行数据（图 5-14 和图 5-15）。

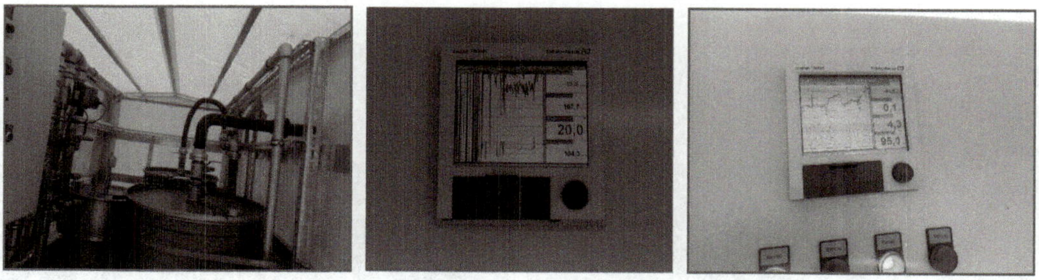

a. 内部构造实景　　b. 抽提初期仪表盘数显　　c. 抽提后期仪表盘数显

图 5-14　气相抽提设备

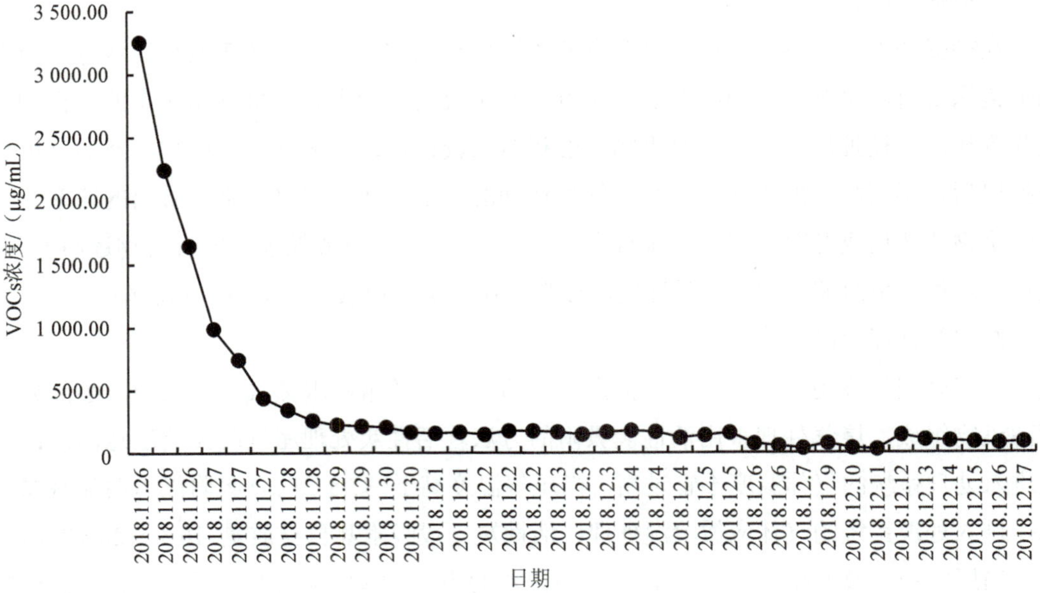

图 5-15　1 号区有机物抽提过程总量趋势

④项目验收。

取样检测达到修复目标后，进行竣工验收与场地移交。

5.1.4　中试结果分析

5.1.4.1　样品采集

2018 年 12 月 21 日进行 1 号区 SVE 采样工作，现场地面有部分硬化，按照采样布点方案进行，采用人工采样的方式采样，采样过程中采用杰克电动锤打井（图 5-16 和图 5-17）。

图 5-16　钻机钻杆压入

图 5-17　钻杆带土拔出

将样品装入样品瓶，并在样品瓶上标明点位信息、样品编号等采样信息，并做好现场记录工作，采样过程见图 5-18。

在 SVE 修复区布设 2 个验收点，钻探取样验收，样品送第三方检测公司检测。其中 SM-J1 点分别采取地下 0.2 m、2 m、4 m、6 m 深的 4 个土样，SM-J2 点分别采取地下 0.2 m、2 m、4 m 深的 3 个土样，并送检 1 个平行样（图 5-19）。

图 5-18　岩心取样

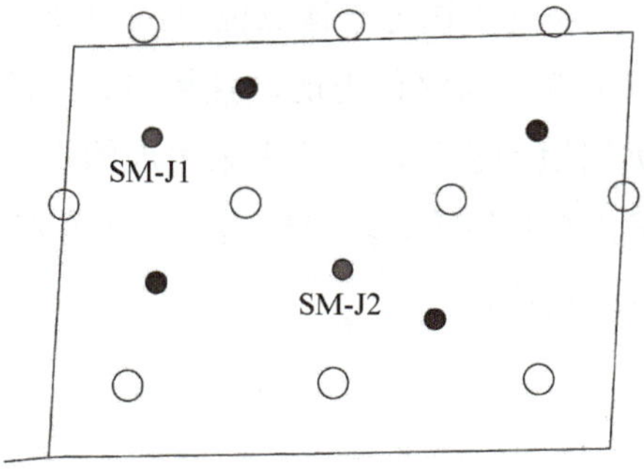

图例：● 取样点

图 5-19　取样点位

5.1.4.2　样品检测

（1）根据《建设用地土壤污染风险管控和修复监测技术导则》（HJ 25.2—2019）及场地大小和污染的强度，应将四周的侧面等分成段，每段最大等分长度不应超过 40 m，在每段采集 1 个土壤样品样。将底部均分成块，单块的最大面积不应超过 400 m^2，在每个地块中均匀分布地采集 1 个表层土壤样品。

（2）采样点设计及数量统计。修复区域及采样点信息见表 5-2 和表 5-3。

共送检 8 个土样，其中 1 个为平行样，未列入表 5-3。

每个土样代表土壤约 230 m^3，满足验收技术规范要求。

表 5-2　修复区域面积及对应边长

区域	面积/m^2	周长/m	边长（东）/m	边长（南）/m	边长（西）/m	边长（北）/m
1 号区	200	57	12	16.5	12	16.5

表 5-3　采样点信息

名称	深度/m	X/m	Y/m	名称	深度/m	X/m	Y/m
SM-J1-0.2	0.2	4 306.000	9 312.000	SM-J2-0.2	0.2	10 037.000	5 764.000
SM-J1-2	2	4 306.000	9 312.000	SM-J2-2	2	10 037.000	5 764.000
SM-J1-4	4	4 306.000	9 312.000	SM-J2-4	4	10 037.000	5 764.000
SM-J1-6	6	4 306.000	9 312.000	—	—	—	—

5.1.4.3　试验结果

经检测，除乙苯外的苯系物的单环芳烃均低于《土壤环境质量　建设用地土壤污染风险管控标准（试行）》（GB 36600—2018）一类用地筛选值；SM-J2-2 号点位的乙苯平均值未超过上述标准的一类用地筛选值，该点位 2 m 深处乙苯浓度低于二类建设用地筛选值，考虑本项目地块后期规划为绿化用地，且竖向其他深度均不超过一类用地筛选值，平均浓度也不超过一类用地筛选值，可达未来用地的土壤环境质量要求；其他挥发性有机物（含硫化合物、卤代脂肪烃等）均未检出。由此可知，中试效果达到设计要求，受苯系物污染的 1 号区土壤质量达标。

5.1.5　小结

（1）中试试验针对 1 号区的苯系物污染土壤，采用了原位气相抽提技术。原位气相抽提技术通过在受污染区域产生气流，将污染物从土壤中抽提到地面并进行处理，具有原位操作、高效去除挥发性有机物、成本可控等优点。中试过程包括污染区域的测量放线、抽提井建设、设备连接和系统运行。钻井施工的规范操作，以及井管安装的精确性和填料的均匀性，均是影响中试试验结果的重要因素。

（2）中试结果显示，除乙苯外，其他苯系物的浓度均低于国家规定的一类用地筛选值。乙苯在特定点位的浓度虽略高，但考虑该地块未来规划为绿化用地，且其他深度的浓度均符合标准，因此认为修复效果满足未来使用要求。整个修复工程不仅达到了设计要求，还为类似场地的土壤修复提供了宝贵的经验和技术参考。

5.2　某炼油厂项目气相抽提修复中试案例

5.2.1　场地背景

某炼油厂始建于 1971 年 5 月，先后经过改建、扩建，在 20 世纪 80 年代产能达到 30 万 t/a。2004 年，该炼油厂整体关停。根据地块调查及风险评估结果，该场地区域内土壤和地下水受到不同程度的有机物污染，主要污染物包括苯、石油烃 C6—C9 和石油烃 C10—C40。

5.2.1.1　水文地质情况

根据补充调查结果，本试验区域地表下最大勘探深度为 10.5 m；第一层为杂填土层，土层最大埋深为 0.5～2.0 m，主要岩性特征为杂填土，黄褐色，含有砂灰渣、灰块、砖渣、碎石等；第二层为砂质粉土层，土层最大埋深 7～9.2 m，主要岩性特征为粉土或砂质粉土，褐黄或黄灰色，含有云母有机质和云母氧化铁；第三层为圆砾层，土层最大埋深为 9.2～10.5 m，主要岩性为中粗砂、卵石等，部分含有全风化泥质胶结；第四层为全风化泥岩。

试验区域地表下 10.5 m（最大勘探深度）范围内主要分布一层地下水，地下水位埋深为 8.08～8.20 m。

5.2.1.2　中试选址

中试区域选址位置位于该场地存在 1～3 m、3～6.5 m 和 6.5～9.5 m 土壤污染区域内，污染物主要为苯，且位于地下水污染较重的修复治理区。

5.2.2　供试土壤

根据 2020 年场地环境调查结果，中试区域内土壤中挥发性有机物超标指标为苯，其在不同深度的超标点位最大超标倍数为 13.65 倍，最大超标深度为 3.5 m；地下水中超标指标为苯和石油烃 C10—C40，超标倍数分别为 2.6 倍和 10.6 倍。

根据 2021 年 5 月场地内开展的补充调查结果，中试区域内有土壤污染物苯超标现象。其中，BS-18 污染情况较重，地表以下 2.0～9.0 m 存在不同程度苯超标，2 m、3.5 m、5.5 m、9.0 m 超标倍数分别达到 71.3 倍、15.9 倍、3.7 倍和 0.5 倍；BS-16 苯污染主要分布在浅层土壤，2 m 和 3.5 m 超标倍数分别为 8.2 倍和 0.2 倍。

5.2.3 中试方案设计及材料设备

5.2.3.1 中试设备

本次原位气相抽提试验所用设备为 SVE 设备，可提供最大压力为−25 kPa，最大流量为 1 100 m^3。

本次气相抽提试验所产生的尾气使用两级活性炭罐进行吸附处理。

5.2.3.2 中试用电

本次原位气相抽提试验用电来源为现场柴油发电机。

5.2.3.3 中试场地平整

（1）场地清表：修复区域、设备安装区、材料运输通道、运行通道地面杂物清理。

（2）场地物探：修复区边界放线，边界复验，修复区域内物探。

（3）场地坑探：从修复边界四周进行坑探。

（4）依据物探和坑探结果将地下空腔及管线封堵。

（5）修复区内及边界 2 m 范围内的所有地下空腔、空洞、管廊、排水管、线缆井、管道井、地面基坑、沟渠等情况全部用黏土进行填充封堵严密。

（6）修复区内及边界 2 m 范围内所有管线切断，所有管道切断并用钢板焊接或混凝土封堵严密。

（7）施工过程中留存影像资料（照片、视频）。

5.2.3.4 抽提井建设

气相抽提试验共建井 9 口，平面布置图及相邻井间距如图 5-20 所示，所有井管地下深度均为 6.5 m，地面井头长度为 0.5 m，井管直径为 63 mm，井管材料为 U-PVC，过滤管采用切缝管，过滤管开筛位置为 1～6.5 m，过滤管尺寸为缝宽 0.3 mm，间隙 3.5 mm 左右，过滤管外缠绕 2～3 层纱网。

过滤管与井壁之间填充 2 mm 石英砂，并超出筛管 50 cm，砾石之上填充膨润土，厚度为 30 cm，即上部距离地面 20 cm 处，膨润土上部用水泥+混凝土（1∶1）封填，并在井管外部建设 110 mm 套管和井台，井管与外部套管间以混凝土填充。

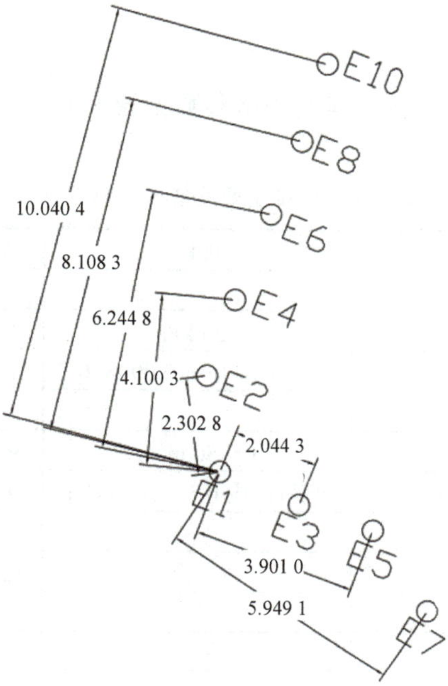

图 5-20 中试试验井位示意（单位：m）

5.2.3.5 管线与仪表

抽提井和监测井管上部连接ϕ 63×5.8 mm 的 PE 管道，管道上依次安装压力表、流量计，并预留压力测试口，后接ϕ 32×3.0 mm 的 PE 管道，并连接至生物通风设备；在设备内风机前连接 VOCs 在线监测仪（图 5-21）。

a. 地上管道连接

b. VOCs 在线监测仪

图 5-21 管线与仪表

5.2.3.6 设备清单

本次中试所投入的主要设备材料及规格参数见表 5-4。

表 5-4 中试主要设备与材料汇总

序号	设备名称	规格	数量	用途
1	气相抽提设备	—	1 套	抽气以及尾气处理等
2	真空泵	−25 kPa	1 套	气体抽提
3	在线式 VOCs 浓度监测仪	测量范围 0～10 000×10^{-6}	1 个	污染气体在线监测
4	真空表		9 个	气体流量监测
5	流量计	0～50 m^3/h	9 个	压力监测
6	DN50 气体流量计	测量范围 0.5～100 m^3/h	9 个	管道气体流量监测
7	30 钻机	—	2 台	井建设
8	63 mm PVC 井管	实管	1.5 m	气相抽提井及监测井
9		筛管	6 m	
10	纱网	—	若干	筛管外部包裹
11	DN50PE 管	—	若干	气体输送支管
12	石英砂	2 mm	若干	井建设
13	膨润土	—	若干	井建设
14	滤网	—	若干	井建设
15	电缆线	—	若干	传感器连接
16	PID 检测仪	—	1 台	二次污染防治
17	微压计	−2.5 kPa	1 个	井管压力测定

5.2.4 中试运行

5.2.4.1 系统运行

本次中试包括单井抽提和群井抽提测试，单井抽提运行时间为 3 天（6 月 1 日、6 月 2 日、6 月 3 日）。

（1）6 月 1 日 20:40 至 6 月 2 日 5:10，以 E1 作为抽提井进行测试，抽提总压力为−15 kPa，测试监测井口压力达到稳定所需时间。

（2）6 月 2 日 13:17 至 6 月 2 日 19:03，以 E1 作为抽提井进行测试，抽提总压力为−18 kPa，测试设备抽提可实现的最大压力对抽提半径的影响。

（3）6 月 2 日 19:30 至 6 月 3 日 11:59，对 E1 进行抽提测试，抽提总压力为−15 kPa，试验该稳定运行压力工况下井口抽提流量和 VOCs 浓度的变化趋势，进一步评估气相抽提的运行设计参数。

群井抽提测试在 6 月 4 日开展，运行至 6 月 12 日，对 9 口井同时进行抽提，抽提压力为−15 kPa，评估井群抽提气体中 VOCs 浓度的变化趋势。

5.2.4.2 运行监测

系统在运行过程中进行现场监测（图 5-22），测量和记录以下参数：

（1）测量日期及时间。

（2）风机抽提压力（设备显示屏）、抽提井的抽提压力（设备内压力表）、风机后管道温度。

（3）抽提井井头抽提压力、抽提井井头的气体流量。

（4）监测井管道内压力（微压计记录）。

（5）气相抽提设备内的 VOCs 浓度等。

在设备关闭后，监测抽提井压力的恢复速度。

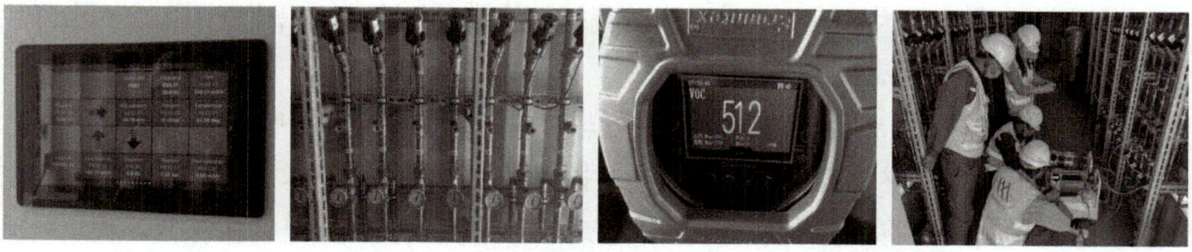

图 5-22 设备运行监测

5.2.4.3 二次污染防治

将本次气相抽提中试分解为若干个部分，认真落实各分项工程有关环境保护工作的具体要求，树立全员环保意识，制订周密有效的措施，控制大气、水、噪声、固废污染，并积极认真落实，合理使用自然资源，在防治二次污染发生的同时最大限度地减少对环境的污染和影响，营造良好的施工环境。

（1）废水污染防治措施。

原位气相抽提过程如产生冷凝水，经活性炭吸附处理收集后，达标后回灌，实际中试过程中无冷凝水产生。

（2）废气污染防治措施。

①废气处理。

原位气相抽提修复过程中产生废气的主要问题是土壤中的污染物通过抽提向大气环境中挥发，可能形成刺激性气味，对周边敏感点产生影响。本项目原位抽提过程中产生的废气经活性炭吸附处理工艺后达标排放。

②场内环境监测工作人员携带便携式光电离子化检测器（PID），实时监测原位气相抽提修复区域气体抽提井出气口及活性炭处理过后的气体。

（3）扬尘防治措施。

为控制井建设施工过程中的扬尘，防止潜在的扬尘污染，主要采取以下环保措施：

①设置围挡墙、防尘网等进行有效的防尘，防止颗粒物逸散。

②场地周边采用工具式彩色喷塑钢板围挡墙进行全范围围挡，挡墙高度为 2.5 m，并组织人员进行定期检查。

③场地内施工便道、仓储、办公等地面进行混凝土硬化，道路进行洒水抑尘，以减少扬尘。

④车辆及其他施工机械经过干燥地表时，控制车速、减少扬尘。

⑤裸露土地每天进行洒水降尘，围挡上方布置喷淋降尘装置，每天定期进行喷淋，防止扬尘超过规定高度。

⑥遇到超过 4 级大风天气，要加强苫盖材料的强度与覆盖面积检查，加大洒水降尘力度，防止大风天造成扬尘大量扩散。

⑦限制现场交通，对运输车辆司机进行教育，规范场内交通文明，减少扬尘产生。

⑧采用移动式喷淋除尘设备定期喷淋对扬尘进行控制。该技术是使水形成喷雾，在预设的压力和速度下将水雾喷入空气中，水珠颗粒与灰尘接触并包裹住灰尘，灰尘受重力作用落地（图 5-23）。

图 5-23　现场喷雾降尘设备

（4）噪声污染防治措施。

施工现场的噪声主要分为机械噪声、施工作业噪声和施工车辆噪声。机械噪声主要由施工机械造成，如挖土机械、钻井机械、空压机、风机等，多为点声源；施工作业噪声主要指一些零星的敲打声、装卸车辆的撞击声、吆喝声、拆装模板的撞击声等，多为瞬间噪声；施工车辆的噪声属于交通噪声。

①首先，尽量选用低噪声的机械设备或带隔声、消声的机械设备，大型机械强噪声设备以隔声棚或隔声罩封闭，遮挡，实现降噪。采用安装隔声罩及排风消声器的方式降噪。其次，在风机排风口部位安装消声器，降低风管噪声，消声器对风压略有影响，对风机的使用影响较小，可忽略不计。风机主要为低频噪声源，在铺设风机之前，在地面铺一层橡胶垫，可有效降低低频噪声。用噪声声级计（AWA6228）进行现场噪声即时监测，尤其是挖掘机周边，严格限制噪声的产生，使噪声污染限制在最小限度，确保工地场界外噪声符合相关标准。

②加强施工管理，尽量降低施工现场噪声，如合理安排强噪声施工机械的工作频次，合理调配车辆来往行车密度，做好劳动保护工作，为强噪声源施工机械操作人员配备必要的防护耳塞或耳罩等。尽量减少因人为因素引起的噪声污染，车辆出入现场时应低速、禁鸣等。

③做好施工机械的维护和保养，有效降低机械设备运转的噪声源强，避免异常噪声的产生。

④合理安排施工作业时间。按照《建筑施工厂界环境噪声排放标准》加强施工管理，限制作业时间，在满足进度要求的情况下，一般不考虑夜间作业。

⑤为确保有序施工，并降低对工程所在地居民生活的影响，施工机械及运输车辆行走路线进行统一安排，减少施工道路上的交通流量。

⑥合理布局，噪声大的设备尽量布置在远离居民区的地方。如发现有噪声超标现象，及时采取隔声降噪措施或停止作业，最大限度地减小可能对周围环境敏感点的影响。

5.2.4.4 安全施工措施

（1）安全施工操作要点。

①场地平整过程中，对原位气相抽提工艺范围内破除混凝土块槽罐等障碍物时，由专业人员操作破碎机。破碎及场地平整施工时，保证安全防护装置牢固可靠，施工人员必须按规定佩戴防护用品。

②抽提井井群建设施工过程中，建立安全生产责任制度，明确安全生产管理负责人，施工前向作业人员进行安全交底。暂停施工时，应将钻具提至安全孔（井）段，切断电源前应做好孔（井）的保护工作。在孔口（井口）工作时，应防止工具等掉入孔（井）内。

③抽提设备安装与调试过程中，对危险源进行辨识和评价，并应根据评价结果采取相应的安全生产防护措施，制订安全预防应急救援预案。对于重大危险源进行评估、监控、登记建档。

④施工场地搭设的临时设施应采取防暑、防寒、防冻、防火、防毒、防爆炸等消防保护措施。场地周围设置围护栏、安全警示标志。施工现场地面保持整洁，材料、机具

摆放整齐，保持通道畅通。

⑤施工人员进入现场，应掌握相关应急避险的技能，按规定佩戴使用劳动防护用品。在 2 m 以上高处作业时，应系好安全带或安全绳。遇 6 级及 6 级以上大风，应停止施工作业。

（2）设备检修要求。

①原位气相抽提设备检修，严格遵照各工种安全操作规程，较大的维护项目必须由项目负责人统一指挥，设安全负责人，监督检查，互相配合。

②原位气相抽提设备检修时，必须严格执行“停电挂牌”制度，检修人员如因工作需要进入机器内部时，必须设专人在外监护。

③检修前必须检查所用的工具、起吊设备的性能是否可靠、良好，严禁超负荷、带病违章作业。检修前，应认真检查工作现场，确认没有安全隐患后方可作业。

④检修完毕后，检修负责人应清理现场和清点人员，不能将杂物和工具遗留在设备内，待有关人员全部撤离检修设备并检查确认无误后，方可通知送电试车。否则不得送电。

⑤检修工在使用手锤、电焊、气焊、气割等专用工具时，应严格遵照各工具的操作规程，以免发生事故。

⑥检修工作中，拆下的零部件应妥善放置，不得丢失。检修机械零部件的接合面时，应将吊起部分垫稳，手不得伸入其间。检查设备内部，应用行灯或手电筒，不得使用明火照明。检查容易倾倒的部件时，必须支撑牢固。

⑦进行电焊、气焊、气割时，操作场地应通风良好，无易燃、易爆物品，各类气瓶要距明火 10 m 以上。氧气瓶距乙炔气瓶要 5 m 以上，严禁在附近吸烟。

⑧严禁在有压力液体或压力气体的容器、带电设备以及正在运转的机械上进行焊接、气割。

⑨因工作需要进入设备内部或容器内部工作时，应设有专人监护，照明行灯电压不得超过 12 V。

⑩砂轮机必须设置防护罩，防护罩要有足够强度，其开口要合适，以防止碎块飞出伤人。在砂轮机上磨削时，操作者应站在砂轮机的侧面，工件必须拿稳，不准撞击，以防砂轮破坏伤人。

⑪凡参加检修人员都必须按规定穿戴劳动保护用品（包括工作服、帽、鞋、手套等）。

5.2.5 中试结果分析

5.2.5.1 抽提压力与流量分析

通过对设备运行的操作试验，15 kPa 时抽提流量为 22.6 m^3/h，18 kPa 时抽提流量为 23.5 m^3/h，即抽提井流量同抽提总压力呈正相关。

（1）当 SVE 设备的风机压力达到 18 kPa 时，风机装置后安装的温度表显示，温度已超过最大量程 60℃。

（2）当压力为 15 kPa 时，运行相同时间段内温度表显示风机后温度在设备可承受范围内，该条件下设备可正常运行。

5.2.5.2 影响半径

（1）中试数据。

E1 为抽提井，风机分别以−15 kPa 和−18 kPa 运行抽提系统，由于管道输送气体过程中压力部分损失，压损达到 50%，抽提井内负压值分别为−7.5 kPa 和−9 kPa。

抽提系统在设备运行即刻即达到稳定，距离抽提井越远，监测井内负压越小，不同距离处稳定压力值见表 5-5。

表 5-5 抽提系统稳定压力监测

风机压力/kPa	E2	E3	E4	E5	E6	E7	E8	E10
15	−3.6	−3.74	−2.63	−2.54	−1.65	−1.45	−0.83	−0.01
18	−4.34	−4.46	−3.13	−3.24	−1.97	−2.113	−0.96	−0.02

（2）影响半径计算。

单井抽提期间由于抽气负压所影响的最大径向距离，通常认为达到井头压力值 1%的位置即为影响半径（ROI），影响半径计算公式如下：

$$P_{\mathrm{r}}^2 - P_{\mathrm{w}}^2 = (P_{R_{\mathrm{I}}}^2 - P_{\mathrm{w}}^2)\frac{\ln(r/R_{\mathrm{w}})}{\ln(R_{\mathrm{I}}/R_{\mathrm{w}})} \tag{5-1}$$

式中：P_{r}—— 距离抽提井 r 处的监测井压强，kPa；

P_{w}—— 抽提井的压强，kPa；

$P_{R_{\mathrm{I}}}$—— 影响半径处的压强，kPa；

r—— 监测井与抽提井的距离，m；

R_{I}—— 影响半径，m；

R_{w}—— 抽提井的半径，m。

依据以上实验所获得数据，对两种抽提压力情况下的影响半径进行计算。

①−7.5 kPa 抽提压力下 ROI。

首先以−15 kPa 压力运行抽提系统，抽提井 E1 井头压力达到−7.5 kPa。利用式（5-1）及表 5-6 监测数据，计算−7.5 kPa 抽提压力下影响半径为 7.30～8.68 m（表 5-6）。

表 5-6　抽提压力−7.5 kPa 下的影响半径

井编号	抽提井	监测井							
	E1	E2	E3	E4	E5	E6	E7	E8	E10
距抽提井径向距离/m	0.03	2.3	2.04	4.1	3.9	6.2	5.95	8.1	10
压力/kPa	−7.5	−3.6	−3.74	−2.63	−2.54	−1.65	−1.45	−0.83	−0.01
影响半径/m	—	8.42	8.24	8.17	7.32	8.13	7.30	8.68	9.994

②−9 kPa 抽提压力下 ROI。

提高风机压力到−18 kPa，使抽提井 E1 井头压力达到-9 kPa。利用稳定压力值结合式（5-1）计算抽提影响半径为 8.05～8.63 m（表 5-7）。

表 5-7　抽提压力−9 kPa 下的影响半径

井编号	抽提井	监测井							
	E1	E2	E3	E4	E5	E6	E7	E8	E10
距抽提井径向距离/m	0.03	2.3	2.04	4.1	3.9	6.2	5.95	8.1	10
压力/kPa	−9	−4.34	−4.46	−3.13	−3.24	−1.97	−2.113	−0.96	−0.02
影响半径/m	—	8.56	8.05	8.06	8.05	8.10	8.10	8.63	9.994

通过对比两个抽提压力条件下的影响半径，发现增大抽提压力，影响半径没有显著增加，最大影响半径保持为 8.68 m。

（3）试验结论。

①综合上述计算结果，用 E1 作为抽提井，并提供不同抽提压力进行试验，计算得到最大影响半径相近。

②当 E1 进行抽提时，距离抽提井最远的监测井 E10 处负压值未达到抽提井头压力值的 1%，因此将最大影响半径确定为 8.68 m。

5.2.5.3　气体抽提浓度分析

（1）单井运行气体浓度变化。

气相抽提设备运行 24 h 的过程中定时记录 VOCs 浓度，以 E1 为抽提井进行抽提的

VOCs 浓度随时间变化情况如图 5-24 所示。

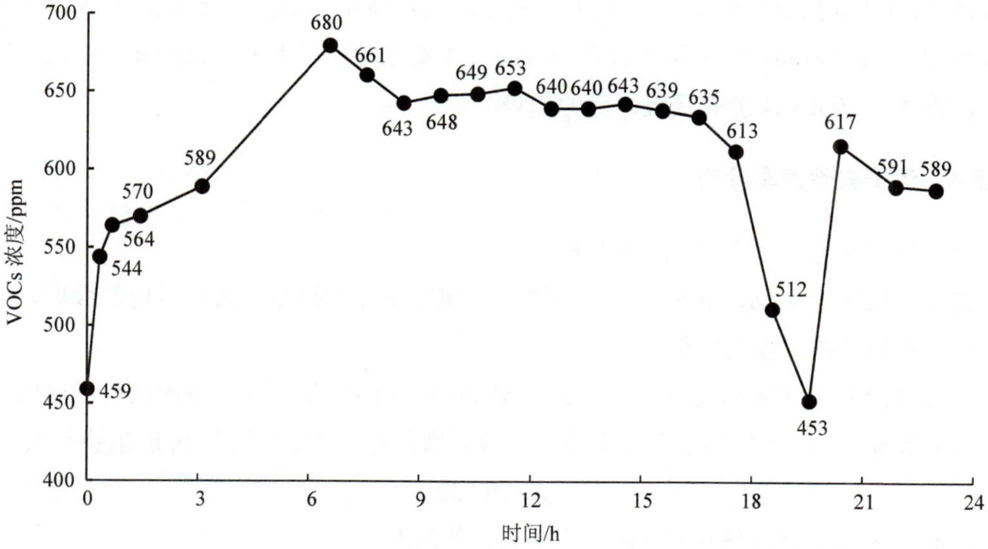

图 5-24 VOCs 浓度变化

由图可知，气相抽提过程中 VOCs 浓度先增加后趋于平稳，最后逐渐减少，但整体上 VOCs 浓度随时间变化不显著。

（2）井群运行气体浓度变化。

对于 E1～E10 共 9 口井同时进行抽提，抽提压力为−15 kPa，气相抽提设备运行 9 d 的过程中定时记录 VOCs 浓度，以 E1 为抽提井进行抽提的 VOCs 浓度随时间变化情况如图 5-25 所示。

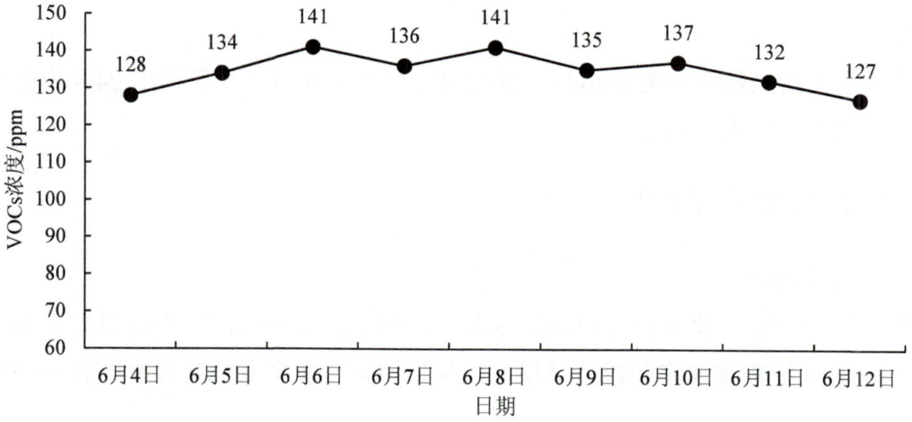

图 5-25 VOCs 浓度变化

根据试验数据得出，由于 E1 距离污染重的区域较近，以 E1 为抽提井抽提出的 VOCs 浓度较高，E7 等抽提井距离污染轻的区域较近，多井同时抽提时，抽提出的 VOCs 浓度范围为 127～141 ppm，气相抽提过程中 VOCs 浓度先增加后上下小范围波动，最后逐渐减少，整体上 VOCs 浓度有缓慢下降的趋势。

5.2.5.4 污染去除速率分析

（1）短时间运行污染去除速率分析。

选取连续运行 12 h，取单井气相抽提的 VOCs 浓度数据较大时间段内的数据，计算 24 h 内抽提出的挥发性气体总量。

运行时间内 VOCs 浓度范围为 512～680 ppm，VOCs 浓度在运行时间范围内取平均值，为 635 ppm；以苯作为主要污染物计算污染物含量，质量浓度与 ppm 的换算关系：

$$X=MC/22.4 \tag{5-2}$$

式中：X—— 污染物以每立方米的毫克数表示的浓度值；

C—— 污染物以 ppm 表示的浓度值；

M—— 污染物的分子量。

每立方米的污染物含量为 2.21 g；抽提流量为 22.6 m^3/h；计算得出 24 h 内抽提出的挥发性气体总量为 1.2 kg/d。

（2）长时间运行污染去除速率分析。

选取连续运行 12 d，根据井群的 VOCs 浓度数据，计算每天小时内抽提出的挥发性气体总量。

运行时间内 VOCs 浓度范围为 127～141 ppm，VOCs 浓度在运行时间范围内取平均值，为 134 ppm；以苯作为主要污染物计算污染物含量，质量浓度与 ppm 的换算关系见式（5-2）。

每立方米的污染物含量为 0.467 g；抽提流量为 22.6 m^3/h；计算得出 24 h 内井群抽提出的挥发性气体总量为 2.3 kg/d。

5.2.5.5 中试结论与运行建议

（1）抽提井间距。

在本次气相抽提试验中得出的抽提压力下，抽提设备所提供负压的最大影响半径约为 8.68 m，为保证修复速率和修复质量，建议采用正三角形井位布设方案设置抽提井，井间距为 15 m。

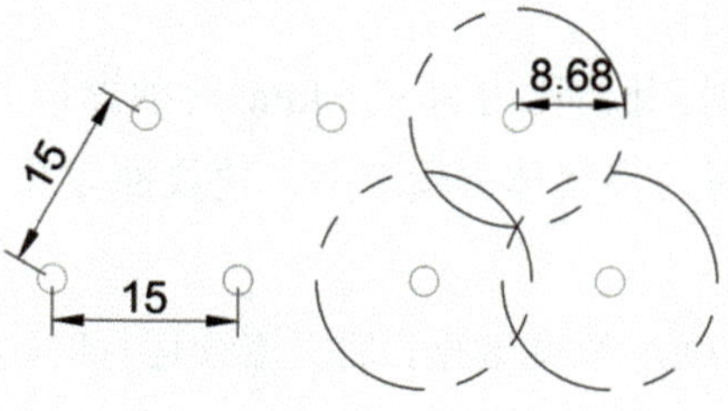

图 5-26　抽提井布置示意（单位：m）

（2）抽提井建设与材料选择。

根据本次中试的试验结果，抽提井的井管尺寸、井管材料、筛管类型及筛管尺寸等参数见表 5-8。

表 5-8　气相抽提井基本参数

项目	基本参数	备注	项目	基本参数	备注
成孔孔径	148 mm		法兰垫片	DN50、ϕ63	
井管尺寸	外径 63 mm	内径 60 mm	PE 法兰根	DN50、ϕ63	
井管材质	U-PVC		PE 变径三通	ϕ63×ϕ63×ϕ32	
石英砂	2 mm		PE 管道清扫口	ϕ63	
膨润土	粉末状		三通	ϕ32	
筛孔尺寸	间隙 3.5 mm 左右，缝 0.3 mm		PE 双活接球阀	ϕ32	2 个
PE 管	ϕ32×3.0 mm	直管	PE 内丝直接	ϕ32、DN25	
PVC 法兰根	DN50、ϕ63		设定压力	−15 kPa	
PVC 法兰	DN50、ϕ63		流量范围	22.6 m^3/h	
法兰	DN50、ϕ63		VOCs 浓度	15～750 ppm	

抽提井建设注意事项：

①开筛位置：开筛位置应包含土壤污染的最大深度范围。

②筛管选择：建议选择割缝管，并同采购方沟通在保证管体强度前提下选择最大的开孔率。

③石英砂填充：过滤管与井壁之间填充石英砂，上部应超出筛管 50 cm。

④筛网选择：需要对所选用的石英砂进行细颗粒分级测试，筛网所选目数应满足小于或等于 90%石英砂颗粒尺寸。

⑤石英砂填充：石英砂上部填充膨润土，填充时应首先填充干膨润土，然后再采用膨润土加水混匀后填充；如钻孔过程中显示修复深度上部存在地层均质性较差情况，应用膨润土和水泥 1∶1 掺混代替纯膨润土进行填充。

（3）抽提压力。

根据中试试验结果，抽提井口压力为−7.5 kPa 时抽提最大影响半径为 8.68 m，为保证 SVE 设备的正常运行和对污染气体去除速率，建议抽提井口压力不小于−7.5 kPa。

（4）运行设计。

根据本次中试监测的 VOCs 浓度数据，抽提连续运行时，VOCs 浓度在一定范围内稳定波动，因此建议设备先连续运行，随后根据不同区域 VOCs 浓度变化情况可调节为脉冲式运行。

（5）尾气处理考虑。

SVE 气相抽提单井抽提时，单井的抽提风量为 22.6～23.5 m^3/h，由于 E1 距离污染重的区域较近，以 E1 为抽提井抽提出的 VOCs 浓度较高，E7 等抽提井距离污染轻的区域较近，多井同时抽提时，各抽提井的风量为 16～27 m^3/h，抽提出的 VOCs 浓度为 112～143 ppm。

根据修复工程经验，多井同时抽提时抽出的气体可以使用活性炭处理。

（6）抽提/监测井数量。

①抽提井数量。

抽提井的数量可根据下式计算：

$$N=1.3A/R^2 \tag{5-3}$$

式中：N —— 需要的抽提井数量；

A —— 需要修复的污染区域面积；

R —— 单个抽提井的作用半径；

1.3 —— 抽提井之间相互部分重叠等因素系数。

②监测井。

监测井的数量按照抽提井数量的 1/3 考虑。

5.2.6 小结

（1）中试工程包括场地清表、物探、坑探、封堵地下空腔及管线等前期准备工作。抽提井共建设 9 口，采用 U-PVC 材料，确保了井管的过滤和气体收集效率。试验所用 SVE 设备具备最大−25 kPa 的压力和 1 100 m^3 的流量，尾气经活性炭罐处理，满足环保要求。

（2）中试运行分为单井和群井抽提测试，监测了抽提压力、流量、VOCs 浓度等关键参数。运行结果表明，抽提井流量与总压力正相关，VOCs 浓度随时间呈现先增加后减少的趋势。影响半径的计算显示，增大抽提压力并未显著增加影响半径，最大影响半径为 8.68 m。

（3）中试结论建议采用正三角形井位布置方案，井间距 15 m，以确保修复效果。抽提井建设应注意井管材料、筛管类型和填充材料的选择。建议抽提井口压力不小于 −7.5 kPa，并根据 VOCs 浓度变化情况调节运行模式。尾气处理推荐使用活性炭，单井抽提风量为 22.6～23.5 m^3/h。抽提井和监测井的数量根据修复区域面积和单个抽提井的作用半径来确定。

此次中试为炼油厂类污染场地的修复提供了重要的数据支持和经验积累，验证了 SVE 技术在处理挥发性有机污染物方面的有效性，为修复工程奠定了基础。

6

典型有机污染场地多相抽提技术修复中试案例

本章基于湖南某化工有机污染场地开展了多相抽提（MPE）技术中试试验，探索了MPE 技术在特定场地条件下的工艺参数，监测了其对污染物去除效果的影响，为场地环境治理提供了宝贵的数据支撑和技术参考。

6.1 场地背景

某化工原厂址场地在1980年前为水塘，周边居民常年倾倒生活垃圾和排放生活污水，且附近企业有少许生产废水渗入或直接排入，水体浑浊，时有臭味散发。1980 年，当地农药公司未对水塘内的垃圾、固废、淤泥及废水进行清理和治理，直接外运土方将水塘直接进行填埋、平整、压实后，建设厂房，主要生产杀虫双水和草甘膦原粉。农药公司于 2004 年 11 月破产后，改建为某化工公司，在 2005 年重新修建厂房，主要生产五氯酚钠，于 2017 年下半年停产退出。

经调查，土壤中主要超标污染物为铅、镉、氯仿、四氯化碳、五氯酚及苯并[*a*]芘，其中五氯酚超标严重，最高超标 200 倍。地下水中有机物氯乙烯、1,1-二氯乙烯、二氯甲烷、四氯化碳、1,2-二氯乙烷、氯仿、五氯酚和 1,2-二氯苯等超Ⅳ类水标准，尤其是 1,1-二氯乙烯、四氯化碳、五氯酚超标严重，最高浓度超标准值分别约为 1 243 倍、5 320 倍、12 721 倍。

场地原废水处理池区域可能有一定程度的污水渗漏，土壤、地下水污染最为严重，疑似存在非水相液体（NAPL）。选择废水池东侧约 80 m^2 区域开展中试试验，为场地环境治理修复提供数据支撑，并验证该修复技术及装备的修复效果、技术适用性和工程经济可行性，获取必要的参数。

6.2 供试土壤

土壤与地下水受 1,1-二氯乙烯、四氯化碳等挥发性有机溶剂与半挥发性的五氯酚污染严重，疑似有 NAPL 存在。

岩石的渗透系数 6.9×10^{-5}～4.93×10^{-4} cm/s，渗透性等级为弱透水层。

场地内地下水类型分为两类，即松散岩类孔隙水、红层孔隙裂隙水，其中松散岩类孔隙水主要为上层滞水。

通过抽水试验结合区域资料，各含水层（组）富水性贫乏、基岩裂隙连通性差。

6.3 中试方案设计及材料设备

6.3.1 中试现场布设

6.3.1.1 通电

设备总用电功率 100 kW，其中冷水机组 50.7 kW，MPE 设备 45 kW，电压 380 V，电流 180 A。

6.3.1.2 通水

施工期间生活用水、建井作业过程中雾炮降尘、设备日常运行维护用水等，日用水量约 0.3 t。

6.3.1.3 场地平整

中试施工区位于地块原水处理车间东侧，现地面宽度约 12 m、长 35 m，东侧有建筑垃圾堆积，南侧为道路。根据现场选取的治理位置，合理规划现场所需的作业面积，涉及的土堆、坑洼的地块需要进行平整。

6.3.1.4 井群建设

（1）井群布局（图 6-1、图 6-2 和表 6-1）。

①主井 QM01 深 10 m，用于同时抽提污染水、NAPL 和土壤气；

②监测井深井 JS12/JS13 六口井用于监测井内负压变化以及水位变化，同时可用于取样分析，判断污染物去除效果；

③监测井浅井 JQ12 两口井用于检测井内负压变化以及取样分析土壤气浓度，用于初步判断非饱和区污染物去除效果。

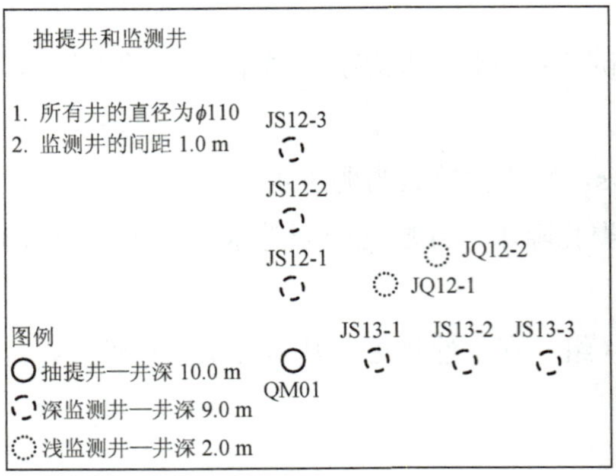

图 6-1 抽提井-监测井井群布局

图 6-2 井群建成实物

表 6-1 抽提井及监测井井群信息

序号	孔号	孔深/m	地层岩性
1	QM01	10	0～0.3 m 混凝土，0.3～5.7 m 建筑杂填土，5.7～10 m 泥质粉砂岩
2	JS13-1	9	0～0.3 m 混凝土，0.3～6.2 m 建筑杂填土，5.7～10 m 泥质粉砂岩
3	JS13-2	9	0～0.3 m 混凝土，0.3～4.8 m 建筑杂填土，5.7～10 m 泥质粉砂岩
4	JS13-3	9	0～0.3 m 混凝土，0.3～5.0 m 建筑杂填土，5.7～10 m 泥质粉砂岩
5	JS12-1	9	0～0.3 m 混凝土，0.3～5.8 m 建筑杂填土，5.7～10 m 泥质粉砂岩
6	JS12-2	9	0～0.3 m 混凝土，0.3～5.0 m 建筑杂填土，5.7～10 m 泥质粉砂岩
7	JS12-3	9	0～0.3 m 混凝土，0.3～5.2 m 建筑杂填土，5.7～10 m 泥质粉砂岩
8	JQ12-1	2	0～0.3 m 混凝土，0.3～2 m 建筑杂填土
9	JQ12-2	2	0～0.3 m 混凝土，0.3～2 m 建筑杂填土

（2）建井参数。

依据调查结果、场地水文地质条件和污染物水平判断，DNAPL 在地下水中迁移速度较慢，污染物可能不会到达含水层底板。抽提井建设深度应低于污染物存在的地层深度 2～3 m，用于控制地下水水位线在污染区域以下。抽提井筛孔位置应在原始水位线以上 1 m 到污染深度以下 1 m。

抽提井的井管为外径 De160，建井深度为−12 m。监测井成对布置，一深一浅。监测井的井管为外径 De90，深井监测井井深 9 m 左右（视地下水水位情况而定，地下水水位线以下至少 1 m）。浅井监测井井深 2 m，在距 MPE 井的不同距离处，沿抽提井 90°、120°或 180°半径布置（图 6-3）。

按照建井的施工工艺，抽提井的井管为外径 De160，井口直径至少应为 250 mm，监测井的井管为外径 De90，那么井口直径至少应为 180 mm，填料石英砂。

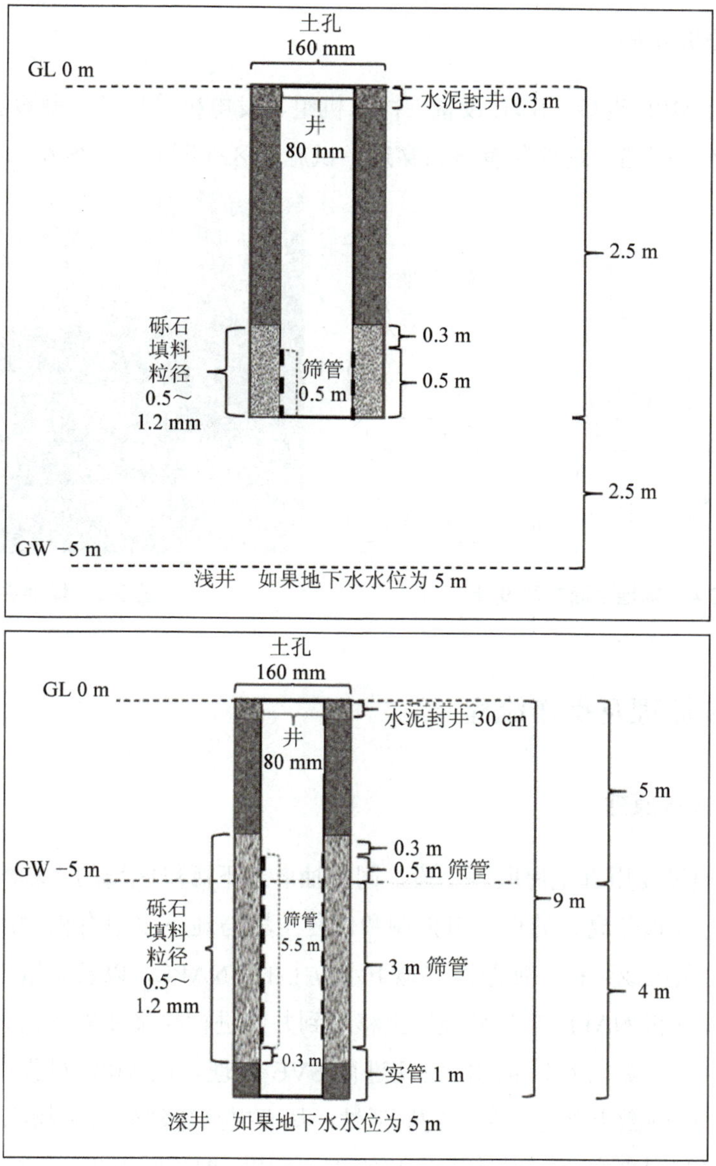

注：GL—地面高程；GW—地下水位。

图 6-3 抽提井-监测井设计

6.3.1.5 围挡建设

（1）为了保障现场施工封闭式管理，满足文明施工要求，整个中试区域设置围挡。

（2）现场围挡要把整个工作区域包含在内，主要包括：治理区域、设备放置区域、现场值班办公区域和材料存放区域。围挡的高度要求不低于 1.8 m。

6.3.1.6 场地平面布局

现场布设有 MPE 设备、SVE 设备、冷水机组、发电机等设备，并设置人员值班室，在中试区外围布设围挡。场地原有道路穿过中试施工区（图 6-4 和图 6-5）。

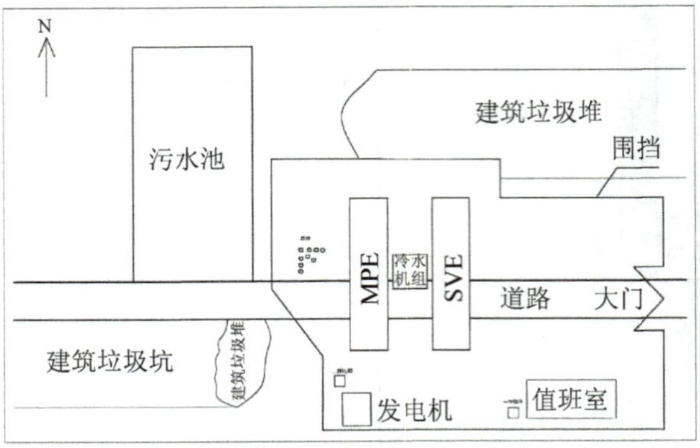

图 6-4 场地平面布局设计

图 6-5 场地平面布局

6.3.2 MPE 原理及操作流程

6.3.2.1 MPE 运行原理

MPE 技术通过使用真空提取等手段，同时抽取地下污染区域的土壤气体、地下水和浮油层到地面进行相分离、处理，以控制和修复土壤与地下水中有机物污染的环境修复技术。利用井内负压或泵提，使漂浮在地下水位上的 LNAPL，以及土壤中因毛细管力作用存留的土壤水分和 NAPL 在某种程度上移动到井中进行收集和去除。并且，可以通过降低地下水位来产生更大的非饱和区空间进行 SVE 处理。在 MPE 过程中，由于空气通过非饱和区，可以刺激土著好氧微生物的活性，从而提高自然好氧生物降解碳氢化合物。

（1）抽提：利用真空负压同时抽提非饱和区气相和饱和区液相。

（2）气液分离：抽提气液相通过气液分离罐进行多相分离，分离后气相进入活性炭罐处理，达标排放。

（3）NAPL：气液分离后液体进入油水分离罐进行 NAPL 和水分离，分离后进行 NAPL 收集以及废水收集，收集后 NAPL 相送第三方处理，废水进入活性炭罐处理，达标排放。

6.3.2.2 工艺流程

MPE 和 SVE 工艺流程见图 6-6 和图 6-7。抽提井管构造见图 6-8。

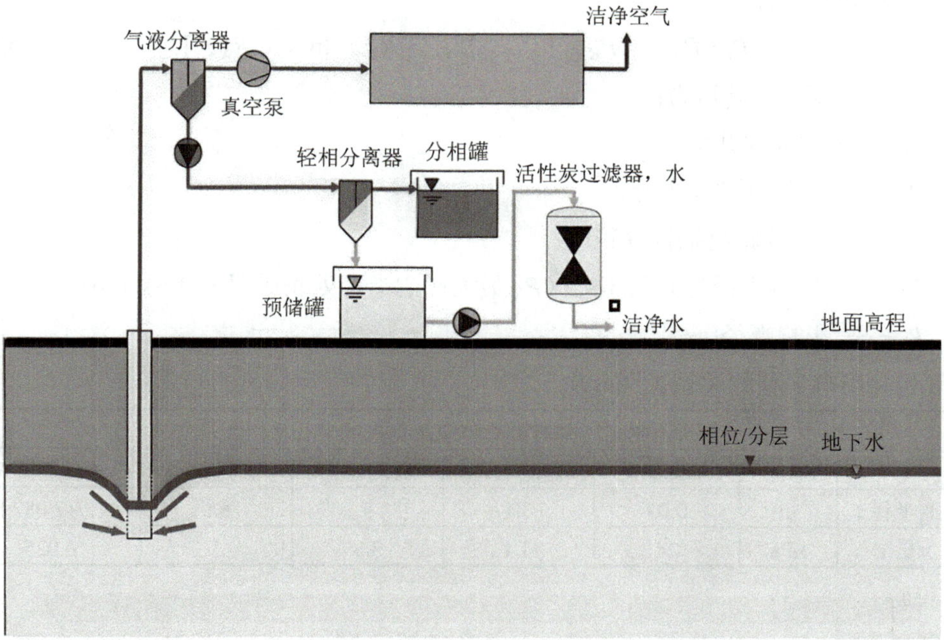

图 6-6 MPE 工艺流程

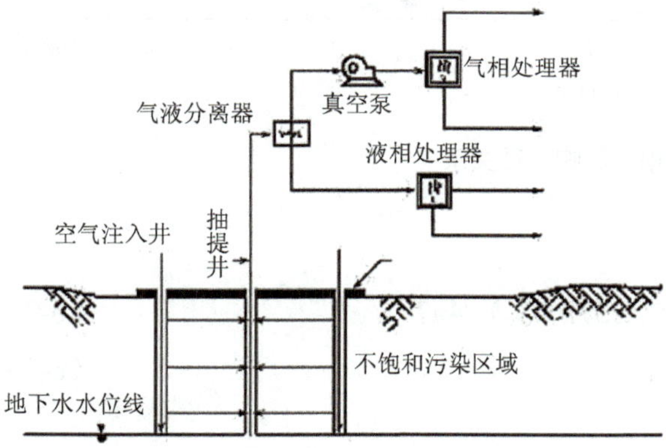

图 6-7 SVE 工艺流程

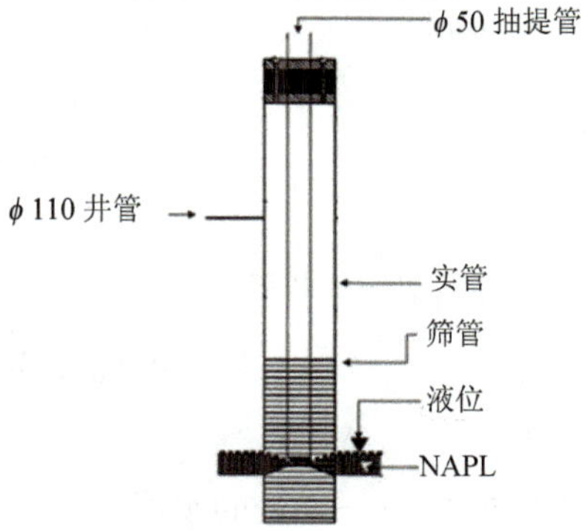

图 6-8 抽提井管构造

6.3.2.3 MPE 设备运行

（1）工艺参数。

①功率、影响半径。

真空泵功率 200 mbar，拖 24 口井；满负荷 180 mbar，平均单口抽提管 7.5 mbar。本中试项目设计一口井抽提，负压 12 mbar，抽气量 30 m^3/h。影响半径计算：

a. 气相影响半径。

$$P_r^2-P_w^2=(P_{R_I}^2-P_w^2)\times[\ln(r/R_w)/\ln(R_I/R_w)] \tag{6-1}$$

式中：P_r —— 距离 r 处压力；

P_w —— 抽提井井头压力；

R_w —— 抽提井井头半径；

r —— 监测井距离抽提井距离；

P_{R_I} —— 影响半径处井头压力（P_{R_I}最大影响半径处负压保证 3～4 mbar）；

R_I —— 影响半径。

气相与影响半径的关系见图 6-9。

利用压降对数趋势图求得影响半径						
	单位	井头半径	监测点 r_1	监测点 r_2	监测点 r_3	影响半径 R_I
监测半径 x	m	0.03	3.1	5	6.5	11.917 082 86
负压 y	kPa	24	4.4	3.8	3	0.025

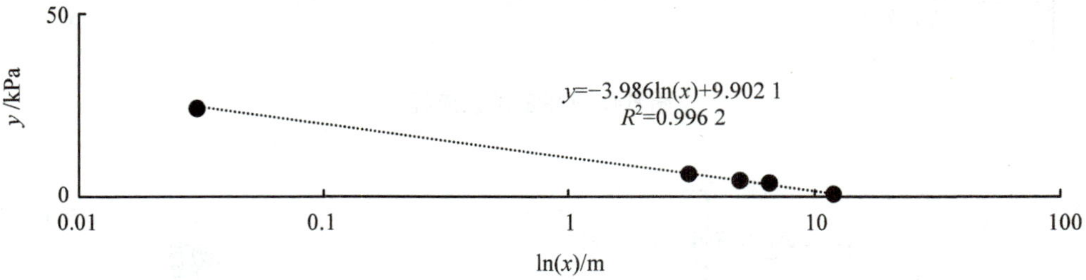

图 6-9　气相与影响半径关系

b. 液相影响半径。

$$h-h_0=2.3Q_w\times\ln(2.25Tt/r^2S_y)/4\pi T \tag{6-2}$$

$$T=K\times b \tag{6-3}$$

式中：$h-h_0$ —— r 处的水降；

T —— 导水系数；

t —— 抽提时间；

S_y —— 饱和区单位抽水率；

Q_w —— 抽水流量；

K —— 水力传导系数；

b —— 饱和区厚度。

例：水力传导率为 10^{-3} cm/s、10^{-4} cm/s 和 10^{-5} cm/s，给定的抽提时间分别为 35 d、69 d 和 69 d。饱和区厚度 b 为 20 m，每种情况下的 S_y 为 0.1（图 6-10）。

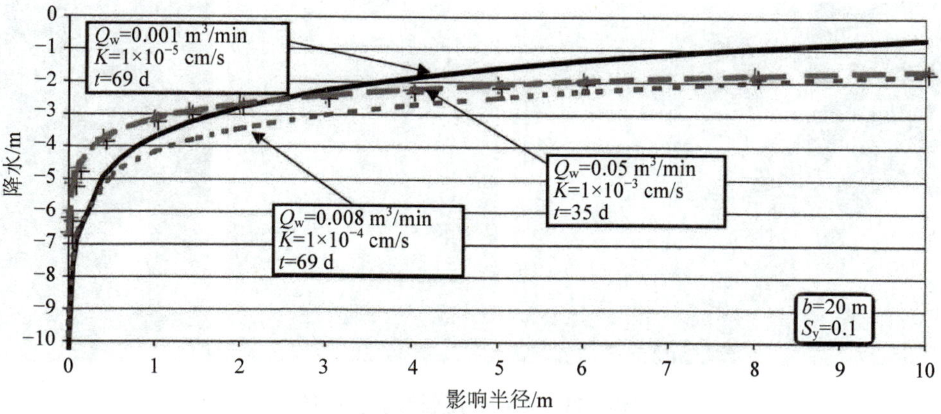

图 6-10 液相与影响半径关系

②过程监测及尾气达标排放监测、液体存储处理等。

a. 过程监测：监测单位时间抽水量、抽气量、抽提井井头负压、监测井负压、抽提井水位下降深度和监测井液位下降深度。

b. 尾气排放监测：尾气排放口 PID 检测及尾气收集定期送检。

c. 废液处理：活性炭处理后废水检测达标排放，不达标送第三方处理。

d. 废活性炭：送第三方处理。

（2）作业时间。

从 10 月 8 日开始，运行至 10 月 22 日，抽提运行 15 d 左右。

现场采取每日两班轮流值班制度，每班组 2 人。第一班值班工作时间是早 6 点到晚 18 点。第二班值班工作时间是晚 18 点到早 6 点。

6.3.2.4 运行过程监测

（1）设备运行实时监测。

开展单位时间抽水量、抽气量、抽提井井头负压、监测井负压、抽提井液位下降深度和监测井液位下降深度等监测，使用多功能探头或设备自带监测器材实时监测（图 6-11）。

（2）进气及尾气排放监测。

①尾气排放监测：尾气排放口 PID 检测，15 min 记录 1 次；

②尾气收集定期送检，每 2 日收集尾气 1 次；

③MPE 抽提进气浓度检测，每 2 日收集尾气 1 次。

图 6-11　水位、压强等监测设备

（3）水质监测。

①在抽提前，采集抽提井及监测井水样，监测背景值浓度。

②中试过程中，在每天中试抽提完成后，采集抽提井及监测井水样送检，其中监测井采取距抽提井 1 m、3 m 的水样送检，每次采集水样 5 个，2 天取 1 次（表 6-2）。

表 6-2　MPE 中试取样方案

序号	采样目标	采样间隔	检测指标	监测手段	数量
1	抽提井及监测井	24 h	二氯甲烷、四氯化碳、1,2-二氯乙烷、氯仿、五氯酚、pH	实验室检测	5 次（暂定）×5 个
2	气体	12 h	二氯甲烷、四氯化碳、1,2-二氯乙烷、氯仿、五氯酚	实验室检测	5 次（暂定）×2 个
3	气体	15 min	混合态	PID	—
4	—	实时	抽水量、抽气量、抽提井井头负压、监测井负压、抽提井液位下降深度和监测井液位下降深度等	多功能探头、探测器	—

6.4　中试结果分析

（1）经现场中试，基本摸清 MPE 修复技术工艺在本场地的适宜功率、（气相、液相）影响半径、尾气达标排放等工艺参数。

（2）场地高浓度污染区适宜采用 MPE 修复技术处置 NAPL 相污染物，消除污染源。

（3）试验区地下水中污染物有随中试修复下降的趋势，但在中试间歇期有波动，可能由于场地基岩裂隙发育、孔隙连通性好、污染扩散快。抽出的气相污染物经尾气收集系统处置达标排放。

地下水修复处置前后水质对比见图 6-12。

图 6-12 地下水修复处置前后水质对比

6.5 小结

（1）中试试验选择了场地原废水处理池东侧约 80 m^2 的区域，该区域土壤和地下水受到 1,1-二氯乙烯、四氯化碳等挥发性和半挥发性有机污染物的严重污染，疑似存在非水相液体（NAPL）。岩石的渗透系数在 6.9×10^{-5}～4.93×10^{-4} cm/s，表明场地为弱透水层，地下水类型主要为上层滞水和红层孔隙裂隙水。

（2）中试方案设计包括了井群建设、围挡建设、场地平面布局和 MPE 设备运行等环节。MPE 技术通过真空提取手段，抽取地下污染区域的土壤气体、地下水和浮油层，进行相分离和处理，有效控制和修复有机物污染。中试运行结果显示，MPE 技术能够有效处置 NAPL 相污染物，消除污染源，场地高浓度污染区的地下水中污染物浓度呈现下降趋势。

（3）中试过程中，对设备运行进行了实时监测，记录了抽提井和监测井的井头压力、水位变化等数据，并定期对尾气排放和水质进行监测。结果显示，抽出的气相污染物经过尾气收集系统处理后能够达标排放。此外，中试还发现，在中试间歇期污染物浓度有所波动，这可能与场地基岩裂隙发育、孔隙连通性好、污染扩散快有关。

综上所述，MPE 中试试验表明，该技术对于处理场地内的有机物污染具有较高的适用性，能够有效降低土壤和地下水中的污染物浓度。通过中试获取的参数和数据，为后续的场地环境治理和修复提供了科学依据和技术支持。

7

典型有机污染场地原位化学氧化修复小试/中试案例

本章基于农药和化工生产领域的3个小试/中试案例，深入探讨了化学氧化技术在苯系物、多环芳烃、农药等不同污染场地的应用实践，包括某金属加工厂地块修复小试和中试、某农药企业的原位化学氧化中试，每个案例都详尽记录了污染场地的背景、修复目标、技术路线选择以及中试方案的设计与实施。通过科学严谨的实验设计、数据分析与效果评估，不仅展示了化学氧化技术在实际工程中的有效性，还为类似污染场地的修复提供了宝贵的经验和技术指导。

7.1 多环芳烃和石油烃复合污染场地化学氧化修复小试

7.1.1 场地背景

根据前期场地调查和风险评估结果，某金属加工厂地块土壤特征污染物为苯、多环芳烃、三氯乙烷。其中，苯主要集中在地块北院北侧原油库区，最大浓度为1.98～4.3 mg/kg（深度为1.5～4.2 m）。多环芳烃主要集中在北院北侧土壤浅层和北院中东部的原轧延车间所在区域。其中，萘超标浓度为64～148 mg/kg（深度为4～6 m），位于原轧延车间；苯并[*a*]蒽超标浓度为0.7～3.0 mg/kg（深度为0.5～4 m），主要位于原油库区域；苯并[*b*]荧蒽超标浓度为0.7～3.0 mg/kg（深度为0.5～1.5 m），位于原油库区域；苯并[*a*]芘超标浓度为0.3～4.0 mg/kg（深度为0.5～1.5 m），主要位于原油库区域及附近；茚并[1,2,3-*cd*]芘超标浓度为0.3～2.0 mg/kg（深度为0.5 m），主要位于原油库区域及附近；二苯并[*a*,*h*]蒽超标浓度为0.1～0.9 mg/kg（深度为0.5 m）。三氯乙烷含量仅在原轧延车间的深层土壤中超标，超标浓度0.73 mg/kg，深度为6 m。超标情况见表7-1。

该场地0～2 m深度地层范围内以杂填土、粉土填土和淤泥填土为主，部分区域含粉质黏土；下层以粉质黏土和粉土为主。

表 7-1 场地污染状况（初步调查结果）

序号	污染物类型	目标值/（mg/kg）	超标浓度/（mg/kg）	深度/m	分布区域
1	苯	0.64	1.98～4.3	1.5～4.2	北院北侧原油库区（A16）
2	萘	25	64～148	4～6	原轧延车间（A14、A26）
3	苯并[*a*]蒽	0.5	0.7～3.0	0.5～4	原油库区域（A16、B14、A26）
4	苯并[*b*]荧蒽	0.5	0.7～3.0	0.5～1.5	原油库区域（A16、B14）
5	苯并[*a*]芘	0.2	0.3～2.0	0.5～1.5	原油库区域（A16、B14） 原轧延维修站（A19）
6	茚并[1,2,3-*cd*]芘	0.2	0.3～2.0	0.5	原油库区域（A16、B14） 原轧延维修站（A19）
7	二苯并[*a*,*h*]蒽	0.05	0.1～0.9	0.5	原油库区域（A16、B14）
8	1,1,2-三氯乙烷	0.5	0.73	6	原轧延车间（A26）

7.1.2 供试土壤

在场地重污染区域 A16 点位浅层 1～2 m 土层范围内采集 1 份混合土壤样品，并根据场地污染物浓度分布情况，在高浓度污染土壤基础上，通过混合空白土壤配制成高、中、低 3 个浓度梯度的初始土壤样品，并测定各土壤样品的基本理化性质及特征污染浓度。具体土样信息见表 7-2。

表 7-2 理化性质测试结果

样品	实验室编号	pH	含水率/%	土壤有机质/（g/kg）
高浓度污染土	HS	8.86	21.9	151
中浓度污染土	MS	8.26	—	69.9
低浓度污染土	LS	8.01	—	39.6
空白土	PS	7.66	—	8.7

定义：

高浓度污染土（C_{max}）：采用 A16 点位采集的原土样，具体污染物浓度见表 7-3。

中浓度污染土（$1/2C_{max}$）：采用高浓度污染土和空白土 1∶1 混合配制。

低浓度污染土（$1/4C_{max}$）：采用高浓度污染土和空白土 1∶3 混合配制。

空白土（$C_{background}$）：该地块类似土壤性质的洁净土，PAHs 和 VOCs 未检出。

表 7-3 污染物指标测试结果

样品	实验室编号	苯并[a]芘/（mg/kg）	石油烃 C10—C40/（mg/kg）
高浓度污染土	HS	23.33	19 100
中浓度污染土	MS	10.67	11 900
低浓度污染土	LS	4.00	5 980
空白土	PS	ND	117

注：仅列出部分指标数据。

7.1.3 小试方案设计及材料设备

7.1.3.1 仪器材料

表 7-4 实验药剂、仪器、耗材情况一览表

仪器、药剂及耗材		数量	主要用途	备注
试剂	过硫酸钠	1 瓶	氧化药剂	化学纯或分析纯
	硫酸	1 瓶	调节 pH	优级纯
	氢氧化钠	1 瓶	调节 pH	分析纯
	去离子水	10 L	清洗、配液	
仪器、耗材	旋转振荡器	1	混匀 SVOCs 土壤	
	玻璃棒	10	搅拌	
	pH 计	2	pH 测定	外部实验室
	50 mL 离心管	50	pH 测定	外部实验室
	实验天平	2	称量	外部实验室
	恒温鼓风干燥箱	1	检测含水率	1 500 W
	研钵或大锤	2	破碎	外部实验室
	钢结构网筛	2	筛分	10 目筛
	称量纸、药勺	若干	称量	
	玻璃烧杯	若干	试验用容器	500 mL
	一次性手套	1 盒		
	一次性口罩	若干		
	实验服	若干		
	洗瓶	若干		
	50 mL 烧杯	若干		

7.1.3.2 小试目的

（1）本场地治理后土壤满足修复目标值。

根据前期场地调查和风险评估报告确定的土壤修复目标值见表 7-5。

表 7-5 土壤修复目标值

单位：mg/kg

序号	目标污染物	修复目标值	序号	目标污染物	修复目标值
1	1,1,2-三氯乙烷	0.5	6	苯并[*a*]芘	0.2
2	萘	25	7	茚并[1,2,3-*cd*]芘	0.2
3	苯	0.64	8	二苯并[*a,h*]蒽	0.05
4	苯并[*a*]蒽	0.5	9	石油烃 C10—C40	4 500
5	苯并[*b*]荧蒽	0.5	—	—	—

（2）本场地治理后的土壤 pH 在 6～9。

主要修复技术拟采用药剂对土壤进行化学氧化修复，削减土壤中 VOCs、SVOCs 和石油烃污染物浓度，同时保障土壤 pH 在 6～9。

（3）确定并验证技术可行性。

通过小试设计主体修复技术，并验证技术（药剂）是否可行，是否达到总体修复目标并且对环境不造成二次污染等。

（4）优化修复处理配方。

对常规的经验型主体修复配方进行实际调整和优化，根据土壤污染程度（高、中、低污染）确定药剂投加比例和修复应用范围，在满足达到预期效果的前提下，尽量降低修复成本，并为优化确定投加方式、投加浓度以及投加时序提供第一手资料。

（5）为修复成本提供一定核算依据。

本小试主要确定修复材料投加配比及养护时间，结合对工业化生产组织方案的经验型全模拟，模拟考量项目参与各方、人力、财力、物料储备、设备、工艺、现场控制等所有因素，可提前于中试及大规模生产运行对修复成本核算提供一定的参考和指导依据。

7.1.3.3 化学氧化试验原理

本项目拟采用化学氧化技术进行修复，使用的药剂包括氢氧化钠、过硫酸钠。

过硫酸钠在水溶液中形成的过硫酸根离子是强氧化剂（E_0=2.01 V），并在碱性激活作用下，可生成过硫酸根自由基（$\cdot SO_4^-$）和羟基自由基（•OH），可有效降解多种有机污染物。碱活化过硫酸盐可能的活化机理如下：

$$S_2O_8^{2-} + 2H_2O \xrightarrow{OH^-} HO_2^- + 2SO_4^{2-} + 3H^+$$

$$HO_2^- + S_2O_8^{2-} \longrightarrow SO_4^{2-} + SO_4^- \bullet + O_2^- \bullet + H^+$$

$$2S_2O_8^{2-} + 2H_2O \longrightarrow 3SO_4^{2-} + SO_4^- \bullet + O_2 \bullet + 4H^+$$

$$SO_4^- \bullet + OH^- \longrightarrow SO_4^{2-} + \bullet OH$$

7.1.3.4 方法步骤

（1）自然风干土样（重污染土及用于稀释配置不同浓度梯度的洁净土）。

（2）土壤破碎筛分。将土样敲碎过 10 目钢结构网筛，过筛后样品采用旋转振荡器摇匀 12 h，确保样品充分混匀。

（3）pH、含水率、有机质、粒径等土壤基本理化性质及特征污染物含量分析测试。

（4）不同浓度梯度土壤配制。根据重污染土及洁净土基本理化性质及污染物浓度测定结果配制高、中、低浓度污染土，并采用旋转振荡器摇匀 12 h，确保样品充分混匀。

（5）供试土样污染物浓度及基本理化性质测试。

（6）化学氧化实验：取 200.00 g 样品至 500 mL 烧杯中，按照 32%氢氧化钠和过硫酸钠质量比 1∶1 加入碱活化过硫酸钠溶液（15%），搅拌均匀，调整含水率为 25%，再次搅拌均匀，盖上保鲜膜，养护 1 d、3 d、8 d、14 d、30 d。

（7）反应 8 d 后，分出部分样品通过添加氢氧化钠调节 pH＞10，并定期检测确保 pH＞10，分析比较调 pH 情况下多环芳烃和石油烃去除效果。

（8）送检样品数及检测指标：原土样 3 份及不同养护时间及配比土样样品（HS、MS、LS）测定多环芳烃、石油烃和 pH。

将每种土壤分为 200 g 每份，准备加入不同投加比的药剂。本次小试的药剂投加比见表 7-6。

表 7-6 药剂投加比信息

使用药剂	样品编号	投加比
过硫酸钠+氢氧化钠（质量比 1∶1）	HS	0%、1%、3%、5%
	MS	0%、1%、3%、5%
	LS	0%、1%、3%、5%

试验组设置：过硫酸钠投加比 0%表示不调节 pH 且不加入过硫酸钠反应，作为空白对照样品与其他样品组同步操作。每个处理都设置 2 个平行样品。

小试工作照片见图 7-1 和图 7-2。

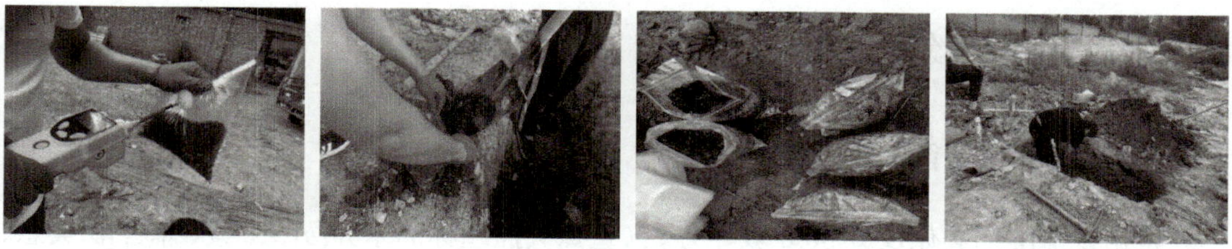

图 7-1 样品采集及现场速测

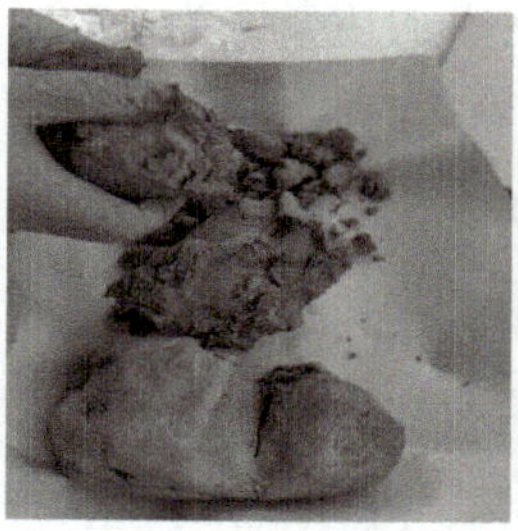

a. 样品前处理

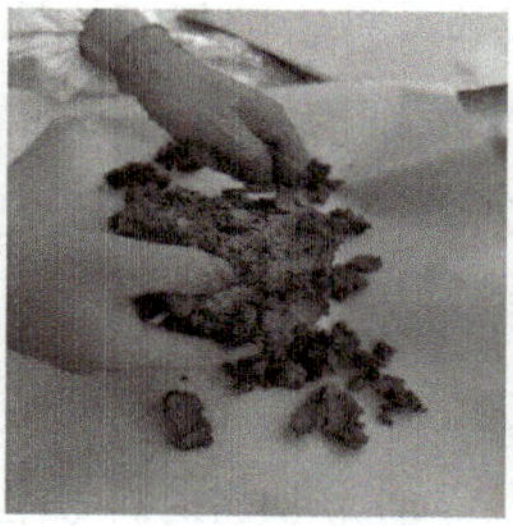

b. 样品前处理

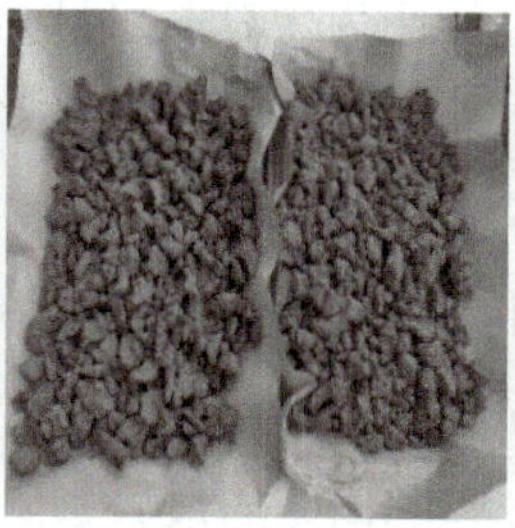

c. S-5 样品风干前处理

d. S-1 样品风干前处理

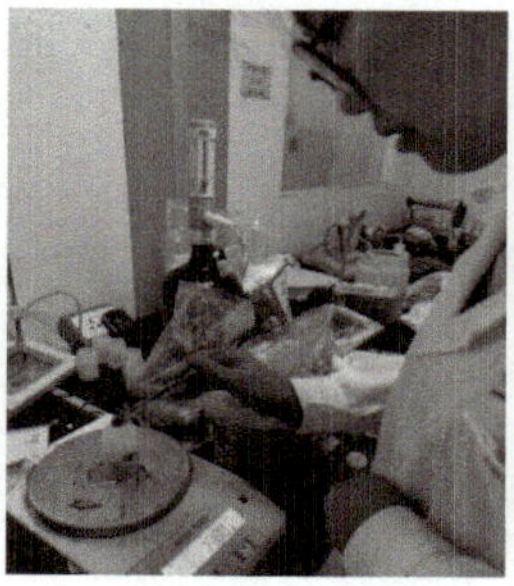

e. pH 测定前称量

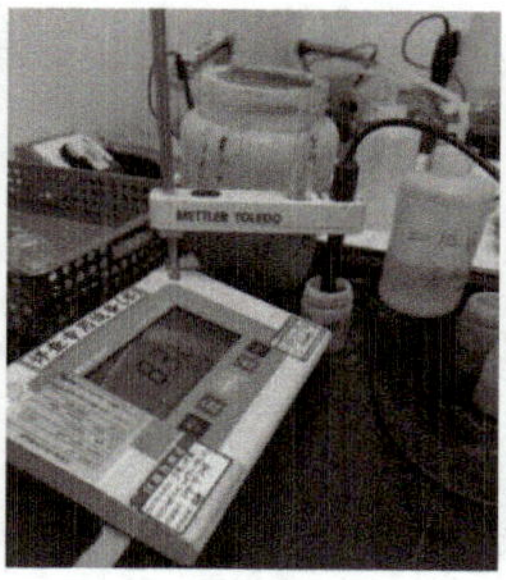

f. pH 测定

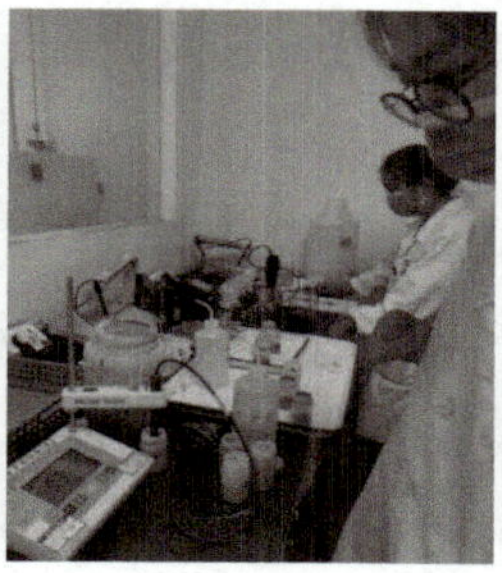

g. pH 测定

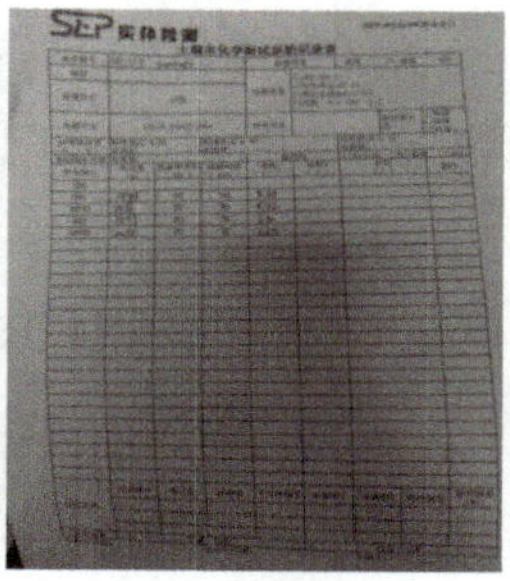

h. pH 测定原始记录

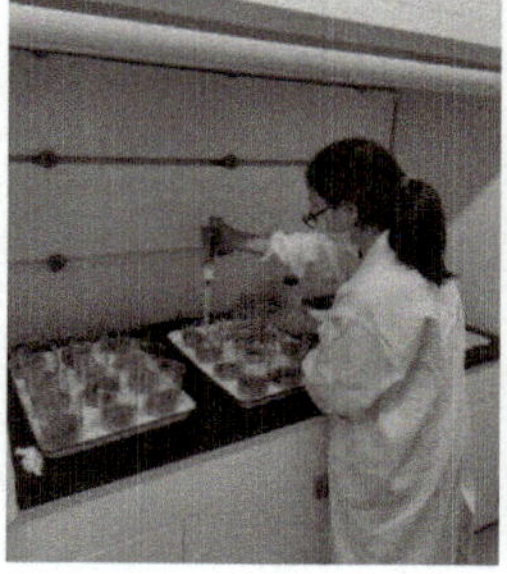

i. 加药

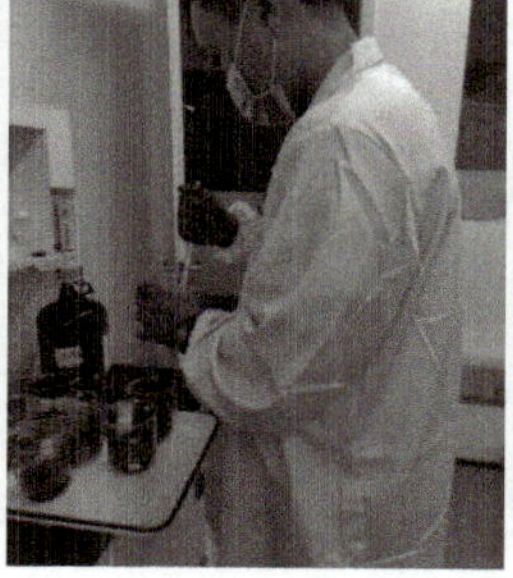

j. 搅拌

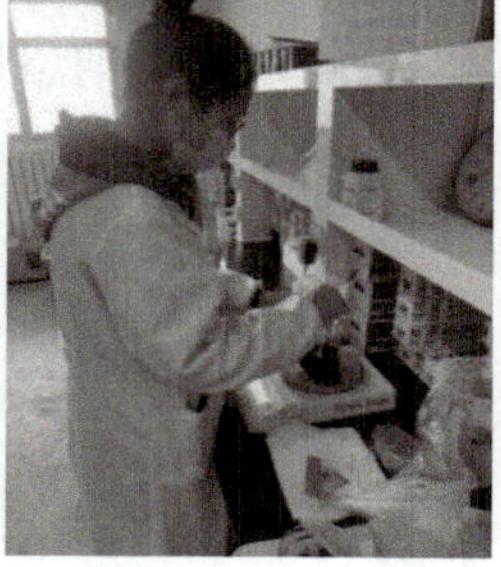

k. 14 d 调 pH

l. 养护

图 7-2 小试试验过程

7.1.4 小试结果分析

7.1.4.1 多环芳烃去除效果分析

根据过硫酸钠氧化反应 30 d 多环芳烃（重点关注超标的苯并[*a*]芘、萘、苯并[*b*]荧蒽、苯并[*a*]蒽）浓度变化情况可以看出，过硫酸钠对多环芳烃有一定的去除效率，且土壤 pH 值保持在 7～9。以苯并[*a*]芘为例：

（1）当过硫酸钠添加比为 1%时，同时 32%氢氧化钠与过硫酸钠添加质量比为 1∶1，高、中、低浓度污染土苯并[*a*]芘的最大去除率分别为 69.96%、62.51%、50%。

（2）当过硫酸钠添加比为 3%时，同时 32%氢氧化钠与过硫酸钠添加质量比为 1∶1，高、中、低浓度污染土苯并[*a*]芘的最大去除率分别为 80.69%、62.51%、58.33%。

（3）当过硫酸钠添加比为 5%时，同时 32%氢氧化钠与过硫酸钠添加质量比为 1∶1，高、中、低浓度污染土苯并[*a*]芘的最大去除率分别为 81.40%、81.26%、100%（未检出）。

过硫酸钠氧化过程中，保持土壤 pH＞10 条件下，在一定程度上可以提高硫酸钠氧化效率，但不显著，本次小试在氧化反应 8 d 的基础上通过添加氢氧化钠调节土壤 pH，继续监测氧化 14 d 和 13 d 情况，具体结果如下。

（1）当过硫酸钠添加比为 1%时，保持土壤 pH＞10 条件下，反应 14 d 和 30 d 后高、中、低浓度污染土苯并[*a*]芘的最大去除率分别为 85.69%、46.89%、58.33%。

（2）当过硫酸钠添加比为 3%时，保持土壤 pH＞10 条件下，反应 14 d 和 30 d 后高、中、低浓度污染土苯并[*a*]芘的最大去除率分别为 81.40%、78.13%、100%（未检出）。

（3）当过硫酸钠添加比为 5%时，保持土壤 pH＞10 条件下，反应 14 d 和 30 d 后高、中、低浓度污染土苯并[*a*]芘的最大去除率分别为 78.54%、84.38%、100%（未检出）。

对于低浓度污染土，1%的过硫酸钠添加比，在 pH＞10 条件下，多环芳烃超标污染物（如苯并[*a*]芘、萘、苯并[*b*]荧蒽、苯并[*a*]蒽）等指标均能达到修复目标值。

各污染物具体去除情况如图 7-3 至图 7-6 所示。

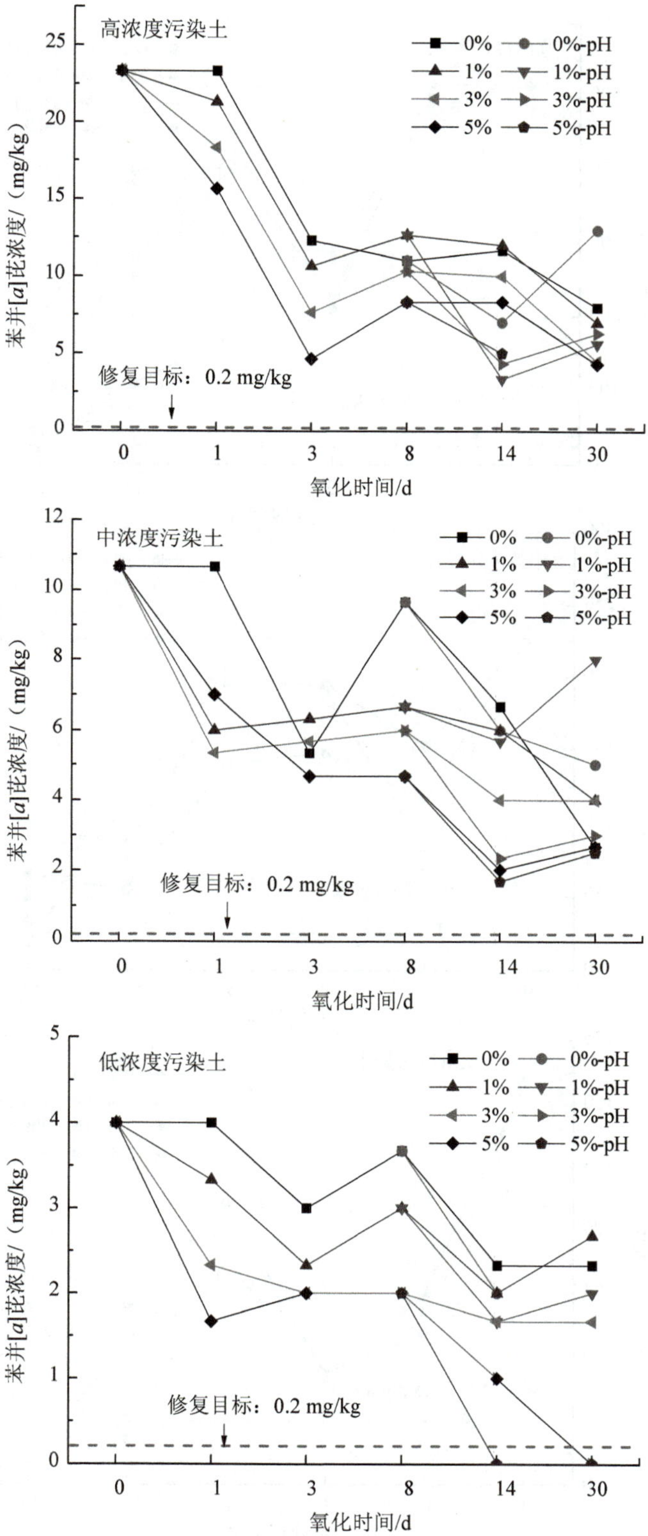

图 7-3 苯并[a]芘浓度变化趋势

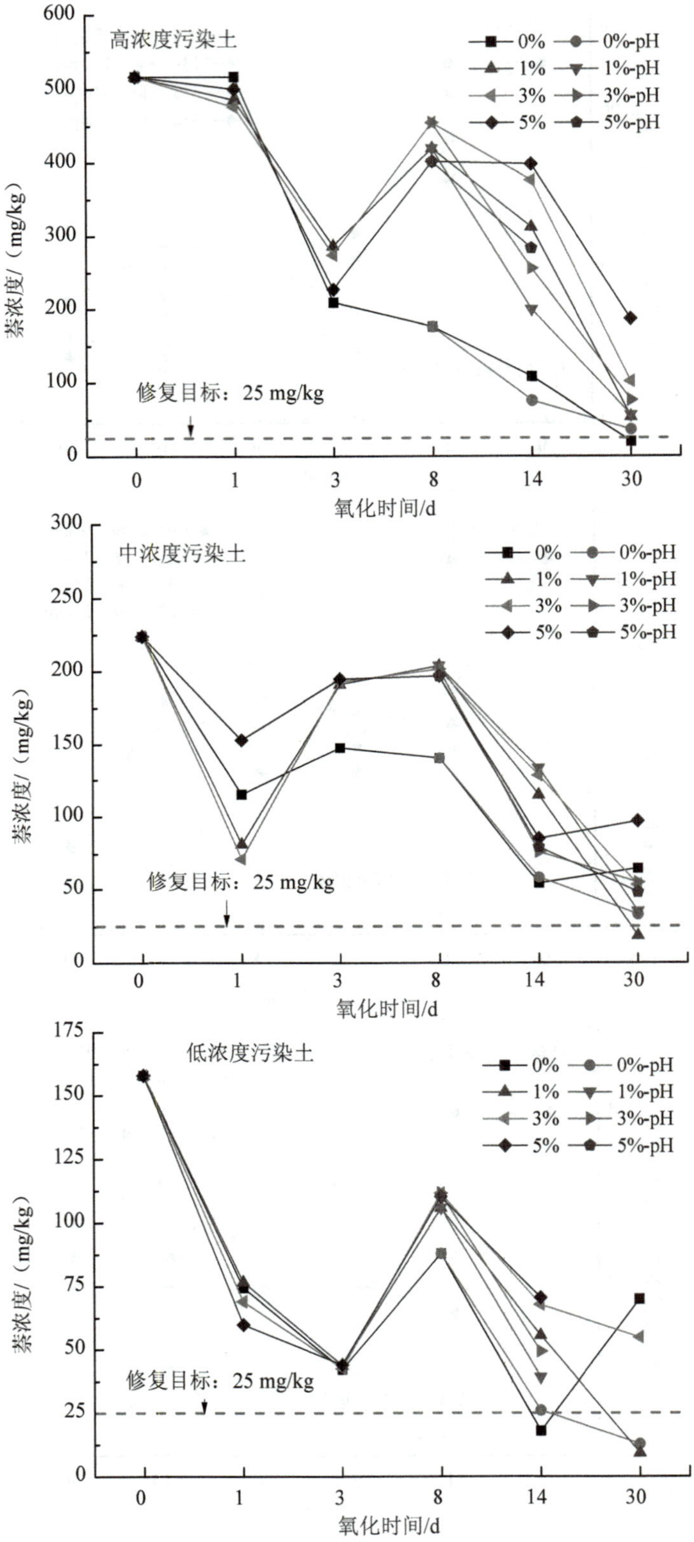
高浓度污染土
中浓度污染土
低浓度污染土
0%
0%-pH
1%
1%-pH
3%
3%-pH
5%
5%-pH
修复目标：25 mg/kg
萘浓度/（mg/kg）
氧化时间/d

图 7-4　萘浓度变化趋势

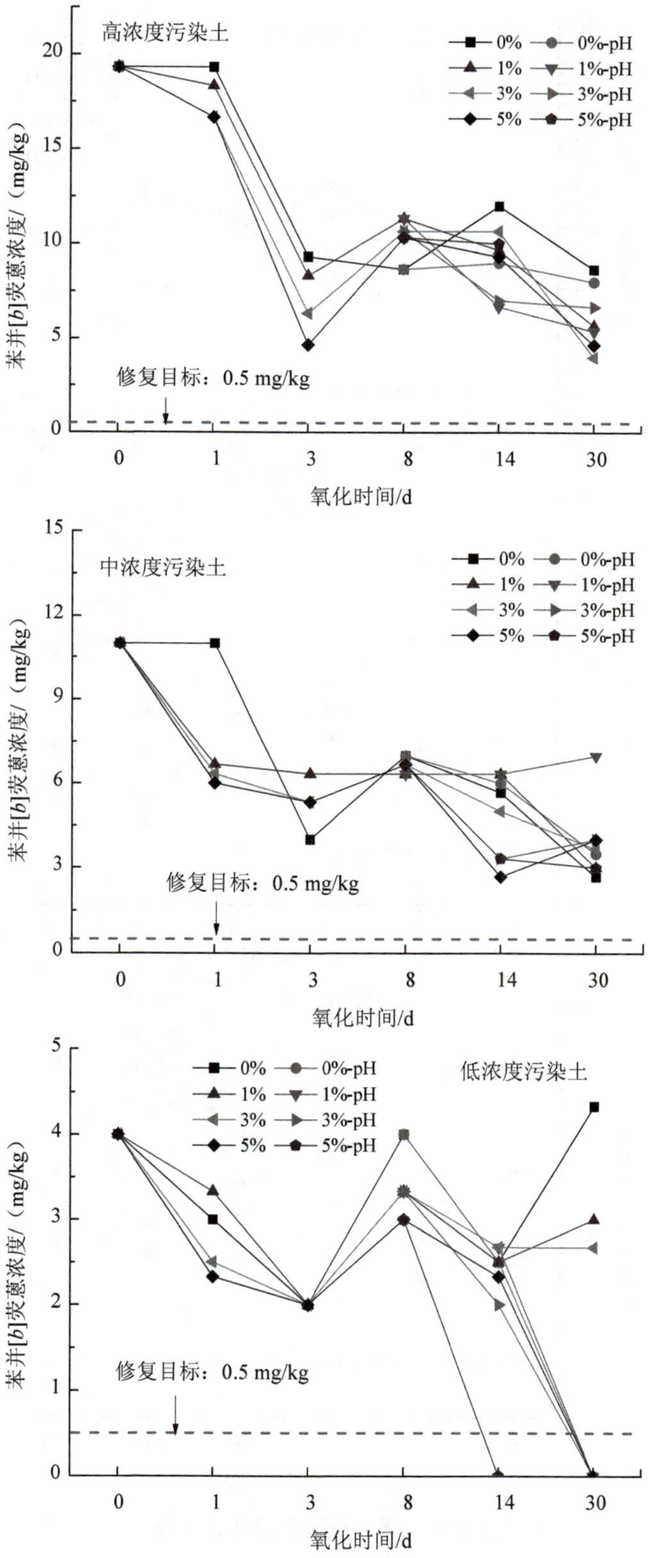

图 7-5　苯并[b]荧蒽浓度变化趋势

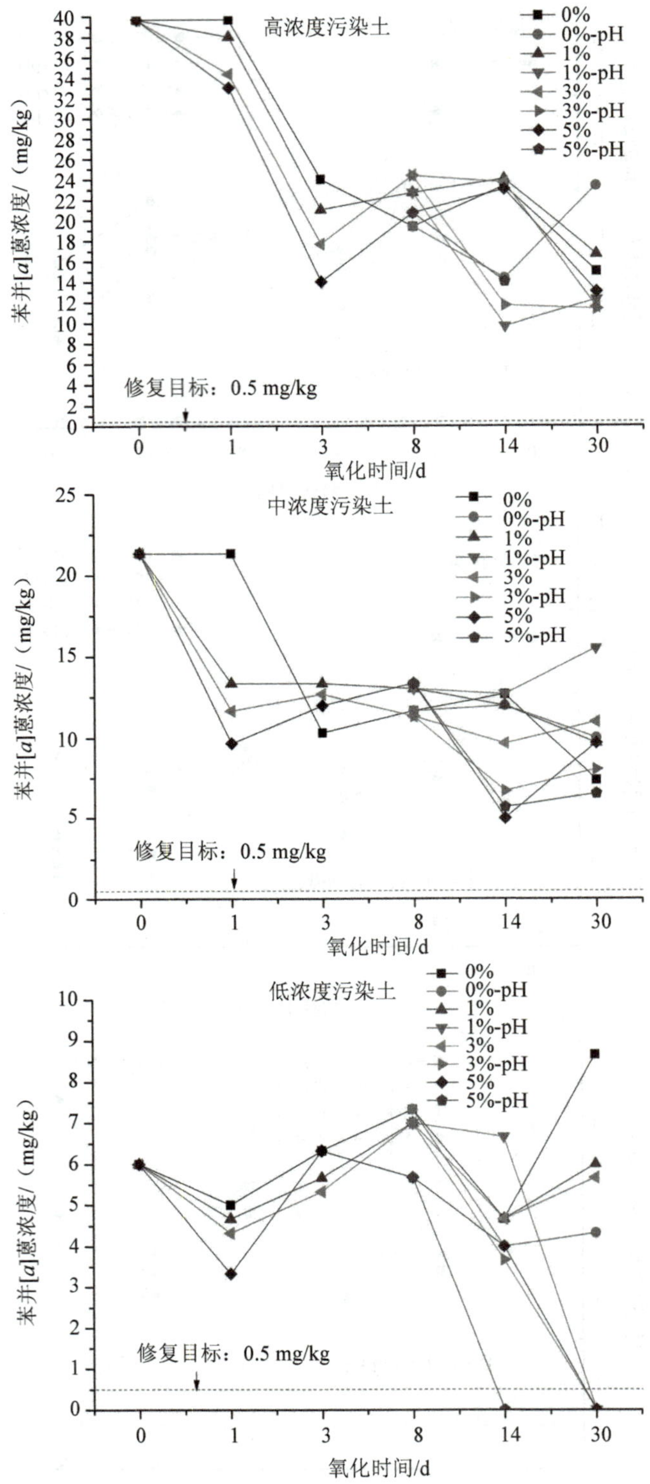

图 7-6　苯并[a]蒽浓度变化趋势

7.1.4.2 石油烃 C10—C40 去除效果分析

（1）根据过硫酸钠氧化反应 30 d 石油烃 C10—C40 浓度变化情况可以看出，过硫酸钠对石油烃有一定的去除效率，且土壤 pH 值保持在 7～9。

①当过硫酸钠添加比为 1%时，同时 32%氢氧化钠与过硫酸钠添加质量比为 1∶1，高、中、低浓度污染土石油烃 C10—C40 的最大去除率分别为 41.90%、17.21%、29.33%。

②当过硫酸钠添加比为 3%时，同时 32%氢氧化钠与过硫酸钠添加质量比为 1∶1，高、中、低浓度污染土石油烃 C10—C40 的最大去除率分别为 56.07%、23.79%、41.31%。

③当过硫酸钠添加比为 5%时，同时 32%氢氧化钠与过硫酸钠添加质量比为 1∶1，高、中、低浓度污染土石油烃 C10—C40 的最大去除率分别为 69.07%、57.53%、41.52%。

（2）过硫酸钠氧化过程中，保持土壤 pH＞10 条件下，石油烃 C10—C40 的氧化效率明显提高，具体结果如下。

①当过硫酸钠添加比为 1%时，保持土壤 pH＞10 条件下，反应 14 d 和 30 d 后高、中、低浓度污染土石油烃 C10—C40 的最大去除率分别为 68.04%、55.78%、57.53%。

②当过硫酸钠添加比为 3%时，保持土壤 pH＞10 条件下，反应 14 d 和 30 d 后高、中、低浓度污染土石油烃 C10—C40 的最大去除率分别为 77.72%、62.49%、74.39%。

③当过硫酸钠添加比为 5%时，保持土壤 pH＞10 条件下，反应 14 d 和 30 d 后高、中、低浓度污染土石油烃 C10—C40 的最大去除率分别为 75.95%、47.42%、66.07%。

（3）对于中、低浓度污染土，1%的过硫酸钠添加比，石油烃 C10—C40 指标均能达到修复目标值。

污染物具体去除情况见图 7-7。

7.1.4.3 氧化过程 pH 变化趋势分析

从氧化过程 pH 变化趋势可以看出，当 32%氢氧化钠与过硫酸钠添加质量比为 1∶1 时，土壤 pH 保持在 7～9，药剂的添加不会对土壤 pH 造成显著影响，添加氧化剂在去除污染物的同时，可以保持土壤 pH 在 6～9。具体情况见图 7-8。

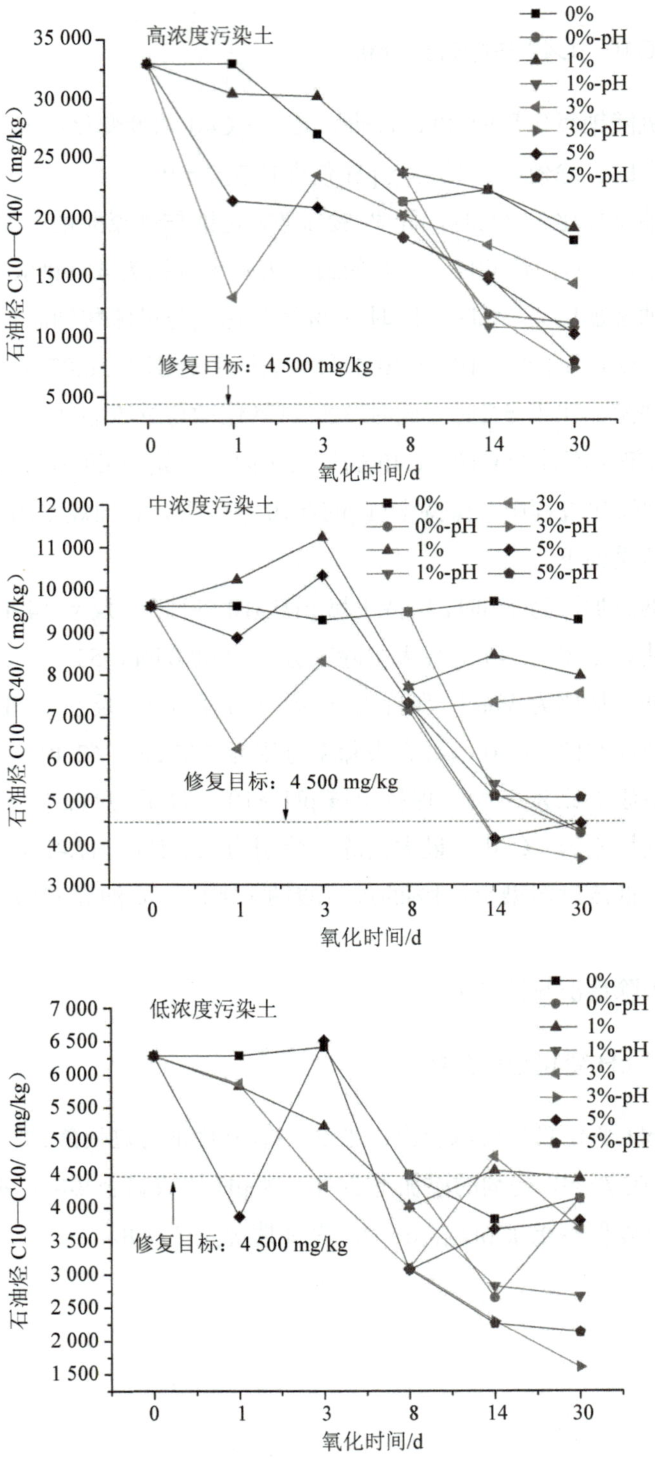

图 7-7 石油烃浓度变化趋势

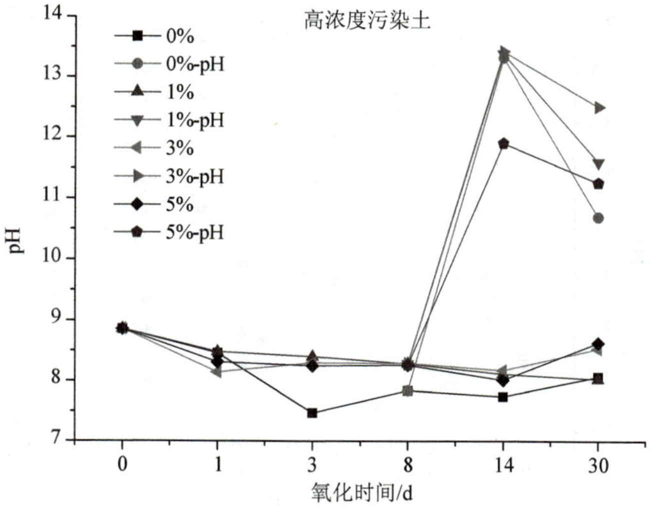
高浓度污染土
0%
0%-pH
1%
1%-pH
3%
3%-pH
5%
5%-pH
pH
14
13
12
11
10
9
8
7
0
1
3
8
14
30
氧化时间/d

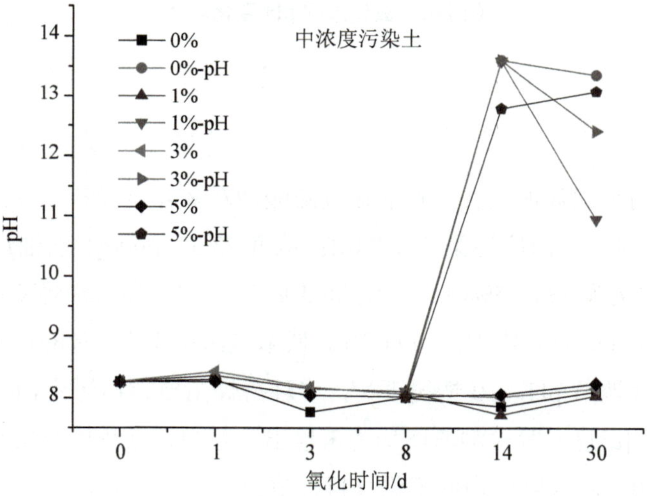
中浓度污染土
0%
0%-pH
1%
1%-pH
3%
3%-pH
5%
5%-pH
pH
14
13
12
11
10
9
8
0
1
3
8
14
30
氧化时间/d

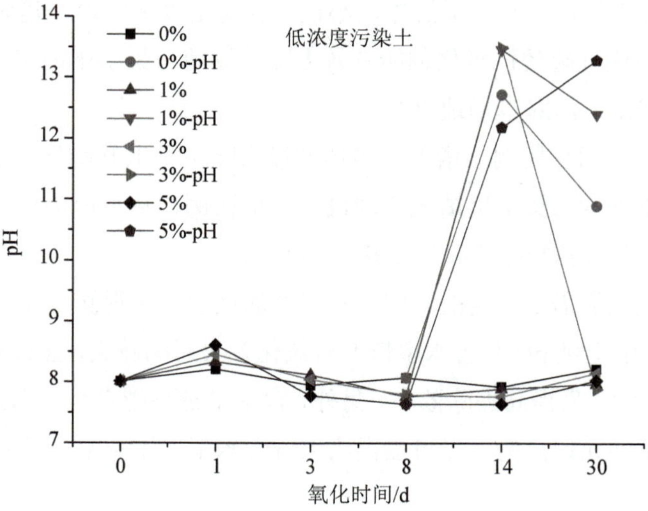
低浓度污染土
0%
0%-pH
1%
1%-pH
3%
3%-pH
5%
5%-pH
pH
14
13
12
11
10
9
8
7
0
1
3
8
14
30
氧化时间/d

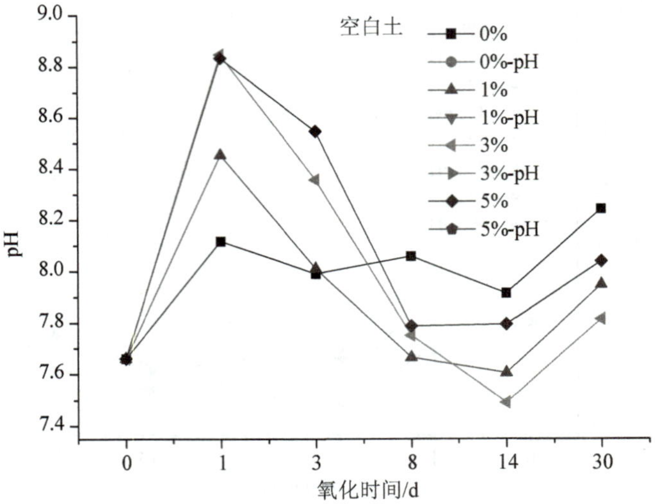

图 7-8 氧化过程 pH 变化趋势

7.1.5 小结

从氧化 30 d 的小试数据来看，碱活化过硫酸钠对多环芳烃和石油烃复合污染土壤有一定的氧化效果，对于高浓度污染（苯并[*a*]芘浓度 23.33 mg/kg，石油烃 32 933 mg/kg），当氧化剂的添加比例为 1%～5%时，氧化 30 d 后苯并[*a*]芘和石油烃 C10—C40 的去除率分别为 69.96%～85.69%和 41.9%～69.07%。低浓度污染土在 1%的过硫酸钠添加比例情况下反应 30 d 后（调节 pH＞10 情况下），多环芳烃主要超标污染物（苯并[*a*]芘、萘、苯并[*b*]荧蒽、苯并[*a*]蒽）等检测浓度均为未检出，且中、低浓度污染土的石油烃 C10—C40 浓度在氧化 30 d 后浓度值均低于修复目标值。

根据以上去除率情况分析，通过本次小试试验得出以下结论和建议：

（1）采用碱活化过硫酸钠氧化剂能有效去除该场地污染土中的多环芳烃和石油烃污染物，化学氧化修复方法对本场地可行。

（2）随着氧化剂添加比例的增加，多环芳烃去除率呈上升趋势，建议实际工程施工过程结合地块土壤平均污染浓度情况合理设置添加比例，从目前小试来看 1%～5%的添加比例基本可行，具体需根据中试情况进一步明确。

（3）考虑氧化反应需要一定的时间，建议增加化学氧化观测时间，确保氧化效果。

（4）氧化过程中土壤 pH 和含水率情况对氧化效果影响较大，建议对于石油烃污染土壤可确保土壤 pH＞10 来提高去除效率。另外，含水率越高越有利于药剂和土壤的充分反应，建议在土壤条件允许前提下尽可能提高土壤含水率，本场地可控制在 40%～50%。

（5）样品均质性在一定程度上会影响数据结果分析，建议在取样时注意取样的代表性。

（6）为了更好地实现氧化效果，可进一步进行一次加药和多次加药的比较分析。

7.2 多环芳烃和石油烃复合污染场地原位化学氧化修复中试

7.2.1 场地背景

同 7.1.1 节。

7.2.2 供试土壤

根据场地补充调查结果，中试区域所涉及的 S1 点位土壤样品超标情况见表 7-7。S1 点位 1.5～2 m 深度土壤样品石油烃分碳链检测结果见表 7-8。

表 7-7 补充调查阶段中试区域土壤样品检测结果 单位：mg/kg

序号	样品编号	苯	萘	苯并[*a*]蒽	苯并[*b*]荧蒽	苯并[*a*]芘	茚并[1,2,3-*cd*]芘	二苯并[*a,h*]蒽
修复目标值		0.64	25	0.5	0.5	0.2	0.2	0.05
1	S-1-0.5	ND	72.7	6	ND	1	ND	ND
2	S-1-1.5	5.81	951	45.6	1.6	2.2	0.4	0.9
3	S-1-1.5-DUP	7.63	18.9	11.5	11.7	13.7	1.3	6.2
4	S-1-3.5	2.66	114	1.4	0.4	ND	0.1	ND
5	S-1-5.0	3.40	104	1.5	0.3	ND	0.2	ND
6	S-1-6.5	0.417	160	2.8	0.6	0.2	0.3	ND

表 7-8 S1 点位 1.5～2 m 深度土壤样品石油烃分碳链检测结果

样品编号	石油烃/（mg/kg）		二类用地筛选值/（mg/kg）
S1	C5～C7	8.6	—
S1	C7～C8	51.8	
S1	C8～C10	309	
S1	C10～C12	1 650	
S1	C12～C16	4 430	
S1	C16～C21	3 880	
S1	C21～C35	8 690	
S1	C10—C40	26 600	4 500

调查阶段中试区域内地下水污染特征（C1、A16）见表 7-9。补充调查阶段中试区域地下水样品检测结果（W-1）见表 7-10。

表 7-9 调查阶段中试区域地下水污染特征（C1、A16）

分析指标	最大值	所在点位	溶解度	溶解度 1%
苯并[b]荧蒽	0.6	A16	15	0.15
苯并[a]蒽	96	C1 表层	9.4	0.094
苯并[k]荧蒽	0.5	A16	0.8	0.008
䓛	112	C1 表层	0.2	0.002
TPH-Aliph＞C10—C12	461	A16	34	0.34
TPH-Aliph＞C12—C16	4 630	C1 表层	0.76	0.007 6
TPH-Aliph＞C16—C21	5 280	C1 表层	0.002 5	0.000 025
TPH-Aliph＞C21—C34	4 730	C1 表层	0.002 5	0.000 025
TPH-Arom＞C12—C16	3 030	C1 表层	5 800	58
TPH-Arom＞C16—C21	1 990	C1 表层	650	6.5
TPH-Arom＞C21—C35	571	C1 表层	66	0.66

表 7-10 补充调查阶段中试区域地下水样品检测结果　　单位：μg/L

序号	样品编号	C12—C16	苯	1,1,2-三氯乙烷	1,2-二溴-3-氯丙烷	萘
修复目标值		640	310	38	0.75	100
1	W-1-0.6-3.5	2 350	4 470	880	ND	5 190
2	W-1-8.0-13.5	302	133	10.7	ND	53.6

7.2.3 中试方案设计及材料设备

7.2.3.1 第一阶段中试

综合考虑前期调查污染程度、范围和现场条件，选取场地北侧重污染水土共治区域 100 m^2 作为中试区域。前期调查阶段污染深度 0～4.5 m，补充调查多环芳烃最大超标深度为 6.5 m。中试深度按照 7 m 设置。第一阶段中试不进行降水，模拟水土共治的注药反应效果。

第一阶段中试步骤：

（1）中试区域场地平整；

（2）确定影响半径：通过试验孔设计影响半径 1.2 m、1.5 m、1.8 m，观察返浆情况，现场测定 pH；

（3）钻孔机引孔；

（4）高压旋喷注浆。

7.2.3.2 第二阶段中试

第二阶段中试区域在第一阶段中试区域的东侧布设一块约 10 m×10 m 的范围，该区域基本处于原污染边界 0～4.5 m 深度范围内。

第二阶段中试步骤：

（1）中试区域场地平整。

（2）建设止水帷幕：沿边界破水泥板开槽约 2 m 深，采用 12 m 钢板桩沿四周止水至 13 m。

（3）抽水降水：对角打两口深度 13 m 的水泥花管抽水井，抽出的水现场用吨桶暂存。

（4）原位化学氧化：根据小试和第一阶段中试试验结果，降水后按照 1%～3%的药剂投加比尝试注药，注药点位参照第一阶段中试方案设置。根据修复方案确定的土壤和地下水修复范围，分两次注药，第一次注药深度为 6.5～13 m，验证降水条件下土壤修复效果；第二次注药深度为 0～6.5 m，验证降水条件下地下水修复效果。

7.2.3.3 布点及采样计划

中试区域内，按照图 7-9 进行布点和采样。孔间距 3 m，孔排距 2.58 m。样品采集时间为注药结束后 7 d 和 14 d。采样点按照深度 0.5 m、3.5 m 和 6.5 m 取土样，同时在 3 号点取 1 个地下水样（总计 24 个土样+2 个平行样+2 个水样）。

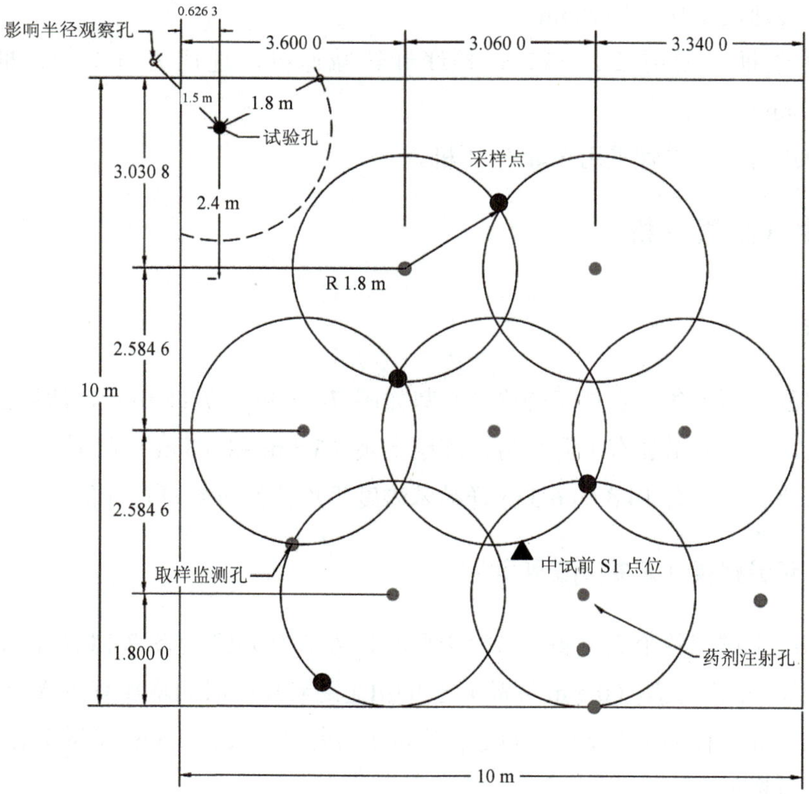

图 7-9 中试布点及采样

检测指标如下：

土壤——苯、PAHs、石油烃（分碳链）、pH、硫酸盐。

地下水——苯、PAHs、1,1,2-三氯乙烷、1,2-二溴-3-氯丙烷、石油烃（分碳链）、pH、硫酸盐。

判断修复中心区域、反应边界区的反应效果。

7.2.3.4 药剂使用与注入量

本次中试采用碱活化过硫酸钠作为氧化药剂，先进行液碱和过硫酸钠的混配，随后一次性注入混合药剂。过硫酸钠药剂投加比为 0.6%～1%，第一阶段（未降水）理论注药量 400～500 L/m，实际约有 20%返浆，高压旋喷影响半径按照 1.8 m。

按照 1%的药剂投加比，理论注药量：过硫酸钠 7.2 t、32%液碱 12.97 t。

7.2.3.5 高压旋喷技术参数

（1）注浆压力：30 MPa。

（2）提升速度：20 cm/min。

（3）旋转速度：10～20 r/min。

（4）拌浆桶：采用 2.2～3 kW 摆线针轮减速机，速比为 1∶29，桶的规格为 ϕ 1 080×800 mm。

（5）空压机：二重管采用 3 m^3 空压机。

7.2.4 中试结果分析

7.2.4.1 苯

不同深度土壤中各个点位苯的降解趋势如图 7-10 和图 7-11 所示，浅层土壤（0.5 m 样品）随着反应时间增加有上升趋势，深层土壤（3.5 m 和 6.5 m 样品）随反应时间延长呈现下降趋势。但只有 14 d 的 6.5 m 样品苯浓度平均值低于修复目标值。

7.2.4.2 多环芳烃类（苯并[a]芘和萘）

不同深度土壤中各个点位多环芳烃类反应趋势如图 7-12 至图 7-14 所示。总体而言与苯的趋势相反，浅层土壤（0.5 m 样品）苯并[*a*]芘随着反应时间增加有下降趋势，深层土壤（3.5 m 和 6.5 m 样品）随反应时间延长呈现上升趋势。只有 3.5 m 样品均值在反应 14 d 时达到修复目标值。

萘的反应趋势与苯更接近。14 d 时，深层土壤样品萘的浓度达到修复目标值。

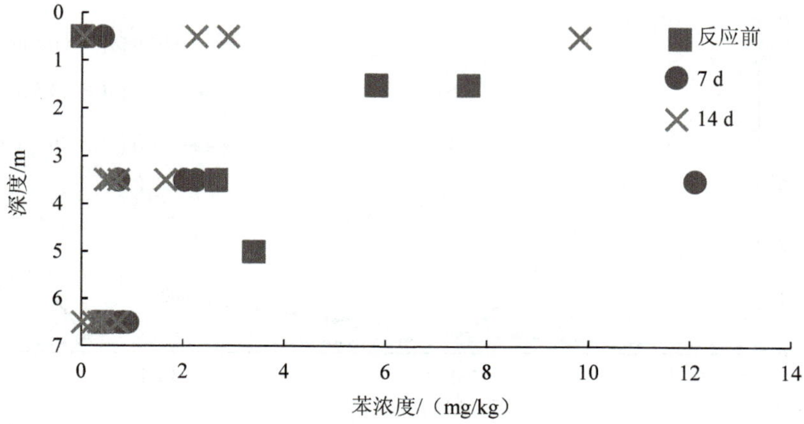

图 7-10　不同深度土壤中苯反应趋势

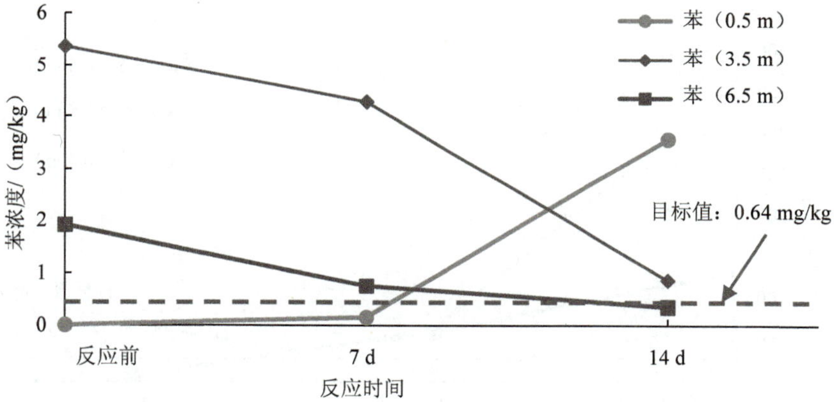

图 7-11　不同深度土壤中苯浓度平均值变化趋势

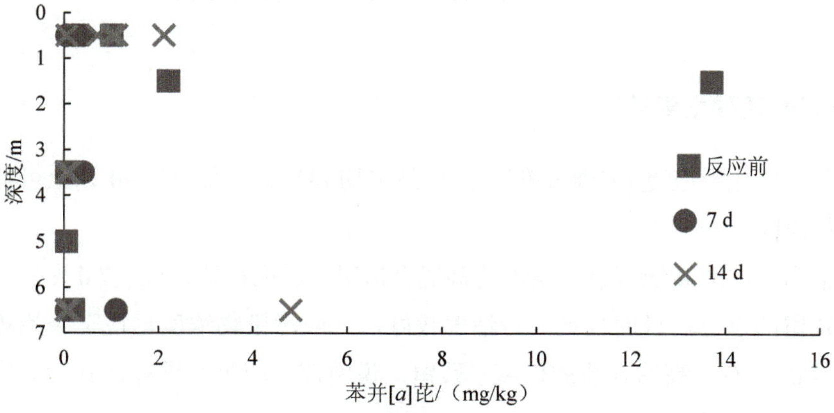

图 7-12　不同深度土壤中苯并[a]芘反应趋势

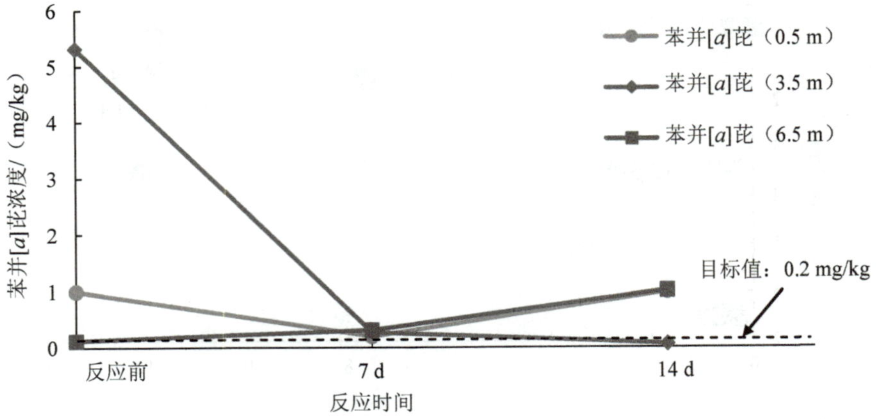

图 7-13 不同深度土壤中苯并[a]芘浓度平均值变化趋势

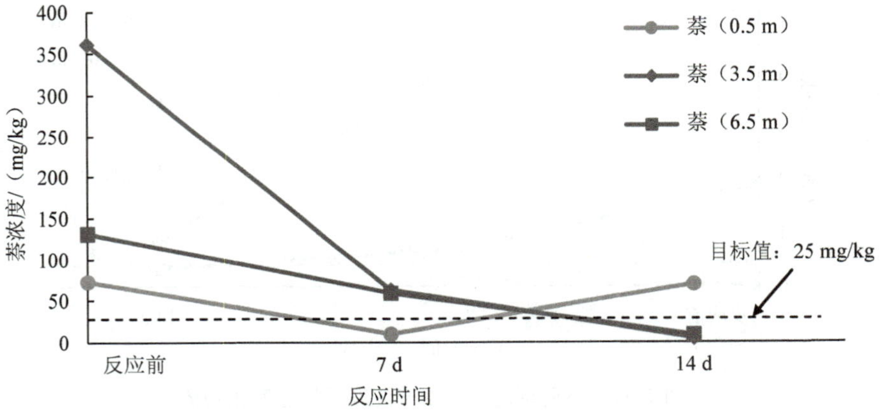

图 7-14 不同深度土壤中萘浓度平均值变化趋势

7.2.4.3 pH 和硫酸根离子

原位化学氧化反应受 pH 影响较大，样品平均 pH 未能维持在 10 以上可能是造成反应不充分的原因之一。

硫酸根离子浓度高低可以反映出药剂混合情况，反应初始阶段（7 d 左右）高浓度硫酸根离子残留的点位，说明药剂混合情况较好，一般污染物浓度呈现下降趋势；但在反应后期（14 d 左右）高浓度硫酸根离子残留，说明该反应仍在进行，其污染物浓度一般尚未稳定下降或呈现反弹趋势（6.5 m 左右深度），如图 7-15 所示。

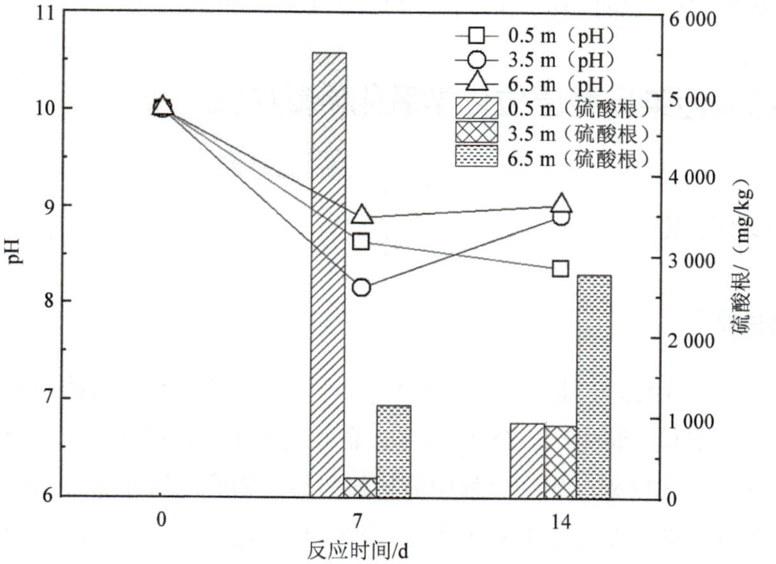

图 7-15 不同深度硫酸根和 pH 样品平均值分布情况

7.2.5 小结

（1）中试方案设计了两个阶段的修复工作，第一阶段选取 100 m² 的重污染区域进行不降水条件下的注药反应效果测试，第二阶段则在第一阶段东侧扩展区域进行止水帷幕建设、抽水降水和原位化学氧化。所用氧化药剂为碱活化过硫酸钠，投加比为 0.6%～1%，理论注药量为 7.2 t 过硫酸钠和 12.97 t 32%液碱。

（2）修复效果分析显示，苯在深层土壤中的浓度随时间延长呈现下降趋势，但仅在 14 d 后 6.5 m 深的样品平均苯浓度低于修复目标值。多环芳烃类污染物，如苯并[*a*]芘和萘，在浅层土壤中的浓度随时间增加呈现下降趋势，而深层土壤中则相反。萘在 14 d 时深层土壤样品的浓度达到修复目标值，而苯并[*a*]芘在 3.5 m 深的样品在反应 14 d 时达到修复目标值。

（3）pH 和硫酸根离子浓度是判断原位化学氧化反应效果的重要参数。样品平均 pH 未能维持在 10 以上可能是造成反应不充分的原因之一。硫酸根离子浓度的高低反映了药剂混合情况，反应初期高浓度硫酸根离子残留的点位污染物浓度呈现下降趋势，而在反应后期，高浓度硫酸根离子残留表明反应仍在进行，污染物浓度尚未稳定下降或有反弹趋势。

综上所述，原位化学氧化修复中试在该场地取得了一定的修复效果，特别是在深层土壤中对苯和多环芳烃类污染物的降解。然而，反应的充分性和持续性仍需进一步优化，包括提高 pH 值和确保药剂混合均匀，以达到更有效的修复效果。通过对中试结果的深入分析，为该场地的进一步修复工作提供了重要的数据支持和经验积累。

7.3 农药类污染场地原位化学氧化修复中试

7.3.1 场地背景

7.3.1.1 项目概况

某农药企业在 1956 年建厂进行农药生产，于 2000 年停止有机磷农药原油生产，进行农药产品的混配和分装生产，至 2010 年，企业关停了全部产品混配、分装工作，整体处于停产状态。长久以来，生产过程中原材料与污染物的泄漏和排放已造成地块内土壤和地下水的严重污染，在土地未来开发利用过程中会危害相关人群的身体健康。

2014—2018 年，该农药企业委托相关技术单位陆续开展了地块的环境调查和风险评估工作，结果表明地块内存在土壤和地下水污染，土壤中含有 21 种特征污染物超标，包括 VOCs（苯、二甲苯、氯仿、乙苯、甲苯、1,2,4-三甲基苯、1,3,5-三甲基苯、1,2,4-三氯苯、氯苯）、SVOCs（萘、苯并[*b*]荧蒽、苯并[*a*]芘、二苯并[*a*,*h*]蒽、2-甲基萘、1,4-二氯苯、六氯苯）、农药类（甲拌磷、乙硫磷、对硫磷、特丁硫磷、氯氰菊酯）3 类。地下水中含有 5 种特征污染物超标，均属于 VOCs（苯、乙苯、二甲苯、二氯甲烷、氯仿）。污染土壤量为 1 581 591.9 m^3，污染地下水污染面积为 232 813 m^2，最大污染深度为 12.5 m。

依据修复方案的治理思路，对于场地污染土壤和地下水采取原位+异位修复思路。综合考虑场地污染情况、治理修复目标、施工条件及政府相关部门的要求等因素，结合原修复方案的技术路线，确定采用原位修复的治理修复模式。对于轻中度（浓度相对低）污染区域采用原位化学氧化工艺修复，对于重中度（浓度相对高）污染区域采用原位热脱附工艺修复。

基于项目实际情况，针对农药类污染区域开展原位化学氧化的中试，以期验证修复技术可行性和获得关键技术参数。

7.3.1.2 场地水文地质概况

本场地埋深 30.00 m 范围内地层按成因年代可分为 8 大层及亚层，地层岩性由上至下依次为杂填土①$_1$层、素填土①$_2$层、粉质黏土/黏土③$_1$层、粉土③$_2$层、粉质黏土/黏土④$_1$层、粉土④$_2$层、粉质黏土/黏土⑤$_1$层、粉质黏土⑥$_1$层、粉土⑥$_3$层、粉质黏土⑦层、粉质黏土⑧$_1$层、⑨$_1$层，其中⑨$_1$层粉质黏土层最大厚度为 11.9 m，属于较厚隔水层。本场地

8 大地层岩性及亚层进行概化如图 7-16 所示。

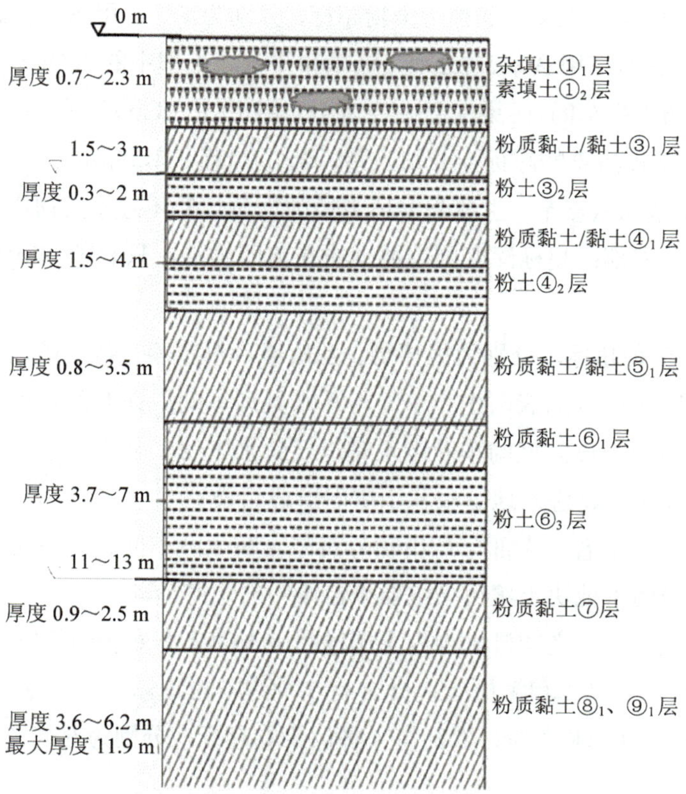

图 7-16 场地地层岩性概化图

据项目前期调查结论，本场地地表下 30 m 范围内分布 1 层地下水，为潜水含水层。该层地下水主要分布于标高−9.97～−8.13 m（埋深 11～13 m）以上的粉质黏土⑥$_1$层和粉土⑥$_3$层、粉质黏土⑤$_1$层、粉质黏土④$_1$层和粉土④$_2$层、粉质黏土③$_1$层和粉土③$_2$层、人工填土（①$_1$、①$_2$）层中。地下水静止水位埋深为 0.32～2.44 m。

本场地潜水流向整体自西北向东南流动，平均水力梯度约为 0.1‰。本场地所在区域潜水含水层的天然动态类型为渗入—蒸发、径流型，主要接受大气降水入渗、地表水体渗漏和侧向径流、管道渗漏补给，并主要以蒸发、侧向径流、越流方式排泄。

综上所述，本场地修复深度范围（12.5 m）内地下水为潜水，流向为自西北向东南流动，平均水力梯度约为 0.1‰。

7.3.1.3 场地污染概况

（1）土壤污染概况。

本项目地块内土壤中 VOCs、SVOCs 和农药污染物部分指标检测结果超标，具体指标如下。

①本地块土壤中，VOCs 有 9 种污染物超标，分别为苯、二甲苯、氯仿、乙苯、甲苯、1,2,4-三甲基苯、1,3,5-三甲基苯、1,2,4-三氯苯和氯苯。土壤中的 VOCs 主要集中分布于北院生产区的农药生产车间，污染深度主要为第二层土（1～8 m）和第三层土（8～12.5 m）。

②SVOCs 有 7 种污染物超标，分别为萘、苯并[*b*]蒽、苯并[*a*]芘、二苯并[*a,h*]蒽、2-甲基萘、1,4-二氯苯和六氯苯，主要为多环芳烃类物质。多环芳烃类物质主要集中分布在生产区的东部及东南部；超标深度则主要分布在前两层中，只有苯并[*a*]芘在第三层土层略有分布。

③农药类有 5 种超标，分别为甲拌磷、乙硫磷、对硫磷、特丁硫磷和氯氰菊酯。农药主要分布在北院生产区的农药生产车间与污水处理车间。在北院厂前区机修车间，农药存在超标，可能由于该区域的车间污水管道及输水干管（从农药生产车间向污水处理车间）防渗失效使污染物进入地下水和土壤而造成污染。

④从污染物分布上看，大部分污染物分布与农药生产车间、地下污水管网等生产活动范围相一致，说明本地块土壤污染主要来自原厂的生产活动。

⑤本项目地块南北院之间排水沟内土壤样品中 VOCs 有 6 种污染物超标，分别为苯、甲苯、乙苯、二甲苯、氯苯和氯仿；SVOCs 有 3 种污染物超标，分别为邻苯二甲酸二（2-乙基己酯）、1,4-二氯苯和苯胺；农药有 4 种污染物超标，分别为对硫磷、乙硫磷、甲拌磷和特丁硫磷。

（2）地下水污染概况。

①潜水含水层地下水中，重金属有 2 种污染物超标，分别为镍和砷。VOCs 有 9 种污染物超标，分别为苯、甲苯、乙苯、二甲苯、2-氯甲苯、4-氯甲苯、二氯甲烷、1,2-二氯乙烷和氯仿。SVOCs 有 1 种污染物超标，为 2,6-二氯苯酚。有机磷农药有 2 种污染物超标，分别为甲拌磷和特丁硫磷。地下水中有机类污染物，主要分布在地块北院生产区，基本与地块内潜在污染源及土壤中相应污染物分布一致，说明其污染主要来自原企业的生产活动。

②承压水地下水样品中共检出 3 种重金属（锌、铅和类金属砷）；VOCs、SVOCs、农药和 TPH 等指标均未检出；常规水质指标耗氧量和氯化物有检出。承压水样品的耗氧量超出《地下水质量标准》（GB/T 14848—2017）Ⅳ类标准，超标倍数为 1.3 倍；其他检出指标均符合Ⅲ类标准。

③地块内污水外排管道内污水样品，总磷超过《污水综合排放标准》（DB 12/356—2008）中的三级标准。

④本场地地下水中有苯、乙苯、二甲苯、二氯甲烷和氯仿共 5 种污染物的计算风险水平超过人群健康可接受水平。

7.3.1.4 修复目标

污染土壤和地下水修复目标值见表 7-11 和表 7-12。

表 7-11 污染土壤修复目标值

单位：mg/kg

序号	污染物名称	修复目标值	序号	污染物名称	修复目标值
1	苯	0.65	12	苯并[*b*]荧蒽	4.6
2	甲苯	830	13	苯并[*a*]芘	0.46
3	乙苯	5.6	14	二苯并[*a,h*]蒽	0.46
4	二甲苯	76.2	15	1,4-二氯苯	2.69
5	1,3,5-三甲苯	780	16	六氯苯	0.259
6	1,2,4-三甲苯	58	17	对硫磷	380
7	氯苯	33.5	18	乙硫磷	32
8	1,2,4-三氯苯	24	19	甲拌磷	13
9	氯仿	0.22	20	特丁硫磷	2
10	萘	50	21	氯氰菊酯	1 630
11	2-甲基萘	240	—	—	—

表 7-12 污染地下水修复目标值

序号	物质	修复目标值/（μg/L）	序号	物质	修复目标值/（μg/L）
1	苯	120	4	二氯甲烷	500
2	乙苯	600	5	氯仿	300
3	二甲苯	1 000	—	—	—

7.3.1.5 技术路线

从本方案前述部分可知，本项目包括 VOCs、SVOCs 以及农药类污染土壤，包含单独类型污染土壤和复合污染土壤。

（1）针对集中分布和分散分布的土壤重度污染区（局部含中轻度污染土壤），采用原位热脱附技术进行修复。

（2）针对中轻度污染土壤、单独 VOCs 及含 VOCs 的土壤，采用原位化学氧化技术进行修复。

（3）地下水修复思路。

平面上将地下水污染区分为两类，即与土壤复合污染区及单独地下水污染区。针对这两类地下水污染区分别采取不同的技术进行修复，具体思路如下。

①建设帷幕阻隔系统，切断场地内外地下水水力联系，确保场地风险管控效果。

②对于与污染土壤重合分布的区域：考虑污染土壤与地下水的空间分布关系，将与

污染土壤重合分布的区域，采用“水土共治”的措施进行修复，采用原位化学氧化技术。

③对于单独地下水污染区域（土壤不污染）：采用原位化学氧化工艺修复。

（4）恶臭治理思路。

恶臭污染范围与土壤及地下水污染范围基本一致，恶臭不单独进行修复，采取“水、土、恶臭共治”原则，修复土壤、地下水的同时完成该区域恶臭指标的控制。

本项目实施方案技术路线见图 7-17。

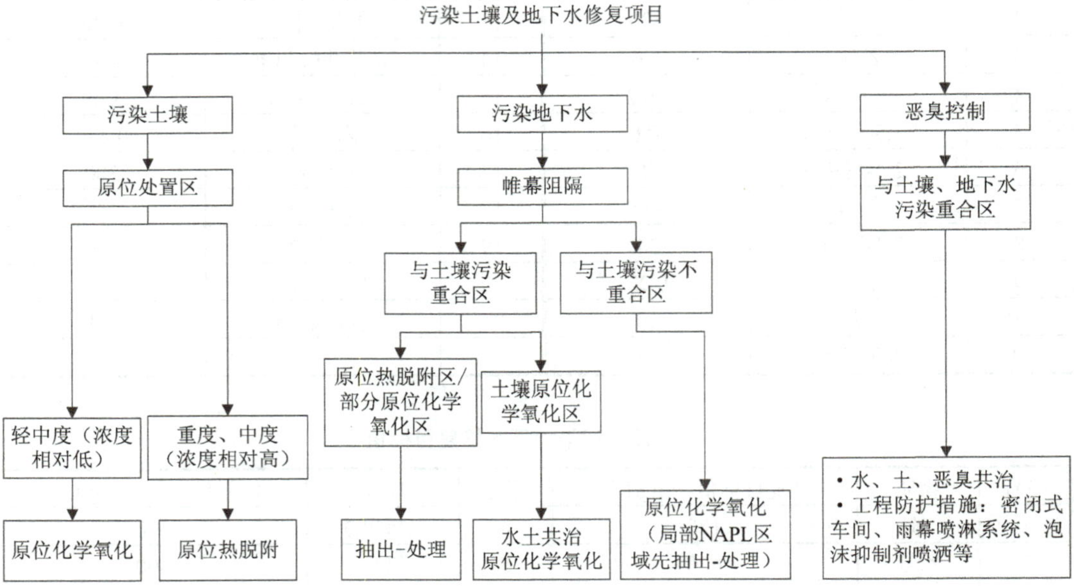

图 7-17　本项目实施方案技术路线

7.3.2　供试土壤

7.3.2.1　中试区域选址

本项目原位化学氧化修复区域较多，为保证原位化学氧化技术中试效果的代表性，在场地中选取一个 40 m×40 m 的区域水土复合污染区进行原位化学氧化中试，具体拐点坐标及范围见表 7-13 和图 7-18。

表 7-13　原位化学氧化中试区域拐点坐标

拐点编号	X/m	Y/m	拐点编号	X/m	Y/m
1	513 792.828 5	4 344 870.389 6	3	513 843.882 6	4 344 855.251 7
2	513 824.555 0	4 344 888.714 3	4	513 812.156 1	4 344 836.926 9

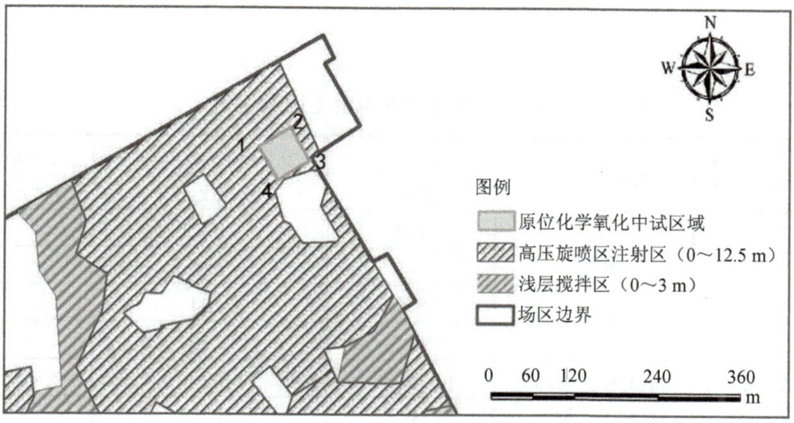

图 7-18 原位化学氧化中试区域

7.3.2.2 原位化学氧化中试区域选址

在场地中选取一个 40 m×40 m 的水土复合污染区，并在此区域中选取 1 个 5 m×5 m 进行原位化学氧化（浅层搅拌）中试，选取 1 个 10 m×20 m 进行原位化学氧化（高压旋喷）中试，具体范围如图 7-19 所示。

图 7-19 原位化学氧化中试区域航拍照片

7.3.2.3 浅层搅拌中试土壤污染特征

浅层搅拌中试深度为 3.0 m，为充分了解浅层搅拌中试区污染土壤的情况，本次中试分别选用深度为 0.5 m 和 2.5 m 的污染土壤进行研究。0.5 m 和 2.5 m 的污染土壤背景值见表 7-14。

表 7-14 浅层搅拌中试土壤背景值

序号	污染类别	污染物名称	修复目标值/(mg/kg)	0.5 m 污染土壤/(mg/kg)	2.5 m 污染土壤/(mg/kg)
1	VOCs	苯	0.65	0.92	0.77
2		甲苯	830	0.55	0.46
3		乙苯	5.6	1.04	0.57
4		二甲苯	76.2	2.38	1.19
5		1,3,5-三甲苯	780	0.29	0.18
6		1,2,4-三甲苯	58	0.23	0.14
7		氯苯	33.5	1.09	0.67
8		1,2,4-三氯苯	24	—	—
9		氯仿	0.22	5.01	4.29
10	SVOCs	萘	50	0.22	0.16
11		2-甲基萘	240	—	—
12		苯并[*b*]荧蒽	4.6	—	—
13		苯并[*a*]芘	0.46	0.13	—
14		二苯并[*a*,*h*]蒽	0.46	—	—
15		1,4-二氯苯	2.69	0.22	0.18
16		六氯苯	0.259	—	—
17	农药类	甲拌磷	13	298.02	354.56
18		特丁硫磷	2	718.48	846.68
19		对硫磷	380	3.21	3.06
20		乙硫磷	32	0.99	0.90
21		氯氰菊酯	1 630	6.09	8.37

7.3.2.4 高压旋喷中试土壤污染特征

高压旋喷中试深度为 12.5 m，为充分了解浅层搅拌中试区污染土壤的情况，本次中试分别选用深度为 5 m 和 10 m 的污染土壤进行研究。5 m 和 10 m 的污染土壤背景值见表 7-15。

表 7-15 高压旋喷中试土壤背景值

序号	污染类别	污染物名称	修复目标值/(mg/kg)	5.0 m 污染土壤/(mg/kg)	10.0 m 污染土壤/(mg/kg)
1	VOCs	苯	0.65	1.29	0.63
2		甲苯	830	0.66	0.78
3		乙苯	5.6	1.17	0.69

序号	污染类别	污染物名称	修复目标值/（mg/kg）	5.0 m 污染土壤/（mg/kg）	10.0 m 污染土壤/（mg/kg）
4	VOCs	二甲苯	76.2	1.96	1.46
5		1,3,5-三甲苯	780	0.30	0.21
6		1,2,4-三甲苯	58	0.25	0.30
7		氯苯	33.5	1.05	9.90
8		1,2,4-三氯苯	24	—	—
9		氯仿	0.22	5.14	3.17
10	SVOCs	萘	50	0.21	0.22
11		2-甲基萘	240	0.08	0.17
12		苯并[*b*]荧蒽	4.6	—	—
13		苯并[*a*]芘	0.46	—	—
14		二苯并[*a*,*h*]蒽	0.46	—	—
15		1,4-二氯苯	2.69	0.21	0.19
16		六氯苯	0.259	—	—
17	农药类	甲拌磷	13	748.48	320.54
18		特丁硫磷	2	417.47	258.97
19		对硫磷	380	1.29	1.69
20		乙硫磷	32	0.45	0.37
21		氯氰菊酯	1 630	4.40	7.45

7.3.3 中试方案设计及材料设备（浅层搅拌）

7.3.3.1 中试技术路线

本项目原位化学氧化（浅层搅拌）中试试验主要研究内容包括：中试方案设计及施工准备、扩散半径试验、中试区域施工及过程环境管理和质量控制、采样检测及验收等，中试总体实施技术路线见图 7-20。

7.3.3.2 中试参数设计

（1）氧化剂、活化剂：过硫酸盐和液碱（质量分数 32%）的投加比均为 3%，过硫酸盐（5 t）、液碱（5 t）在配药站中进行完全混合。

（2）固化剂：水泥（2.5 t）、膨润土（2.5 t）。

（3）养护时间：21 d。

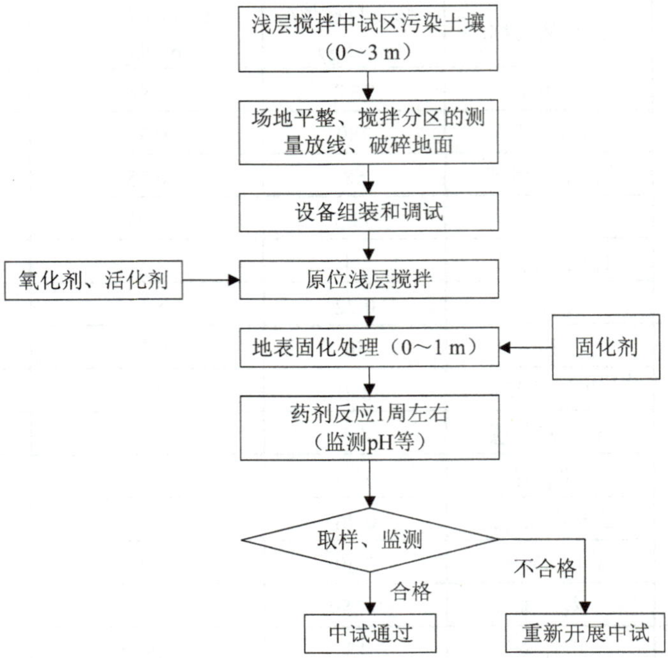

图 7-20　原位化学氧化（浅层搅拌）中试技术路线

7.3.3.3　采样检测

（1）采样频率。

药剂投加后，土壤养护 21 d 后取样检测。浅层搅拌中试区取样时，需采集 2 个深度（0.5 m、2.5 m）的土壤样品。

（2）检测指标。

21 种污染物（VOCs、SVOCs、农药类）。①VOCs：苯、二甲苯、氯仿、乙苯、甲苯、1,2,4-三甲基苯、1,3,5-三甲基苯、1,2,4-三氯苯、氯苯。②SVOCs：萘、苯并[*b*]荧蒽、苯并[*a*]芘、二苯并[*a*,*h*]蒽、2-甲基萘、1,4-二氯苯、六氯苯。③农药类：甲拌磷、乙硫磷、对硫磷、特丁硫磷、氯氰菊酯。

7.3.3.4　中试工程实施

将结合场地补充调查结果选择原位化学氧化（浅层搅拌）工艺处理的代表区域，并通过前期小试试验可确认氧化剂投加比等相关参数，进行原位化学氧化（浅层搅拌）工艺中试。

（1）采用注药泵向浅层搅拌中试区域（5 m×5 m）注入过硫酸钠和液碱（质量分数 32%）混合后的药剂，同时使用挖机进行搅拌（图 7-21），搅拌对象为位于地表以下 3 m

处的土壤。搅拌时间设定为 2 h 左右，直到该区域深度为 0～3 m 的土壤与药剂充分接触，搅拌完毕四周警戒带标识。

（2）二次混匀：为保证药剂与土壤充分混合，采用浅层搅拌设备进行二次搅拌混匀，确保原位修复的土壤与药剂已充分混匀，并进行养护（图 7-22），最终达到修复效果。

（3）表层固化：完成浅层搅拌作业 2～4 h 后，采用挖机进行表层固化施工，固化处理深度为 1.0 m，固化材料采用抗硫酸盐水泥+粉状膨润土，按一定质量比（1∶1）将抗硫酸盐水泥和粉状膨润土投加到土壤。经测算，抗硫酸盐水泥和粉状膨润土各需 2.5 t。

图 7-21 浅层搅拌施工

图 7-22 浅层搅拌养护阶段

7.3.4 中试方案设计及材料设备（高压旋喷）

7.3.4.1 中试技术路线

中试技术路线见图 7-23。

7.3.4.2 中试方案设计

（1）扩散半径中试参数设计。

高压旋喷的有效影响半径是确定药剂混合效果和旋喷施工间距的重要参数之一，其半径大小受地层土壤条件、土壤含水率、注入压力、注入流量以及药剂的物化性质等多种因素共同影响，是中试阶段需要结合场地实际取得的关键性生产参数之一。

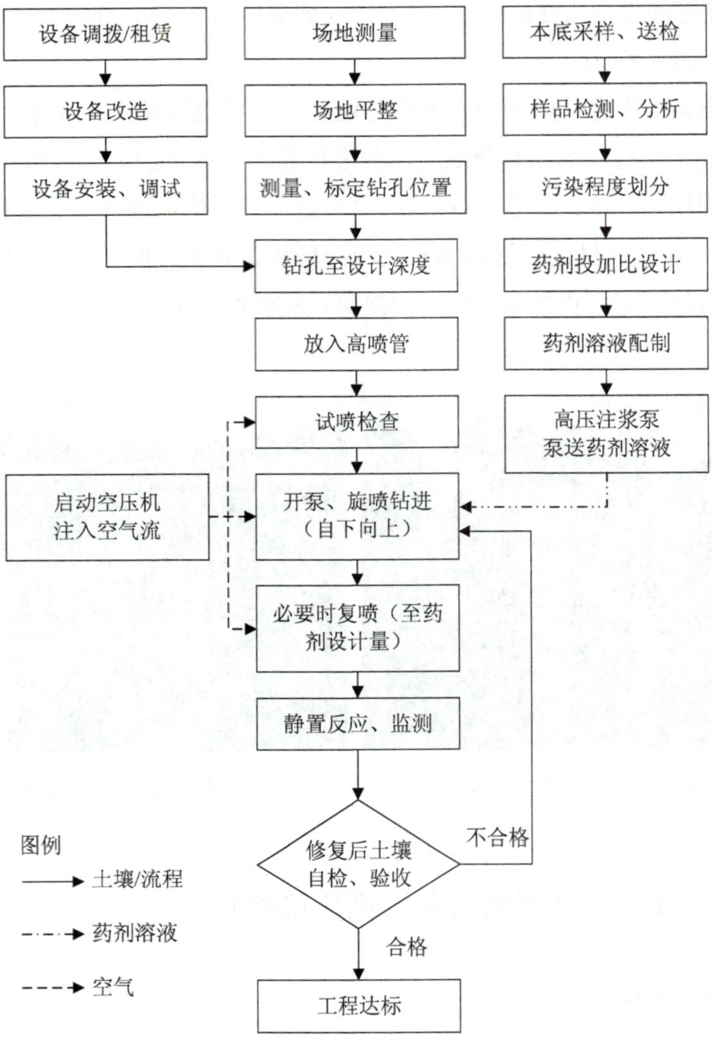

图 7-23　原位化学氧化（高压旋喷）中试技术路线

根据本项目中试区域实际情况，采用溴离子示踪法确定中试区域高压旋喷的扩散半径（图 7-24），关键参数如下。

①注入孔间距：3 m。

②注药深度：1～12 m。

③单孔药剂量：1 m^3 混合药剂（包含 3 kg 溴化钠）。

④取样点：与注入孔的距离分别为 1.0 m、1.5 m、2.0 m、2.5 m。

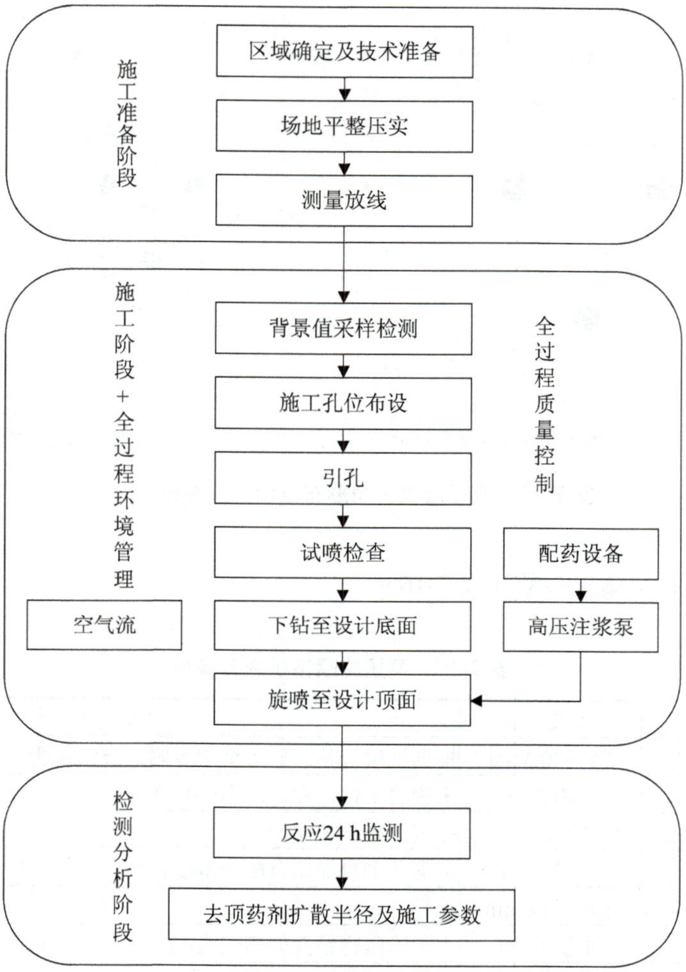

图 7-24　扩散半径确定试验施工流程

（2）中试参数设计。

①药剂投加比。

本项目原位化学氧化选用过硫酸盐作为氧化剂，同时使用液碱（质量分数 32%）作为活化剂，投加比为 1.0%。

②布孔方法。

采用梅花形（正三角形）方式布点（布点方式如图 7-25 所示），该种布孔方式药剂扩散均匀，其相邻注入点的扩散半径之间有 15%左右的搭接。

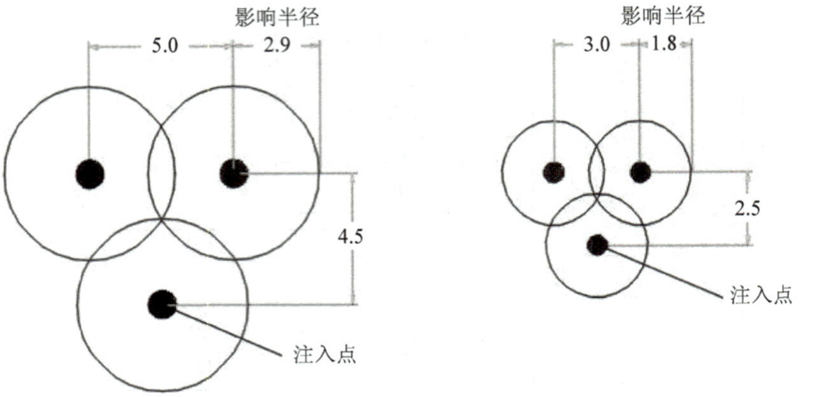

a. 单独地下水修复区域布点示意　　b. 土水共治修复区域布点示意

图 7-25　高压旋喷三角形布点示意（单位：m）

③高压旋喷钻机施工参数（表 7-16）。

表 7-16　高压旋喷钻机施工参数

编号	施工参数	技术要求	备注或说明
1	注射压力	25～30 MPa	根据地层调整，施工至地表附近降低压力，保证施工安全
2	气泵压力	0.7 MPa 左右	未旋喷下钻过程，压力保持在 0.3～0.4 MPa 即可
3	提升速度	5～20 cm/min	根据药剂投加比调整
4	注浆速度	20～120 L/min	根据药剂投加比及配制浓度调整
5	旋转速度	10～20 r/min	—
6	钻孔偏差	小于 5 cm	由于障碍物钻孔偏离较大幅度，需详细记录
7	垂直度	不大于 1.5%	肉眼观察不得倾斜，特别是深度区域施工（0～12 m）保证垂直度的要求

7.3.4.3　采样检测

（1）采样频率。

药剂注入后，土壤养护 21 d 后取样检测。高压旋喷中试区取样时，需采集 2 个深度（5 m、10 m）的土壤样品。

（2）检测指标。

21 种污染物（VOCs、SVOCs、农药）。VOCs：苯、二甲苯、氯仿、乙苯、甲苯、1,2,4-三甲基苯、1,3,5-三甲基苯、1,2,4-三氯苯、氯苯。SVOCs：萘、苯并[*b*]荧蒽、苯并[*a*]芘、二苯并[*a,h*]蒽、2-甲基萘、1,4-二氯苯、六氯苯。农药类：甲拌磷、乙硫磷、对硫磷、特丁硫磷、氯氰菊酯。

7.3.4.4 中试工程实施

（1）施工点位布设。

根据扩散半径试验确定粉质黏土层药剂扩散半径及布点方式，实际施工时通过生产性试验进行调整和优化，布设的点位用小旗子标记，一点一签，保证钻孔中心移位偏差小于 50 mm。撒白灰标识，确保机械准确定位。

钻孔间距的布设需综合考虑高压旋喷的影响半径、地层信息、药剂扩散半径的影响，要求扩散半径覆盖范围不能出现药剂达不到的“盲区”。

（2）地面压实。

考虑场地可能存在一定厚度的杂填土，首先使用压路机对中试区域进行碾压，建议碾压时间为 4 h。

（3）引孔施工。

引孔施工移动钻机时，需按照先水平后竖直移动的原则进行。移动过程由专人指挥，用水平尺和定位测锤校准桩机，使桩机水平，导向架和钻杆应与地面垂直，倾斜率小于 1.5%。对不符合垂直度要求的钻杆进行调整，直到钻杆的垂直度达到要求。为了保证桩位准确，必须使用定位卡，桩位对中误差不大于 5 cm。

（4）钻机移位。

试喷完成后，将钻机移至施工区域，进行区域施工。

（5）钻孔。

钻机施工前，应首先在地面进行空气喷射，检查高压设备和管路系统，设备的压力和排量必须满足设计要求。各部位密封圈必须良好，各通道和喷嘴内不得有杂物等。在钻孔机械试运转正常后，开始引孔钻进。一般钻孔过程需 3～5 min。

（6）药剂注射作业。

当高压旋喷钻杆钻进至设计深度后，接通注浆泵，然后由下向上一边提升钻杆，一边喷射药剂。喷射时，应先达到预定的喷射压力后再逐渐提升钻杆。一般当喷嘴下沉到设计深度时，在原位置旋转 10 s 左右，待孔口冒浆正常后喷射压力即符合要求。钻杆的旋转和提升应连续进行，不得中断。中间发生故障时，应停止提升和旋喷，以防桩体中断，同时立即检查排除故障，重新开始喷射注浆的孔段与前段搭接不小于 1 m。

旋喷作业系统的各项工艺参数都必须按照预先设定的要求加以控制，并随时做好关于旋喷时间、用浆量、冒浆情况、压力变化等的记录。

（7）冲洗。

旋喷提升到设计标高时停止旋喷，提升钻头，清洗注浆泵及输送管道，通常把浆液换成水，在地面上喷射，以便把注浆管、软管内的浆液全部排除。冲洗环节中需划定警戒区，充分保障现场作业人员安全。

（8）钻机移位。

清洗完成后，将钻机移至下一施工点位。重复以上操作，进行施工。

（9）养护。

现场注射施工修复完成后，停止施工 21 d，使药剂与污染物充分反应。

高压旋喷中试施工现场见图 7-26 至图 7-28。

a. 测量放点、引孔施工

b. 原位注入系统

c. 清水试验（高架设备）

d. 药剂注入（低架，步履式设备）

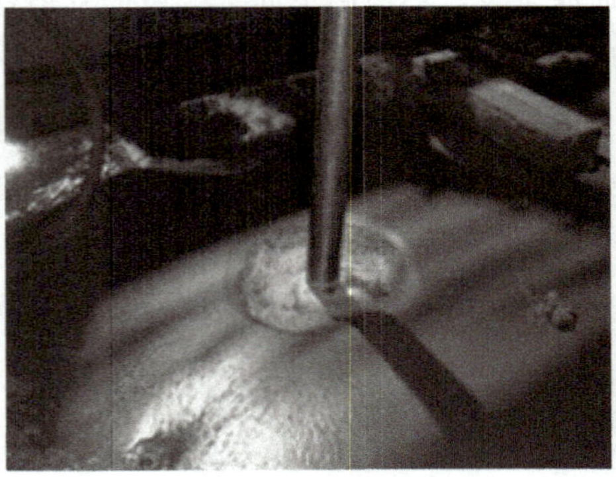

e. 药剂注入返浆

f. 高压旋喷施工后现场

图 7-26　高压旋喷施工现场

图 7-27 高压旋喷中试区施工现场

图 7-28 高压旋喷中试区域养护期间

7.3.5 中试结果分析

7.3.5.1 原位化学氧化——浅层搅拌

本中试通过向浅层搅拌中试区直接投加过硫酸钠（氧化剂）和液碱（活化剂），并使用挖机进行充分搅拌，研究了碱活化过硫酸盐对 VOCs 和农药污染土壤的修复效果。为进一步分析浅层搅拌不同深度污染土壤的修复效果，本次中试分别选用深度为 0.5 m 和 2.5 m 的污染土壤进行研究。

（1）浅层搅拌中试检测结果（表 7-17）。

表 7-17 浅层搅拌中试检测结果

序号	污染物	修复目标值/（mg/kg）	修复前		修复后	
			M1	M2	M1	M2
一	挥发性有机物					
1	苯	0.65	0.92	0.77	0.14	0.12
2	甲苯	830	0.55	0.46	0.11	0.10
3	乙苯	5.6	1.04	0.57	0.08	0.09
4	二甲苯	76.2	2.38	1.19	0.25	0.24
	间&对-二甲苯	—	1.62	0.78	0.20	0.20
	邻-二甲苯	—	0.76	0.41	0.05	0.05
5	1,3,5-三甲基苯	780	0.29	0.18	0.01	0.01
6	1,2,4-三甲基苯	58	0.23	0.14	0.02	0.02
7	氯苯	33.5	1.09	0.67	0.07	0.06
8	1,2,4-三氯苯	24	—	—	0.02	0.02
9	氯仿	0.22	5.01	4.29	0.56	0.23
	VOCs 总量		11.51	8.26	1.27	0.91

序号	污染物	修复目标值/(mg/kg)	修复前		修复后	
			M1	M2	M1	M2
二	半挥发性有机物					
10	萘	50	0.22	0.16	—	—
11	2-甲基萘	240	—	—	—	—
12	苯并[*b*]荧蒽	4.6	—	—	0.3	0.5
13	苯并[*a*]芘	0.46	0.13	—	0.3	0.4
14	二苯并[*a,h*]蒽	0.46	—	—	—	—
15	1,4-二氯苯	2.69	0.22	0.18	—	—
16	六氯苯	0.259	—	—	—	—
	SVOCs 总量		0.6	0.3		
三	农药					
17	甲拌磷	13	298.02	354.56	1.81	2.01
18	特丁硫磷	2	718.48	846.68	0.41	0.75
19	对硫磷	380	3.21	3.06	28.8	137
20	乙硫磷	32	0.99	0.90	111	—
21	氯氰菊酯	1 630	6.09	8.37	—	—
	农药总量		205.36	242.71	142.02	139.76

（2）浅层搅拌中试结果分析。

①浅层搅拌对土壤中 VOCs 的去除效果。

由图 7-29 可知，两种深度的污染土壤（0.5 m、2.5 m）中 VOCs 经浅层搅拌 21 d 后，均可达到修复目标，其去除率分别为 89.0%、89.0%，表明浅层搅拌工艺对 VOCs 污染土壤修复效果明显。其中，两种深度的污染土壤的典型污染物苯均超标，经修复 21 d 后，苯的去除率分别为 84.8%、84.4%，基本达到修复目标值（0.65 mg/kg）。综上所述，浅层搅拌对不同深度污染土壤均有较好的修复效果。

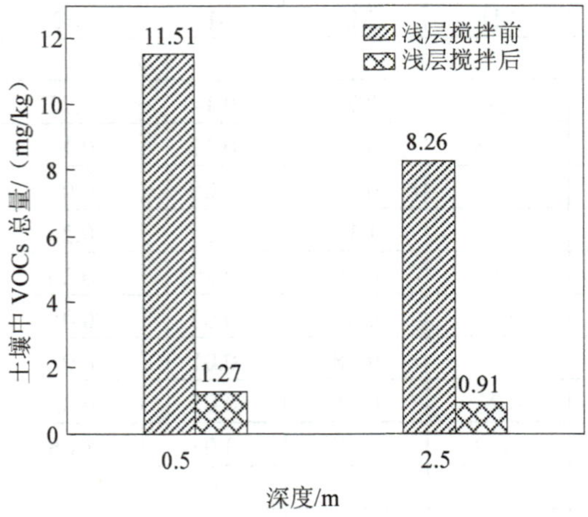

a. VOCs 的去除效果

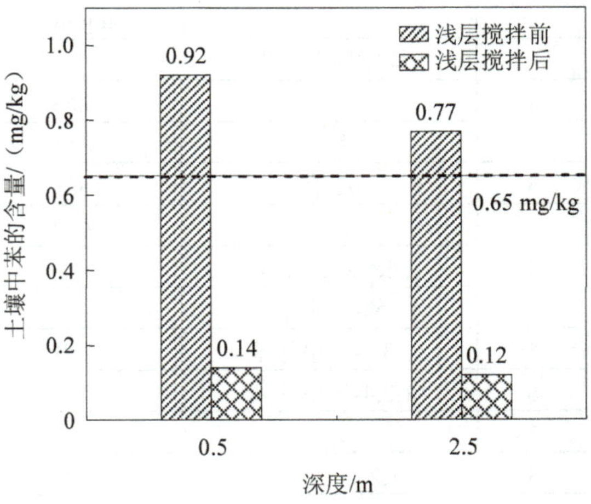

b. 苯的去除效果

图 7-29 浅层搅拌对不同深度污染土壤中 VOCs 污染物的去除效果

②浅层搅拌对土壤中农药类污染物的去除效果。

由图 7-30 可知，两种深度的污染土壤（0.5 m、2.5 m）中农药类污染物经浅层搅拌 21 d 后，均可达到修复目标，其去除率分别为 76.36%、88.49%，表明浅层搅拌工艺对农药类污染土壤修复效果明显。

其中，两种深度的污染土壤的典型污染物甲拌磷、特丁硫磷均超过修复目标值，经修复 21 d 后，甲拌磷的去除率分别为 99.4%、94.4%，达到修复目标值（13 mg/kg）；特丁硫磷的去除率分别为 99.9%、99.4%，达到修复目标值（2 mg/kg）。

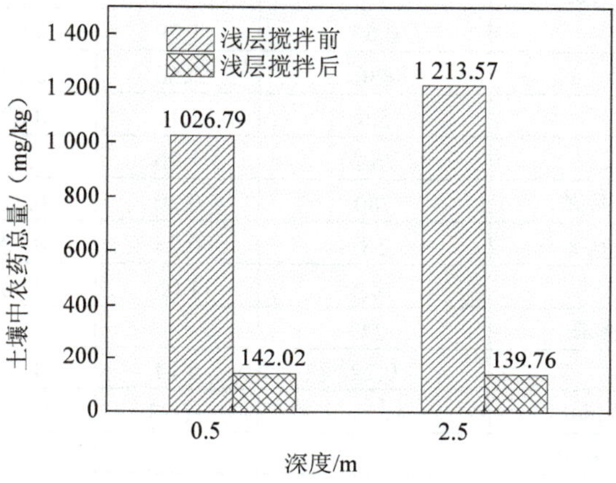

a. 农药的去除效果

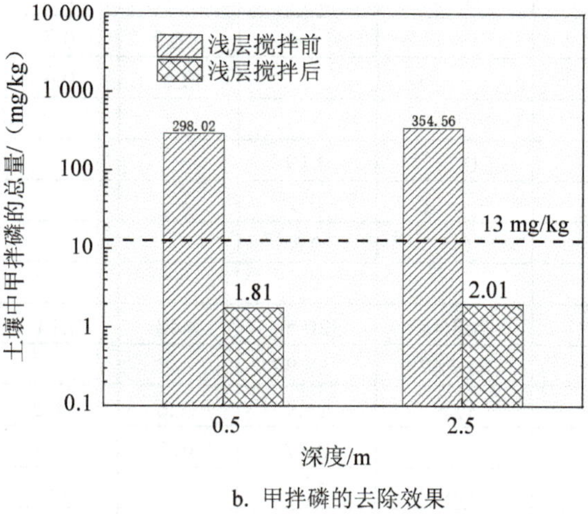

b. 甲拌磷的去除效果

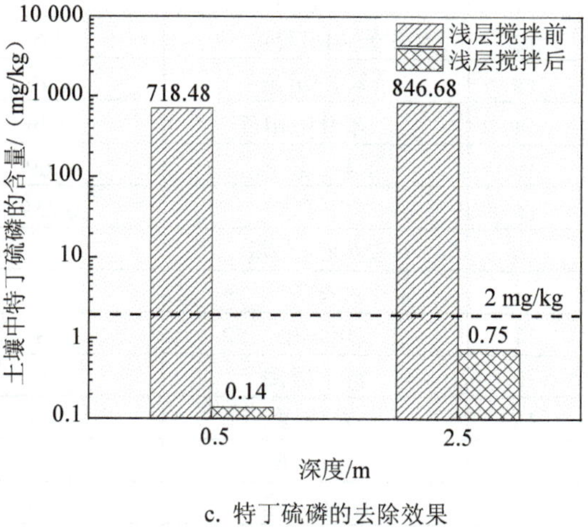

c. 特丁硫磷的去除效果

图 7-30 浅层搅拌对不同深度土壤中农药类污染物的去除效果

7.3.5.2 原位化学氧化——高压旋喷

本中试通过采用溴离子示踪法对本场地高压旋喷的扩散半径进行测定，并采取高压旋喷钻机对中试区域注入过硫酸盐和液碱，研究了高压旋喷对 VOCs 和农药污染土壤的修复效果。为进一步分析高压旋喷不同深度污染土壤的修复效果，本次中试分别选用深度为 5 m 和 10 m 的污染土壤进行研究。

（1）高压旋喷中试结果（表 7-18）。

表 7-18 高压旋喷中试检测结果

序号	污染物	修复目标值/(mg/kg)	修复前		修复后	
			N1	N2	N1	N2
一	挥发性有机物					
1	苯	0.65	1.29	0.63	0.24	0.11
2	甲苯	830	0.66	0.78	0.14	0.11
3	乙苯	5.6	1.17	0.69	0.12	0.09
4	二甲苯	76.2	1.96	1.46	0.31	0.29
5	1,3,5-三甲基苯	780	0.30	0.21	0.03	0.02
6	1,2,4-三甲基苯	58	0.25	0.30	0.14	0.06
7	氯苯	33.5	1.05	9.90	0.08	0.07
8	1,2,4-三氯苯	24	—	—	0.03	0.02
9	氯仿	0.22	5.14	3.17	1.64	0.25
	VOCs 总量		11.83	17.15	2.72	1.02
二	半挥发性有机物					
10	萘	50	0.21	0.22	—	0.1
11	2-甲基萘	240	0.08	0.17	—	0.11
12	苯并[*b*]荧蒽	4.6	—	—	<0.2	0.7
13	苯并[*a*]芘	0.46	—	—	0.1	0.6
14	二苯并[*a,h*]蒽	0.46	—	—	—	—
15	1,4-二氯苯	2.69	0.21	0.19	—	—
16	六氯苯	0.259	—	—	—	—
	SVOCs 总量		0.5	0.6		
三	农药					
17	甲拌磷	13	748.48	320.54	0.48	0.14
18	特丁硫磷	2	417.47	258.97	—	—
19	对硫磷	380	1.29	1.69	11.6	13.2
20	乙硫磷	32	0.45	0.37	46.2	36.6
21	氯氰菊酯	1 630	4.40	7.45	—	—
	农药总量		1 172.09	589.03	58.28	49.94

（2）高压旋喷中试结果分析。

①扩散半径的确定。

修复药剂有效扩散半径的确定和优化设计是高压旋喷的首要任务，有效扩散半径（R_0）是工程设计的最关键技术参数之一，设计是否合理直接影响修复工程的成败。设计值过大，修复区域不能完全覆盖导致出现修复“死角”；设计值偏小，会造成返浆严重且机械成本大大增加。本中试通过采用溴离子示踪法测定本场地的有效扩散半径。

由图 7-31 可知，土壤中的溴离子随着注入孔距离增加而逐渐降低，土壤中溴离子的背景值为 5.92 mg/kg，采样点距离注入孔 2 m 处的土壤其溴离子浓度基本与背景值相同。根据工程经验，判断本场地有效扩散半径为 1.5 m。

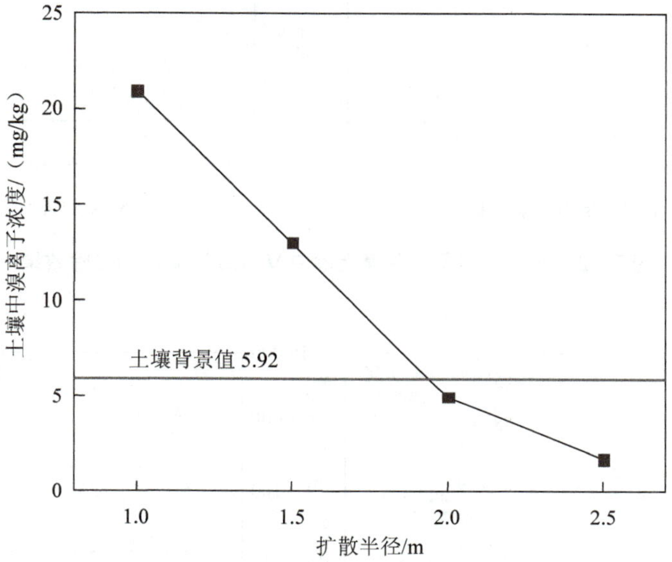

图 7-31 高压旋喷的有效扩散半径

②高压旋喷对土壤中 VOCs 的去除效果。

由图 7-32 可知，两种深度的污染土壤（5 m、10 m）中 VOCs 经高压旋喷 21 d 后，均可达到修复目标，其去除率分别为 77.0%、94.1%，表明高压旋喷对 VOCs 具有显著的去除作用。其中，两种深度的污染土壤中的苯均经修复 21 d 后，苯的去除率分别为 81.4%、82.5%，达到修复目标值（0.65 mg/kg）。综上所述，高压旋喷对不同深度污染土壤均有较好的修复效果。

③高压旋喷对土壤中农药类污染物的去除效果。

由图 7-33 可知，两种深度的污染土壤中农药类污染物经高压旋喷 21 d 后，其去除率分别为 95.0%、91.5%，表明高压旋喷工艺对农药类污染土壤修复效果显著。其中，两种深度的污染土壤中的甲拌磷均超过修复目标值，经修复 21 d 后，甲拌磷的去除率分别为 99.9%、99.8%，达到修复目标值（13 mg/kg）。

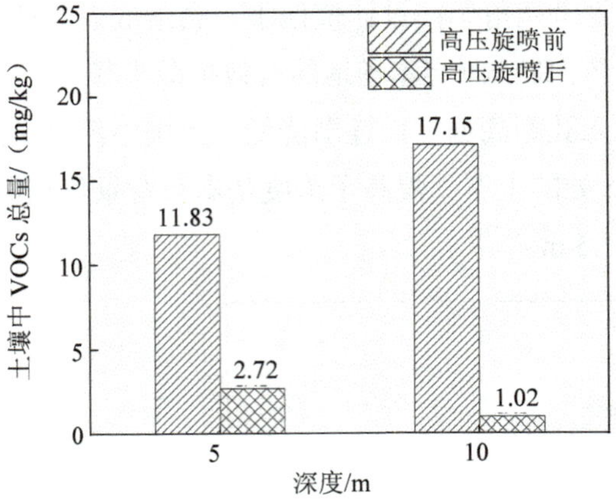

a. VOCs 的去除效果

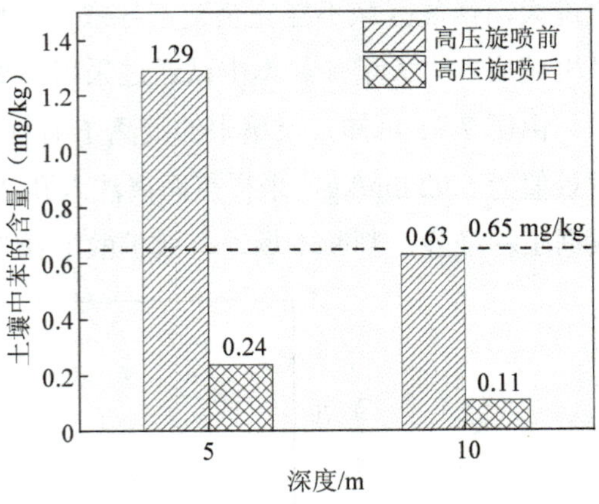

b. 苯的去除效果

图 7-32　氧化剂对不同深度土壤中 VOCs 污染物的去除效果

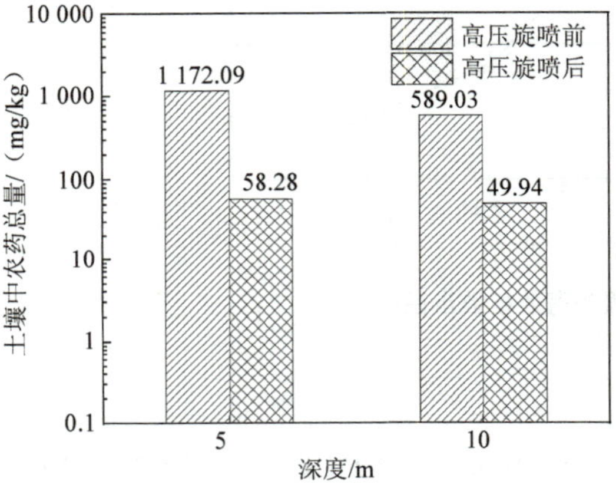

a. 农药的去除效果

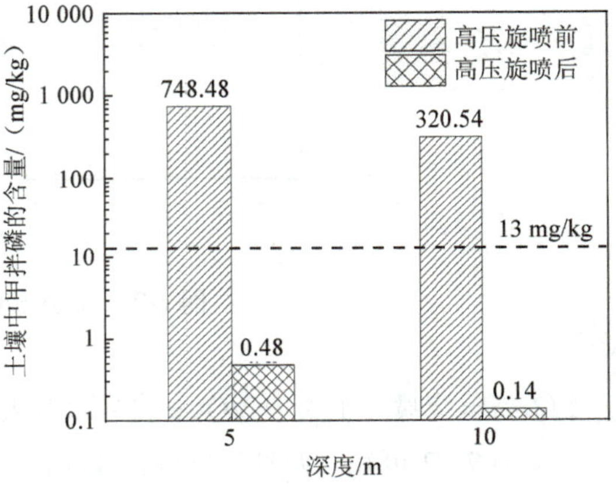

b. 甲拌磷的去除效果

图 7-33　高压旋喷对不同深度土壤中农药类污染物的去除效果

7.3.6　小结

（1）浅层搅拌可有效去除本场地土壤（0～3 m）中的 VOCs 和农药类污染物，建议浅层搅拌氧化剂投加比为 3.0%。

（2）在本场地的地质条件下，高压旋喷的有效扩散半径约为 1.5 m。

（3）高压旋喷对本场地各深度土壤（0～12 m）中的 VOCs 和农药类污染物均具有较好的去除效果，建议高压旋喷氧化剂投加比为 1.0%。

8

典型有机污染场地热脱附修复中试案例

本章以化工生产领域的两个污染场地中试案例，深入探讨了热脱附技术在焦化类和化工类污染场地中的应用与成效。第一个案例为某退役焦化厂，面对长期生产活动中产生的有机污染物，采用了原位燃气热脱附技术进行土壤修复，实现了场地向公园绿地的转变；第二个案例则针对某化学试剂厂的土壤及地下水污染问题，通过综合应用多种修复技术，包括原地异位解吸、原位热解吸等，达成了修复目标，为该地块的未来居住用地规划提供了坚实基础。这两个案例展示了热脱附技术的有效性与适应性，也为类似污染场地的修复工程提供了宝贵的经验和技术参考。

8.1 焦化类污染场地热脱附修复中试案例

8.1.1 场地背景

试验场地选在某退役焦化厂，其历史悠久，具有几十年的生产历史，整个厂区占地面积约 32 万 m^2，可生产苯、萘、酚、沥青和硫铵等化工产品 20 余种，目前已停产搬迁，未来用地规划为公园绿地。该厂在长期的生产活动当中产生了大量的有机污染，污染物成分复杂、污染程度高，并且厂区有明显的异味，按照国家政策和有关部门的要求，需要对该场地进行土壤修复。该厂委托当地环科院进行了场地调查，将苯和苯并[*a*]芘定为目标污染物，并确定以原位燃气热脱附技术作为主要的修复技术。

8.1.1.1 地质水文条件

（1）地形地貌。

该焦化厂的地形较为平坦，地面标高一般为 69～85 m，总体上西高东低，平均坡度为 3%。

（2）地质分层。

地层岩性比较简单，主要由单一的砂卵石组成。该场地由于长期的建设，其表层地层岩性已经发生了变化，目前大致分为四个土层：人工填土层、轻亚黏土层、卵石层、砂岩层。

①人工填土层：成分比较复杂，由炉灰、砖瓦块、钢渣、矿粉、碎石及黏性土组成。呈灰色至杂色，稍湿至湿，土质较松散。该层没有层次规律，厚度在厂区各个位置不尽相同，0.5～2.0 m 不等。

②轻亚黏土层：冲积形成含少量小砾石，黄色至褐黄色，稍湿至湿，可塑。厚度为 1.0 m 左右。

③卵石层：该层分布稳定。卵石成分为石英岩、辉绿岩等硬质岩石。卵石粒径 20～80 mm，最大超过 100 mm，含量大于 60%，磨圆度较好，多呈亚圆形。该层杂色，稍湿，密实，由沙充填。

④砂岩层：局部顶面有薄层强风化物，呈土状，一般为中等风化，呈块状，黄绿色。

（3）水文概况。

该场地及周边地区第四系含水层有两个取水层位，分别为浅层和深层地下水。

近年的调查资料表明，浅层地下水埋深在 55～60 m，含水层单层厚度较大，岩性以砾石、卵石为主，累计厚度 30 m 左右，渗透系数 500～600 m/d。

深层地下水埋深 60～110 m，含水层岩性为砾卵石、沙砾石，局部地区夹有半胶结状风化卵砾石和粉质黏土层，累计厚度 40 m 左右，渗透系数 300～600 m/d。厂区内除粉质黏土、砂质粉土为弱透水层外，卵石、碎石层为强透水层。

8.1.1.2 污染源识别

对于该焦化厂原有的生产工艺等情况进行收集，有助于对污染源进行初步的预判。

（1）基本工艺流程。

主要由一个或多个包括燃烧系统的焦炉和废气处理单元组成。基本的生产工艺流程见图 8-1。

（2）主要的环境问题。

炼焦炉设备的主要污染类型为大气污染，包括粉尘和气体污染物，有 3 种污染物排放源：

①直接排放源。各种除尘设施产生的废气，经过管道运输通过烟囱排出。

②扩散排放物。如煤炭和焦炭搬运处置与运输、煤炭混合床、升管、推焦及熄焦过程扩散产生的气体污染物。

③无法定位的污染源。如容器、炼焦炉门等设备处发生泄漏等。多环芳烃化合物（如

苯并[a]芘）和苯是重要的无法定位污染源的排放物。

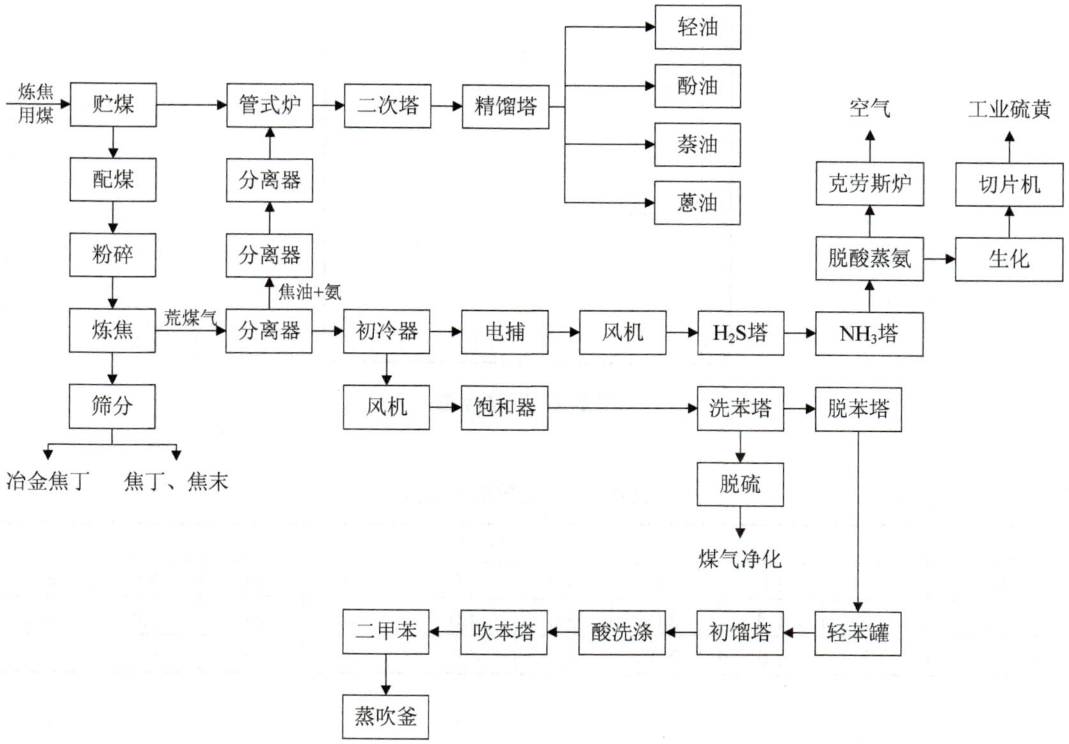

图 8-1 基本的生产工艺流程

8.1.2 供试土壤

8.1.2.1 样品采集、制备与保存

中试试验区位于该厂区的中部，选取 10 m×10 m 的区域。通过查阅该厂历史图纸和走访工人获知，中试试验区附近原为原料及半成品的储存区域。进行中试前，该场地及附近地表的建筑、杂物已清空并进行平整，因图纸保存不全，地下基础及管道情况不明。根据当地环科院的场地调查报告，对该场地污染情况有了初步的了解，但仍需要对土壤进行取样检测以获取更详细的污染信息，保证中试试验设计、实施的科学性和合理性。

（1）采样点的布设。

首先在现场划定 10 m×10 m 的区域，选取 3 个采样点 S1、S2、S3（图 8-2）。

每个采样点取表层 0.5 m 样品，此后每个整数深度各采集一个样品。样品数量及深度见表 8-1。其中 S3 在钻探到 6.5 m 时，地下遇到较硬的物质无法继续更深取样。

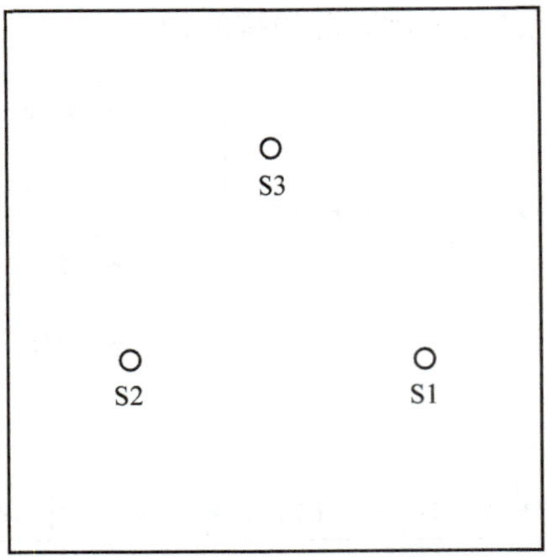

图 8-2 取样点位

表 8-1 样品数量及深度

取样点	取样深度/m								
S1	0.5	1.0	2.0	3.0	4.0	5.0	6.0	7.0	8.0
S2	0.5	1.0	2.0	3.0	4.0	5.0	6.0	7.0	8.0
S3	0.5	1.0	2.0	3.0	4.0	5.0	6.0	6.5	—

（2）采样方法。

钢索冲击钻钻取出的土壤，优先采集用于测定挥发性有机物（VOCs）的样品，为了最大限度地减少 VOCs 的散逸，在取土钻头的侧面开口处或钻头底部进行取样。具体操作步骤：使用不锈钢刮刀将取样部位表面的土刮掉一部分，然后将一次性注射器插到土壤中，抽取约 2 mL 土样，迅速推入试剂瓶中。在钻头侧面开口处的取样范围如图 8-3 所示的三角区域。

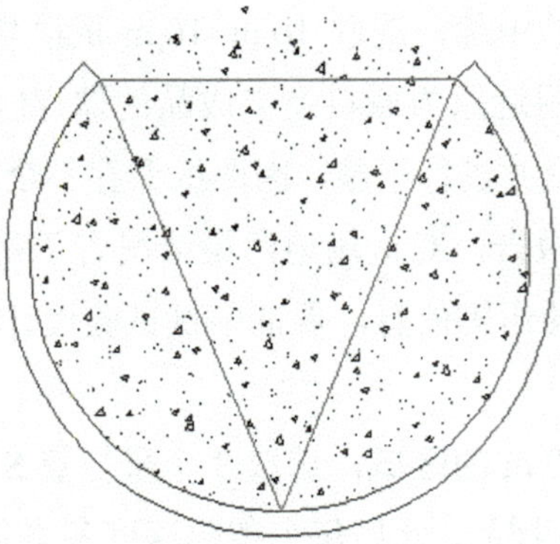

图 8-3 在取土钻头中的取样范围

在采集完用于测定 VOCs 的样品后，将钻头中的土柱按深度顺序依次放入木质岩芯箱内（图 8-4），观察并记录地质分层等信息。现场取出的土壤呈黑褐色、有明显的油状物质，有强烈的刺激性气味。

图 8-4 土壤岩芯

对于测定多环芳烃（PAHs）和石油烃（TPH）的土样，在去除碎石、树枝等杂物后，装入普通广口玻璃瓶中填满并压实。

8.1.2.2 土壤污染情况

样品检测结果显示，土壤平均含水率为 15%，S1 取样点的污染最严重，结果见表 8-2。

表 8-2 检测结果

污染物	结果/（mg/kg）
石油烃（TPH）	3.5～27 400
多环芳烃（PAHs）	0.2～4 360
苯系物（BTEX）	0.4～202

其中，苯和苯并[*a*]芘垂向分布分别见图 8-5 和图 8-6。

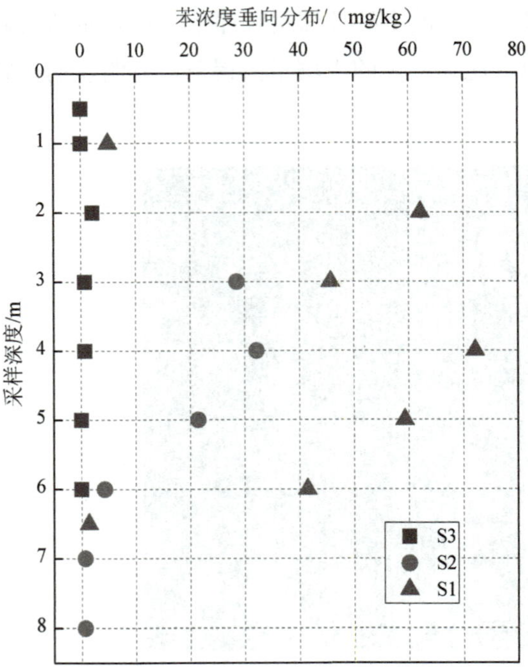

图 8-5　苯垂向分布

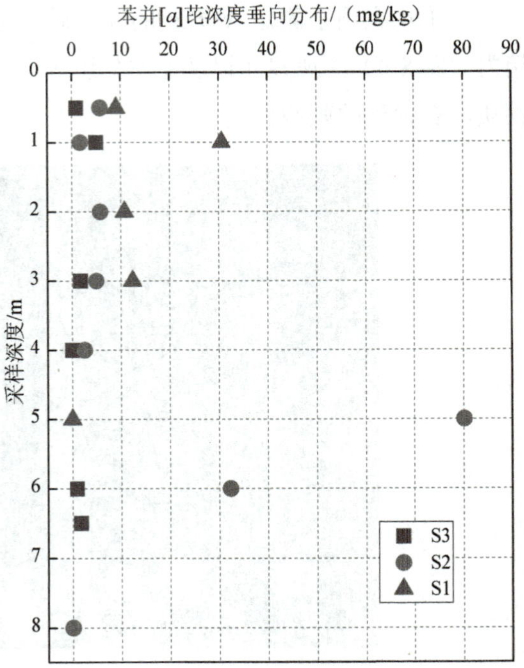

图 8-6　苯并[a]芘垂向分布

8.1.3　中试方案设计及材料设备

8.1.3.1　试验系统组成

将原位燃气热脱附系统分为 4 个子系统：加热系统、抽提系统、监测系统和处理系统。

（1）加热系统。

加热系统主要由加热井、燃烧器、助燃风机及管道等组成。

加热井由不锈钢制成，用于向周围土壤传导热量。加热井分为内井和外井，内井直径小于外井，内井套在外井内部。加热内井下端开口，加热外井下端封闭。

燃烧器是加热系统乃至整个原位燃气热脱附系统的核心部件，安装于加热井上，将天然气燃烧后的热量通入加热井当中进行循环。同时，燃烧器也具有调节温度、流量、火焰大小以及燃烧效率等功能。

助燃风机通过管道与若干个加热井相连，将在加热井内部循环后的燃烧废气引入烟囱并排放。

（2）抽提系统。

抽提系统主要由抽提井、风机或真空泵以及管道等组成。

抽提井由金属制成，抽提井的下段设有小孔或狭缝，用于抽提影响范围内土壤中的蒸汽。

风机或真空泵通过管道与若干个抽提井相连，提供负压将土壤蒸汽抽提到地面设备中进行后续处理。

（3）监测系统。

监测系统分为地下参数和设备参数监测。地下参数监测包括温度监测井、压力监测井；设备参数监测包括运行过程中的温度、流量、污染物浓度、液位等参数。

（4）处理系统。

土壤中的污染物以气体的形态被抽提到地面的处理系统中，根据本场地的污染物，设计处理系统并订制进口设备，处理单元包括冷却、气液分离、气体净化和液体净化等装置。试验设备如图 8-7 所示。

图 8-7 试验设备

8.1.3.2 井群布设

加热井一般采用正三角形的布设方法，即加热井位于正三角形的 3 个顶点上。井间距通常为 1.5～2.1 m，影响井间距的因素主要有：①加热井的影响半径，指以加热井为中心，热量可以传导的最远距离。在实际布设中，相邻加热井的影响半径要有一定的重叠区域。②加热时间。③土壤类型和含水率。④目标污染物的种类及加热的目标温度。综上因素，本次中试计划加热 50 d，初步目标温度定为 270℃，加热井间距设为 1.9 m。

抽提井是依据抽提井的影响半径进行布设，影响半径取决于土壤的渗透性及风机或真空泵能提供的最大负压，需要保证整个修复区域尤其是边界位置都处于负压的状态下。抽提井的影响半径是通过现场的中试试验确定的，如果不做中试试验，也可以通过工程经验来设计，一般为 5～30 m。

温度监测井按照一定的比例平均布设在修复区域，着重于修复的中心区域、边界以及冷点位置，将多个热电偶放入监测井中的不同深度，以实时监测土壤的加热情况。热电偶如图 8-8 所示。

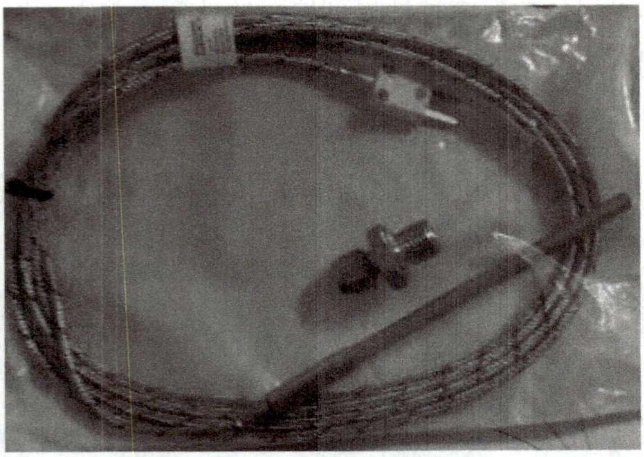

图 8-8 用于监测温度的热电偶

压力监测井平均布设在修复区域，主要是保证整个区域都处于负压下，以防止污染气体外逸，尤其是边界位置和抽提井影响半径的重叠区域。

本次中试共布设 3 口抽提井、33 口加热井、4 口温度监测井、2 口压力监测井，具体井群信息见表 8-3。

表 8-3 井群信息

序号	名称	数量	井径	深度/m	用途
1	抽提井	3	DN80	9	抽提污染气体
2	加热井	33	DN140	9	加热土壤
3	温度监测井	4	DN25	9	监测土壤温度
4	压力监测井	2	DN25	4	监测土壤压力

8.1.3.3 工艺流程

使用燃气燃烧器不断将热气通入加热井中，加热井通过热传导将周围土壤加热，土壤中的污染物在高温下逐渐挥发、分解。抽提井通过管道与原位热脱附设备连接，将污染物抽到设备中进行处理，工艺流程见图 8-9。

由于风机产生的负压，污染气体被从土壤中抽到设备中。污染气体在设备中首先经过喷淋系统进行冷却，然后通过气液分离器，气体最终通过气体活性炭过滤器得到净化；水通过水活性炭过滤器得到净化，一部分回到喷淋系统作为冷却用水。

另外，由于本场地的污染物质基本均是可燃的，热值较高，且不含硫、氯等元素，故在每个加热井设置了回燃通路，可以将污染气体导入燃烧器的燃烧室进行燃烧，节省燃料的用量，并减小设备处理压力。

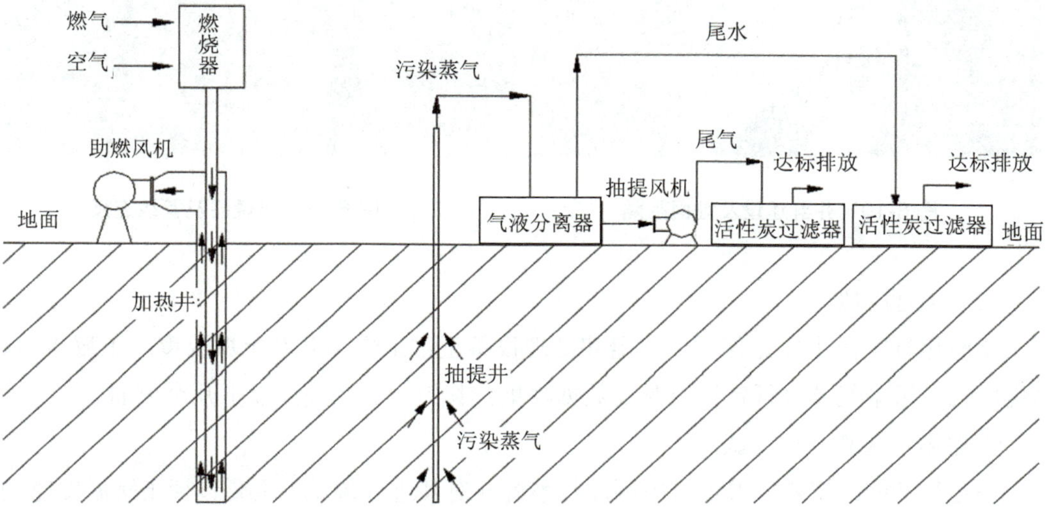

图 8-9 修复工艺流程

8.1.4 中试结果分析

8.1.4.1 试验过程

（1）前期建设。

①井群建设。

钻井设备采用多功能顶驱式水井钻机，型号为 SL500S。该设备在钻井的同时，可以将保护管下到钻好的井中，防止塌孔。将加热管和抽提管分别置入相应井孔的正中，按顺序倒入石英砂和膨润土将多余的空间填满。

②地面阻隔。

为了保温以及防止土壤中的污染物在高温下从地表扩散到大气中，需要对地面阻隔，采用水泥层、岩棉及木板进行了覆盖（图 8-10）。

③燃烧器及管道连接。

地面阻隔后，进行燃烧器、设备、管线的安装与连接。设备管线的连接布局应合理整齐，避免相互交叉（图 8-11）。

图 8-10　井群建设及地面阻隔

图 8-11　燃烧器及管线连接

（2）运行阶段。

试验运行阶段主要是保证燃烧器和处理设备正常工作，并对土壤温度、土壤压力、燃烧废气、污染气体进行定期监测及数据收集。其中，重点关注以下几个方面。

①加热系统监测与调试。

在运行期间，需要每天定时监测加热系统并对其进行调试，主要包括土壤温度监测、燃烧废气监测、燃烧器调试。土壤温度是通过温度监测井中的热电偶获得，温度数据传输到设备的中控系统，每天对其进行查看并导出数据；监测燃烧后的废气，包括二氧化碳、一氧化碳、二氧化硫、氮氧化物等，保证这些参数满足当地大气有组织排放的标准。同时，通过这些参数也可以得出燃烧是否充分，依此对燃烧器进行调试。

②抽提系统监测。

抽提系统需要测量和记录以下参数：抽提井的流量、压力；压力监测井的压力；定期抽取污染气体样品送往第三方实验室测试浓度及组分。

③尾气处理。

经气液分离后的尾气通常由水蒸气、空气和一小部分目标污染物组成。尾气处理采用活性炭吸附的方法。活性炭处理尾气时需要注意两点：一是进入活性炭吸附器的气体温度不宜过高，管道设有温度传感器，当尾气温度高于 50℃时，系统报警，此时需要调低抽提流量；二是活性炭一般吸附其自身质量 10%～20%的污染物，当活性炭吸附接近饱和后，需要更换。每天使用光离子化气体检测仪（PID）检测活性炭吸附器进口和出口的浓度。

（3）试验结束。

在加热 50 d 后，关闭燃烧器和设备，对中试区域进行样品采集并送往第三方实验室检测苯和苯并[a]芘的含量。取出的土样如图 8-12 所示，土壤呈松散粉状，无异味。

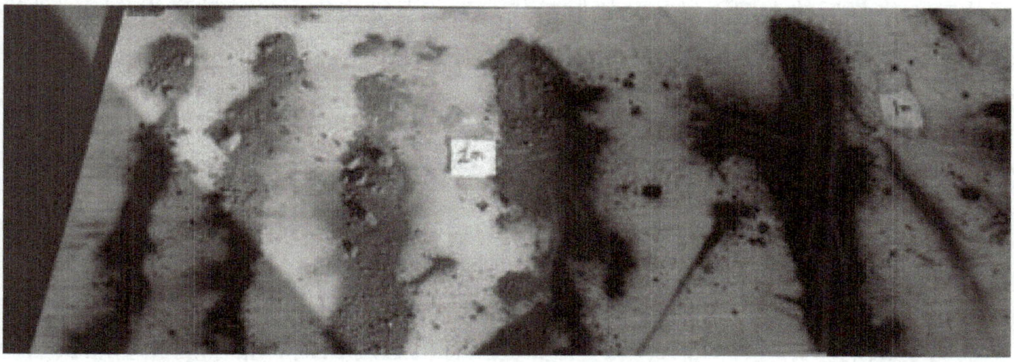

图 8-12 修复后的土壤

8.1.4.2 土壤升温情况分析

本次中试试验共加热 50 d，根据数据，在加热 50 d 后，基本所有监测点土壤温度都达到了目标温度，其中升温最快的是 TH1 监测井 2 m 深度，33 d 就达到了目标温度。中试区域每个阶段平均升温天数见表 8-4。

表 8-4 每个阶段平均升温天数

自然温度到 100℃	100℃持续时间	100～270℃
8.6 d	15 d	19.5 d

根据试验结束后取样的检测结果，每个样品的总石油烃（TPHs）均低于检出限，修复目标污染物苯和苯并[a]芘的最大去除率均接近 100%。

8.1.5 小结

（1）中试试验区选定在厂区中部，进行了土壤样品的采集和分析，结果显示土壤中石油烃、多环芳烃和苯系物含量严重超标。中试方案设计包括加热系统、抽提系统、监测系统和处理系统，其中加热井和抽提井的布设考虑了井间距、影响半径和土壤类型等因素。

（2）工艺流程方面，通过燃气燃烧器加热土壤，使污染物挥发、分解，并通过抽提井将污染物抽到地面设备中进行处理。运行阶段主要包括井群建设、地面阻隔、燃烧器、管道连接、土壤加热及样品采集。

（3）试验结果显示，在平均经过 43 d 的加热后，基本全部土壤达到了目标温度，且污染物去除率最高达 99.9%，石油烃含量低于检出限，表明热脱附技术在该场地的中试取得了成功。修复后的土壤无异味，松散粉状，为该退役焦化厂场地转变为公园绿地提供了技术保障和环境安全。

8.2 化工类污染场地热脱附修复中试案例

8.2.1 场地背景

某化学试剂厂始建于 1956 年，主要生产有机通用试剂、指示剂和基准试剂等，2007 年逐步停产，于 2009 年年底开始拆迁。该场地有几十年的化学试剂生产历史，原厂区布局整体较杂乱，生产区域、废水处理区域和办公生活辅助区域杂乱混合，原料和化学产品长期以桶装或箱装存储于仓库和露天罩棚中，未采取任何防渗措施，由于污染物的迁移扩散特性，该场地土壤及地下水受到污染。地块未来规划为居住用地。

根据地块环境调查和风险评估结论，该地块土壤含有 9 种特征污染物超标，均为挥发性有机污染物；地下水中超标污染物以氯代烃类 VOCs 为主，共计 31 种。土壤修复工程量约 29 391.2 m^3；第二层地下水修复面积约 33 440 m^2，污染区域约 133 760 m^3，第三层地下水修复面积约 2 491.7 m^2，污染区域约 4 983.4 m^3；DNAPL 修复面积约 8 792.6 m^2，污染区域约 21 981.5 m^3。

该地块拟采用“原地异位解吸技术+原位热解吸技术+原位化学氧化+原位化学还原+风险管控”修复技术路线。2018 年 3 月，该地块陆续开展污染土壤、地下水及 DNAPL 的修复施工。

本工程污染土壤和地下水修复后须达到修复目标值，具体修复目标见表 8-5 和表 8-6。

表 8-5 土壤污染物修复目标值一览表

序号	目标污染物	修复目标值/（mg/kg）	序号	目标污染物	修复目标值/（mg/kg）
1	氯乙烯	0.25	6	四氯乙烯	4.6
2	顺-1,2-二氯乙烯	43	7	1,1,2,2-四氯乙烷	1.6
3	1,2-二氯乙烷	3.1	8	六氯丁二烯	8.9
4	三氯乙烯	7.5	9	氯仿	0.22
5	1,1,2-三氯乙烷	0.5	—	—	—

表 8-6　地下水污染物修复目标值一览表

序号	目标污染物	地下水建议修复目标值/（μg/L）	序号	目标污染物	地下水建议修复目标值/（μg/L）
1	苯	120	17	1,2-二氯乙烷	40
2	乙苯	600	18	三氯乙烯	210
3	二甲苯	1 000	19	二溴甲烷	2.1
4	1,2-二氯丙烷	60	20	1,1,2-三氯乙烷	60
5	顺-1,3-二氯丙烯	0.54	21	1,3-二氯丙烷	0.17
6	1,2-二溴乙烷	1.71	22	四氯乙烯	40
7	氯甲烷	49	23	1,1,1,2-四氯乙烷	0.22
8	氯乙烯	90	24	1,1,2,2-四氯乙烷	2
9	溴甲烷	1.9	25	1,2,3-三氯丙烷	4
10	氯乙烷	79.79	26	溴苯	42
11	1,1-二氯乙烯	60	27	1,4-二氯苯	600
12	二氯甲烷	500	28	1,2,4-三氯苯	3.4
13	反-1,2-二氯乙烯	148.5	29	氯仿	300
14	1,1-二氯乙烷	50	30	溴二氯甲烷	100
15	顺-1,2-二氯乙烯	70	31	萘	600
16	1,1,1-三氯乙烷	4 000	—	—	—

8.2.2　供试土壤

中试实验区域位于地块内污染土壤和地下水复合区域，面积 278.9 m^2，污染深度 2～10 m，修复土方量 2 231.2 m^3。场地调查结果显示，主要污染物为氯乙烯、顺-1,2-二氯乙烯、苯、氯苯等挥发性有机污染物；土壤中氯乙烯、氯苯最高浓度分别为 5.4 mg/kg、30 mg/kg，地下水中氯乙烯、顺-1,2-二氯乙烯、苯、氯苯最高浓度分别为 3.79×10^3 μg/L、3.35×10^3 μg/L、1.06×10^3 μg/L、2.34×10^4 μg/L。地质勘察结果表明，该区域可分为 5 个工程地质层，细分为 8 个工程地质亚层，地层岩性分布见表 8-7。实验区地表以下 0～10.00 m 大致分为 4 类：0～2.00 m 为填土层，多为黏性土夹较多碎石和砖块等建筑垃圾；2.00～3.20 m 为不透水层，以粉质黏土为主；3.20～4.70 m 为潜水含水层，以砂质粉土为主；4.70～10.00 m 大多为粉质黏土、粉质黏土夹粉土薄层团块。同时，对实验区内各土层理化性质进行了测试，结果见表 8-8。

表 8-7 各地层岩性及土质条件

成因年代	名称及编号	详细情况
人工填土层（Q^{ml}）	杂填土①$_1$	厚度一般为 1.30～2.70 m，呈杂色，松散状态，由建筑垃圾和废土组成，局部上部为素填土，呈褐色，软塑状态，无层理，粉质黏土质，夹少量砖渣
	素填土①$_2$	厚度一般为 1.00～4.00 m，呈褐色，软塑状态，无层理，以粉质黏土、黏土、粉土为主，含少量砖渣、石子、有机质、腐殖物，属中—高压缩性土。局部底部为薄层杂填土
坑、沟底新近淤积层（Q_4^3Nsi）	②	局部分布，厚度 0.30～1.20 m，底板标高为 1.53～−1.64 m，主要由淤泥质粉质黏土、淤泥组成，呈褐灰—黑色，流塑状态为主，无层理，含有机质、腐殖物，属高压缩性土
全新统上组陆相冲积层（Q_4^3al）	粉质黏土④$_1$	厚度一般为 0.40～1.80 m，呈灰黄—黄灰色，软塑—可塑状态，无层理，含铁质，属中压缩性土。局部夹黏土透镜体。局部缺失该层
	粉土④$_2$	厚度一般为 0.90～2.50 m，呈灰黄—黄灰色，稍密—中密状态，无层理，含铁质，属中（偏低）压缩性土。局部夹粉砂透镜体
全新统中组海相沉积层 Q_4^2 m	淤泥质粉质黏土⑥$_2$	厚度一般为 2.60～4.30 m，呈灰色，流塑状态为主，有层理，含贝壳，属高压缩性土。局部夹淤泥质黏土、粉质黏土、黏土透镜体，由于物理力学性质与淤泥质粉质黏土类似，在剖面图上统一按淤泥质粉质黏土绘制
	粉质黏土⑥$_4$	厚度一般为 3.20～5.60 m，呈灰色，软塑状态，有层理，含贝壳，属中压缩性土。局部下部夹粉土、粉砂透镜体
全新统下组沼泽相沉积层 Q_4^1 h	⑦	厚度 0.50～1.90 m，顶板标高为−9.40～−11.18 m，主要由粉质黏土组成，呈浅灰—黑灰色，可塑状态，无层理，含有机质、腐殖物，属中压缩性土
全新统下组陆相冲积层 Q_4^1al	粉质黏土⑧$_1$	厚度一般为 3.50～8.80 m，呈灰黄—黄灰色，可塑状态，无层理，含铁质，属中压缩性土。局部夹粉土、粉砂透镜体
	粉土⑧$_2$	厚度一般为 3.50～5.70 m，呈灰黄—黄灰色，密实状态，无层理，含铁质，属中压缩性土
上更新统第五组陆相冲积层 Q_3^eal	粉质黏土⑨$_1$	厚度一般为 0.50～1.70 m，呈黄褐色，可塑状态，无层理，含铁质，属中压缩性土
	粉土⑨$_2$	勘察未穿透此层，揭露最大厚度 7.5 m，呈黄褐色，密实状态，无层理，含铁质，属中（偏低）压缩性土。局部夹粉质黏土透镜体

表 8-8 地基土各土层天然状态下热物理参数一览表

地层编号	岩性	天然含水量/%	天然密度/（kg/m^3）	导热系数/［W/（m·K）］	比热容/［kJ/（kg·K）］	导热系数/（10^{-3} m^2/h）
①$_2$	素填土	25.9	1.92	1.87	1.79	1.86
④$_1$	粉质黏土	24.5	1.96	1.76	1.71	1.90
④$_2$	粉土	25.4	1.98	1.87	1.83	1.88

地层编号	岩性	天然含水量/%	天然密度/（kg/m³）	导热系数/［W/（m·K）］	比热容/［kJ/（kg·K）］	导热系数/（10^{-3} m²/h）
⑥$_2$	淤泥质粉质黏土	39.4	1.80	1.59	1.58	2.03
⑥$_4$	粉质黏土	28.0	1.94	1.75	1.70	1.95
⑦	粉质黏土	21.7	2.03	1.88	1.86	1.80
⑧$_1$	粉质黏土	22.8	2.01	1.73	1.70	1.83

8.2.3 中试方案设计及材料设备

8.2.3.1 实验系统

实验系统由加热单元、抽提单元、温度监测单元和电气控制单元 4 部分组成。工艺装置如图 8-13 所示。

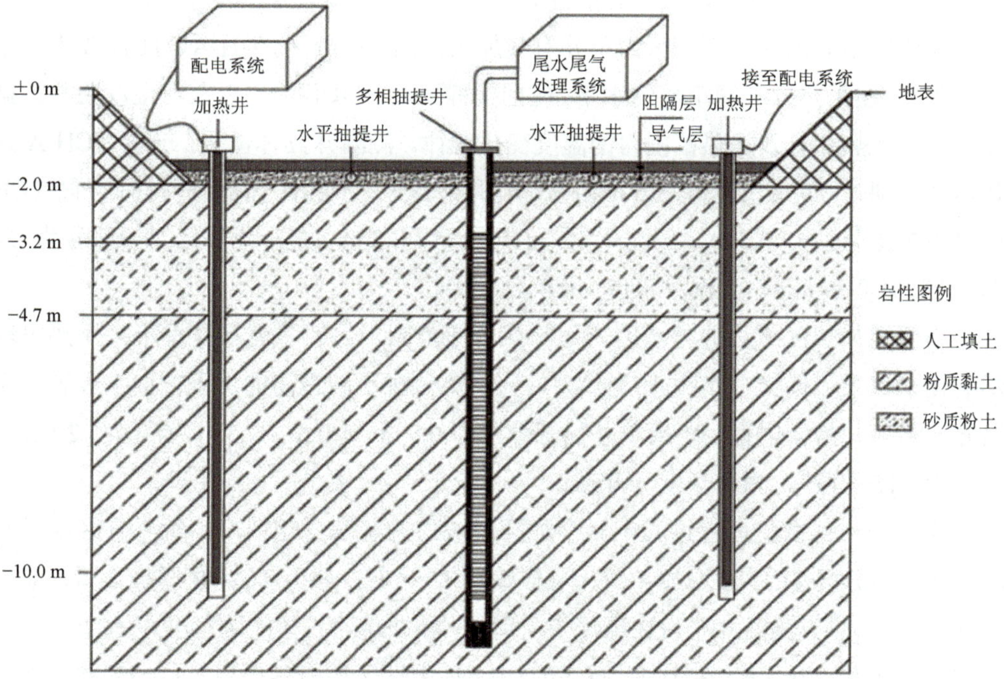

图 8-13 电热脱附技术设计原理

首先，在土壤中安置电加热棒并通电升温，电加热棒通过热辐射的形式将热量传递到与土壤接触的密封金属套管上，通过热传导使得周围污染土壤逐渐升温至目标温度。目标污染物发生挥发和裂解反应后，含有污染物的蒸汽和水通过多相抽提井被抽提至地表，再经各自的输送管道运至尾水/尾气处理设备并进行无害化处置，最后达标排放。在整个加热过程中，利用温度、压力监测井实时监控整个修复区域，并通过智能化、自动化控制系统对每一个加热设备的工作温度进行实时调控。

8.2.3.2 加热-抽提系统平面布置

在原位热解吸的区域内，布设 45 口加热井、19 口抽提井、19 口测温井、10 口测压井、5 口降水井，TCH2-A 区域加热井间距为 3 m，TCH2-B 区域加热井间距为 4 m。

抽提井在加热井中心点的位置，加热区内测温井位置在单个三角形加热区的外接圆的圆心，测压井也在圆心上，降水井分别在加热区域对角加热井外 2 m 的位置。为获得单口加热井对不同距离土壤温度的影响，加热区外的测温井间距分别为 1 m、0.5 m、0.5 m、0.5 m、0.5 m。

（1）加热井：共 45 口；间距为 3 m 和 4 m，采用梅花形（正三角形）方式布点。

（2）抽提井：共 19 口，抽提井布点为正菱形排布，均布在加热井周围。

（3）测温井：共 19 口，按照功能分为 3 类。

①为研究不同加热间距分区内单井有效加热范围，在分区 TCH-A、TCH-B 内各选择 1 口加热井，在距热源不同距离的水平方向上设置一系列测温井，以获得温度监测数据从而分析单一加热井有效加热范围内的温度变化规律。测温井具体位置：分区 TCH-A 距离单井热源分别为 0.5 m、1.0 m、1.5 m、1.73 m（最冷点），对应编号为 T1—T4；分区 TCH-B 距离单井热源分别为 0.5 m、1.0 m、1.5 m、2.0 m、2.3 m（最冷点），对应编号为 T8—T12。测温深度−9.0 m，测温井深度−10.5 m。

②为研究加热区域边界外温度变化与热传递范围，保证水泥搅拌桩不会受热出现裂缝影响止水效果，选择 1 口边界加热井，在远离热源不同距离的水平方向上设置一系列测温井。测温井具体位置：距离单井热源分别为 0.5 m、1.0 m、1.5 m、2.0 m、2.5 m，对应编号为 T15—T19。测温深度−9.0 m。

③为监测中试试验运行过程中整个加热区域内的温度变化情况，每个分区增设测温井，具体为：分区 TCH-A 增加 3 口，对应编号 T5—T7；分区 TCH-B 增加 2 口，对应编号 T13—T14。此类测温井布设在最冷点，即加热井布点正三角形的质心位置。

（4）测压井：10 口；在 TCH2-A 和 TCH2-B 中试区域内各选择一口抽提井，在其周围布设测压井。其中，TCH2-A 区域内测压井距离选定抽提井的水平距离分别为 0.5 m、1.0 m、2.0 m、2.6 m、3.0 m，TCH2-B 区域内测压井距离选定抽提井的水平距离分别为 0.5 m、1.0 m、2.0 m、3.5 m、4.0 m。测压深度为−4～−4.5 m，测压井深度为−5 m。

（5）降水井：5 口，均匀分布在加热区域内，区域中间位置 1 口，其余 4 口均布设在周边位置。

原位热解吸中试区域的平面布置见图 8-14。

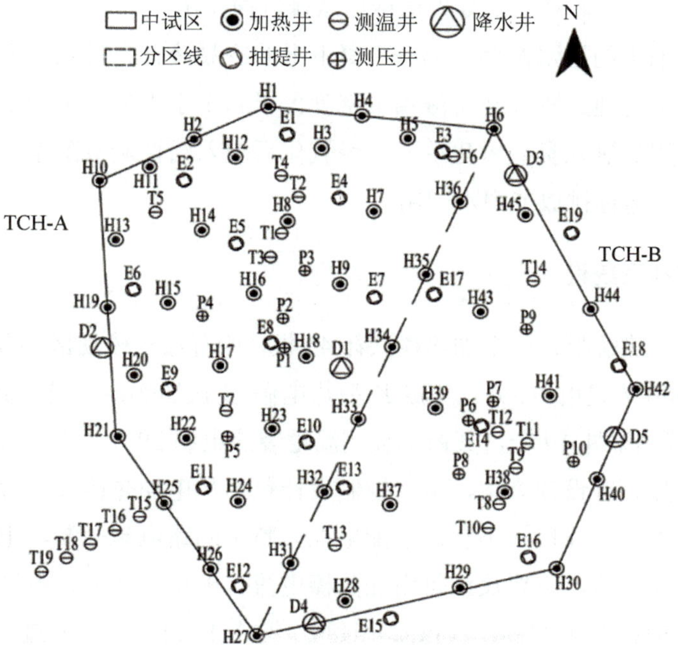

图 8-14 原位热解吸中试区域的平面布置

8.2.3.3 尾水尾气系统设计

原位热解吸中试修复过程中产生的废水及废气的处理流程见图 8-15。

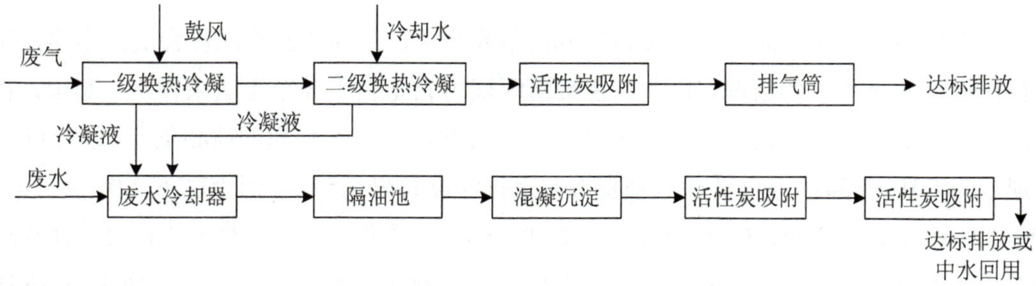

图 8-15 尾水及尾气处理流程

工艺流程说明：

（1）抽提井抽提的尾气进入尾气处理系统后，先经过风冷一级换热器进行换热冷凝处理，使尾气温度降至 50℃左右（伴随产生冷凝液进入尾水处理单元），后经过二级水冷换热器进行冷凝处理，将尾气温度降至 4℃以下（伴随产生冷凝液进入尾水处理单元），经过两级换热处理后的尾气再通过可燃气体爆炸下限检测仪和真空风机升温至 20～30℃后进入活性炭吸附单元，经吸附处理达标后从排气筒排出。

（2）抽提井抽出的尾水及尾气部分冷凝下来的冷凝液首先进入废水冷却器进行热交换，降温后的废水再通过隔油池将液相中密度大于和小于水的油类物质除去收集，然后通过混凝沉淀作用后进入臭氧氧化单元，经氧化后进入活性炭吸附罐单元进行吸附，处理达标的废水进行达标排放或中水回用。

8.2.3.4 电气控制系统设计

本次中试原位热解吸设计电加热棒共计 45 根，所有加热棒规格一致：单根加热棒功率 10.4 kW，为 380 V 线电压，并已集成 K 型热电偶。3 根加热棒一组，每组功率 31.2 kW，共计 15 组。设置测温井 19 个，其内部设测温铠装热电偶 29 个，接 3 个温度巡检仪。

根据中试加热布置设计方案，电气控制设计包括从电加热棒（不含加热棒）→电气控制柜→二级配电柜接线口（不含二级配电柜）整个回路电气控制、电缆走线，并建立组态软件与仪表间通信，主要反馈每组加热棒电流、电压、功率、温度指标；温度巡检仪测温信号接可编程逻辑控制器（PLC）读取。电气控制全程可通过工控机输出 Excel 数据表，提供开放式数据库和画面制作工具，进行数据采集与处理，实现历史数据和曲线并存（温控曲线）、数据可视化动画效果，完成对每组加热棒的实时监视控制，同时工控机编程软件具备二次应用编程开发。此外，还包括必要的防雷、接地、电气防爆等相关设计。

8.2.3.5 采样与分析

在本场地中试实验前，考虑实验区域内不同分区、距离热源不同位置受热不均，可能存在处理效果不一的情况，因此，在实验区域内共布设了 4 个土壤采样点。其中，在 2 个分区各布设 2 个采样点，均布设在 3 个加热井热源连线三角形的质心位置（最冷点），分别记为 S01—S04；每个采样点垂直方向上按深度每隔 1.5 m（即土层下 2.0～3.5 m、3.5～5.0 m、5.0～6.5 m、6.5～8.0 m、8.0～9.5 m 处）采集一个土壤样品；同时，在靠近抽提井位置布设 3 个地下水采样点，编号为 W01—W03。具体采样点位布置如图 8-16 所示。本实验中，土壤及地下水采样点的布设能够大致代表整个中试实验区域的污染情况与修复情况。

在整个实验过程中，共采集 2 个批次土壤及地下水样品，通电加热前为第 1 批次采样；待整个实验区域平均温度维持在 100～110℃，持续 1 周后停止加热，保持抽提系统正常运行，此时进行第 2 批次采样。样品采集后立即放入 0～4℃的冷藏箱内保存，并于

48 h 内送往实验室进行污染物测定。实验室检测指标为目标污染物中的超标污染物；土壤检测氯乙烯和氯苯，VOCs 检测方法依据 HJ 605—2011；地下水样品检测氯乙烯、顺-1,2-二氯乙烯、苯和氯苯，VOCs 检测方法依据 GB/T 5750.8—2006。

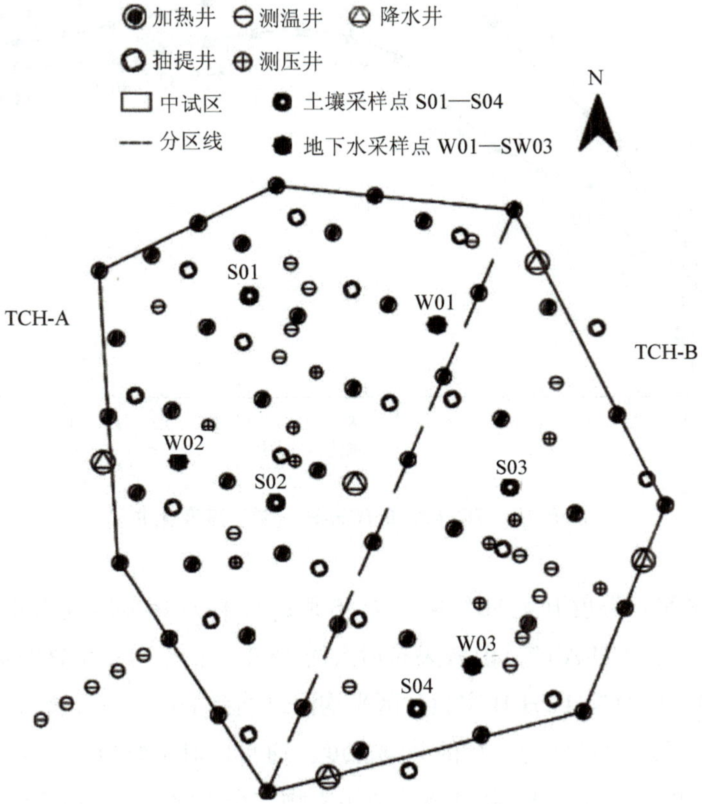

图 8-16 土壤及地下水采样点分布

8.2.4 中试结果分析

8.2.4.1 土壤升温规律及有效加热半径的确定

加热间距的布置决定了区域升温时间和均匀升温效果，TCH-A 区加热井间距为 3 m，TCH-B 区加热井间距为 4 m，两个区域的升温曲线如图 8-17 所示。

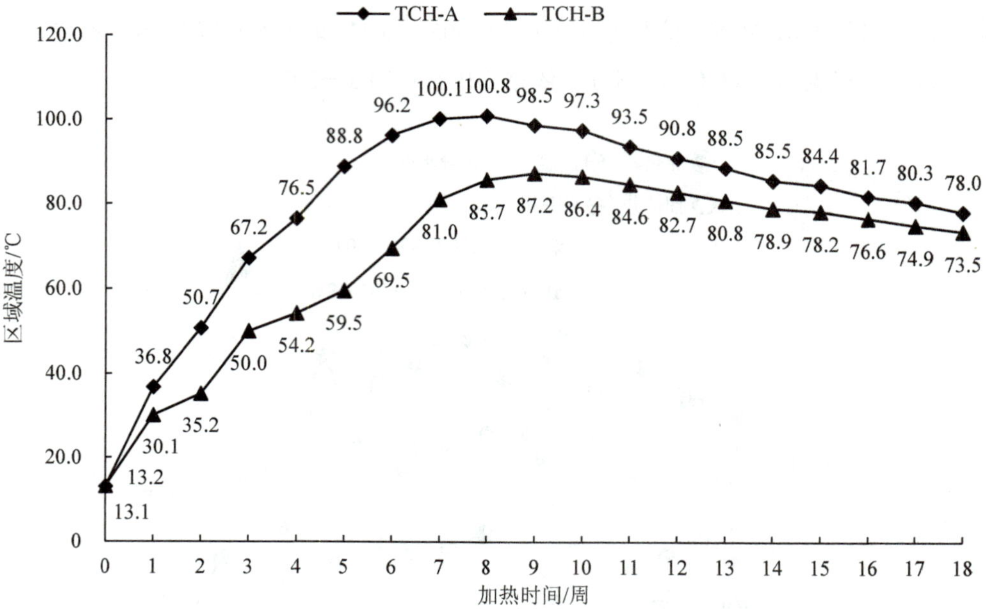

图 8-17 TCH-A 和 TCH-B 区域温度变化曲线

TCH-A 分区平均温度升至 80℃需要 4～5 周；而 TCH-B 分区则需要 7 周。实验分区 TCH-B 比实验分区 TCH-A 的升温效果滞后大约 15 d。加热 7 周后 TCH-A 实验分区平均温度维持在 100～110℃，TCH-B 实验分区平均温度达到 80～90℃，整个实验区域内部基本达到土壤及地下水中目标污染物的共沸温度。通常，对于修复苯、三氯乙烯等 VOCs 污染的地块，温度上升至 100℃就能将此类污染物完全去除。维持该温度 1 周后，停止加热，保持抽提系统正常运行，继续对实验区域温度进行监测。加热 8 周后停止加热，由于受到 TCH-A 分区高温传递的影响，TCH-B 分区表现出短暂的温度上升趋势。降温过程持续至 12 周后，整个实验区域平均温度降至 80～90℃；降温过程持续 18 周后，平均温度降至 70～80℃，降温速度减慢并长时间维持。

为确定本场地最佳加热间距，进一步研究了不同分区内单井热源有效加热范围，获取设置在单井热源周边测温点的温度数据并进行了分析。在实验分区 TCH-A 距离单井热源 0.5 m 处，加热 2 周，温度可升至 106.8℃；在距离单井热源 1.0 m、1.5 m 处，加热 5 周，温度分别升至 110.1℃和 100.6℃；在加热井布置三角形质心位置（最冷点），距离单井热源 1.73 m 处，加热 8 周，温度可升至 99.5℃。由此可知，TCH-A 分区整体加热 8 周后，整个区域平均温度均可达到 100℃左右，加热井布置三角形质心最冷点位置温度也可达到 99.5℃。与实验分区 TCH-A 对比，在 TCH-B 距离单井热源 0.5 m 处，加热 7 周，温度升至 106.4℃；在距离单井热源 1.0 m 处，加热 8 周，温度升至 102.2℃；在距离单井热源 1.5 m、2.0 m 处以及加热井布置三角形质心位置（最冷点位置），直到停止加热 1 周后，即第 9 周温度才达到峰值，分别升至 89.4℃、82.6℃、81.7℃。由此可知，TCH-B 分区在加热 8 周后，只有距离单井热源 0.5 m、1.0 m 处，温度升至 100℃以上，1.5 m、2.0 m 处以及加热井布置三角形质心位置（最冷点位置）均未达到 100℃。停止加热 1 周后，距离加热井较远位置继续升温，这是由于受到距离加热井较近位置持续高温传递的影响，低温位置表现出短暂的温度上升趋势。实验分区 TCH-A 与 TCH-B 距离单井热源不同测温位置的温度均在停止加热 1 周后，即从第 9 周开始相互趋近，并随着降温过程进行，整个实验区域温度趋于均衡。在实验进行至第 18 周时，实验分区 TCH-A 距离单井热源不同测温位置的平均温度为 81.8℃；实验分区 TCH-B 距离单井热源不同测温位置的平均温度为 73.8℃（图 8-18）。

本次试验加热间距 3.0 m，相较于 4.0 m，材料投入虽有所增加，但可缩短升温时间而节省工期，同时在相同加热周期内可保证区域更均匀的升温效果，后续施工在保证用电充足的情况下，建议采用加热井布点间距为 3 m。

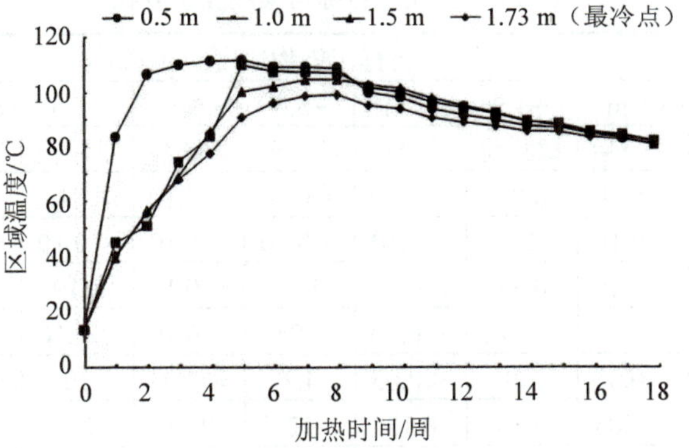

TCH-A 分区

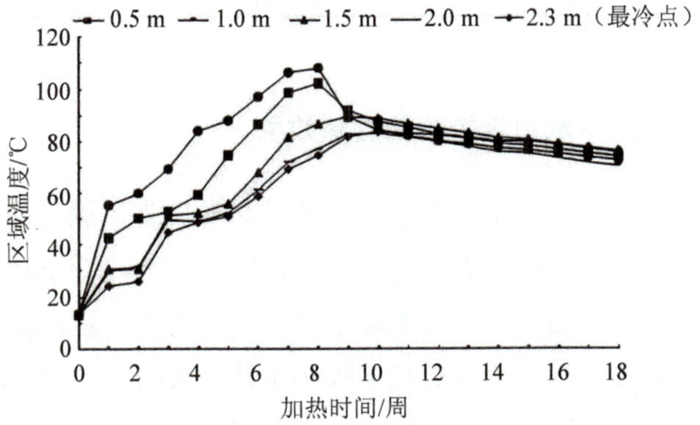

TCH-B 分区

图 8-18　不同分区距离单井热源不同位置的温度变化

8.2.4.2 原位热解吸对土壤中污染物的去除效果

实验前土壤中不同目标污染物在−2.0～−10.0 m 土层内纵向分布不均匀（表 8-9）。氯乙烯主要分布在 3.5 m 以下，其中 S01 采样点 6.5～8.0 m 处浓度最高，为 5.4 mg/kg；氯苯在 2.0～10.0 m 均有分布，在 3.5 m 以下，污染物浓度普遍较高，其中 S01 采样点 6.5～8.0 m 处浓度最高，为 30 mg/kg。实验进行 18 周后，再次采样发现，土壤中目标污染物含量均表现为下降。S01—S04 采样点不同深度氯乙烯全部未检出，表明土壤中氯乙烯已处理干净。S01—S04 采样点不同深度氯苯检出浓度最高，可达 0.21 mg/kg，这表明土壤中氯苯绝大部分已被抽提出来。由污染物去除率计算可知，3.5～5.0 m、5.0～6.5 m、6.5～8.0 m、8.0～9.5 m 处氯苯的平均去除率分别为 95%、99%、99%、99%。进一步对比场地氯乙烯、氯苯的修复目标值，分别为 0.25 mg/kg 和 41 mg/kg。由此可知，原位热解吸后土壤中污染物绝大部分已向液相和气相转化并被有效抽提，处理效果优异。

表 8-9 土壤中目标污染物含量变化

污染物种类	编号	目标污染物浓度/（mg/kg）									
		−2.0～−3.5 m		−3.5～−5.0 m		−5.0～−6.5 m		−6.5～−8.0 m		−8.0～−9.5 m	
		试验前	试验后	试验前	试验后	试验前	试验后	试验前	试验后	试验前	试验后
氯乙烯	S01	<0.10	<0.10	0.81	<0.10	<0.10	<0.10	5.4	<0.10	<0.10	<0.10
	S02	<0.10	<0.10	2.5	<0.10	<0.10	<0.10	<0.10	<0.10	0.68	<0.10
	S03	<0.10	<0.10	0.33	<0.10	0.18	<0.10	0.19	<0.10	<0.10	<0.10
	S04	<0.10	<0.10	<0.10	<0.10	0.74	<0.10	<0.10	<0.10	<0.10	<0.10
氯苯	S01	0.89	<0.05	1.9	<0.05	4.2	<0.05	30	<0.05	5.2	<0.05
	S02	0.22	<0.05	0.65	0.18	12	0.21	2.0	0.18	7.9	0.11
	S03	0.12	<0.05	4.8	0.13	0.11	<0.05	<0.05	<0.05	<0.05	<0.05
	S04	0.48	<0.05	1.8	0.14	12	0.21	0.12	<0.05	<0.05	<0.05

8.2.4.3 原位热解吸对地下水中污染物的去除效果

实验前地下水中检出目标污染物分别为氯乙烯、顺-1,2-二氯乙烯、苯、氯苯等 4 种。W01 采样点氯乙烯、苯、氯苯浓度最高，分别为 3.79×10^3 μg/L、1.06×10^3 μg/L、2.34×10^4 μg/L；W03 采样点顺-1,2-二氯乙烯浓度最高，为 3.35×10^3 μg/L。实验 18 周后再次采样发现，地下水中目标污染物含量均表现为下降。W01 采样点 4 种目标污染物氯乙烯、顺-1,2-二氯乙烯、苯、氯苯检出浓度最高，分别为 417 μg/L、198 μg/L、37.2 μg/L、101 μg/L。通过计算去除率可知，地下水中氯乙烯、顺-1,2-二氯乙烯、苯、氯苯的平均去除率分别为 90.5%、93.5%、96.4%、99.3%。进一步对比地下水关注污染物的修复目标值。

由此可知，实验期内虽未完全达到修复目标值，但地下水中污染物大部分已挥发出来并被有效抽提，处理效果尚好。因此，在该技术实际工程应用中为实现达标，可考虑增加原位热解吸停留时间。

表 8-10 地下水中目标污染物含量变化

污染物种类	编号	目标污染物浓度/（μg/L）		污染物种类	编号	目标污染物浓度/（μg/L）	
		试验前	试验后			试验前	试验后
氯乙烯	W01	3.79×10^3	417	苯	W01	1.06×10^3	37.2
	W02	2.58×10^3	219		W02	389	10.8
	W03	2.28×10^3	190		W03	18.6	4.30
顺-1,2-二氯乙烯	W01	2.62×10^3	198	氯苯	W01	2.34×10^4	101
	W02	2.59×10^3	167		W02	7.95×10^3	61.0
	W03	3.35×10^3	192		W03	734	54.0

8.2.5 小结

（1）电热脱附原位修复技术对试验区内土壤及地下水中目标污染物去除效果良好。土壤中目标污染物氯乙烯、氯苯平均去除率分别为 100%、99%；地下水中目标污染物氯乙烯、顺-1,2-二氯乙烯、苯、氯苯的平均去除率分别为 90.5%、93.5%、96.4%、99.3%。

（2）电热脱附原位修复技术主要受加热目标温度、热脱附停留时间影响，土壤含水率、土壤渗透性等因素也影响着热脱附效果。加热目标温度越高，热脱附停留时间越长，土壤含水率较低、渗透性较好的土壤，热脱附对污染物去除效果越好。

（3）电热脱附原位修复技术处理氯代烃类有机物污染场地效果良好，能够进行大规模的实际应用。在设计时需综合考虑污染特征、地质及水文地质条件、材料投入、能耗成本、施工工期等因素，通过计算寻找一个最佳的搭配方式。

9

结论与建议

9.1 主要结论

9.1.1 小试和中试是土壤修复工程的必要程序

土壤修复小试和中试是开展土壤修复工程的必要程序。土壤修复小试是评估土壤修复技术可行性的重要步骤。通过实验室小试，可以在控制条件下对污染土壤进行试验，针对试验修复技术的关键环节和关键参数进行评估，从而确保修复方案的科学性和可行性。此外，小试还可以帮助研究人员筛选出适用于特定污染场地的修复技术，为后续的中试和实际修复工程提供理论依据和技术支持。土壤修复中试是在污染场地上直接进行的试验，其目的是验证小试阶段获得的结果是否具有实际应用价值。中试不仅可以进一步验证修复技术的适用性，还可以评估其在实际操作中的效果、成本和环境安全性等方面。

9.1.2 试验结果为土壤修复工程提供重要依据

土壤修复小试和中试过程中确定的药剂投加量、反应时长、工艺参数等关键信息，为土壤修复工程实践提供了数据基础，也是最终确定修复工艺和技术路线的重要依据，为修复有效性提供了保障。针对场地特征污染因子和污染物浓度的实验室小试结果可为理论反应效果提供参考；在场地实际水文地质条件和现场操作条件下开展的中试研究可为最优技术方案和工艺参数提供依据。通过系统分析小试和中试试验过程参数与反应结果，可以有效识别影响修复达标的关键因素，从而进一步优化实际修复工程方案。

9.1.3 对推动绿色低碳修复实践具有现实意义

为有效推动土壤修复工程绿色低碳最佳实践，需要量化评估修复所可能产生的潜在二次污染和二氧化碳排放，确定最佳投加药剂或反应时长，降低环境中残留污染物及化学药剂，减少过程中能耗物耗及二次环境影响。通过开展小试和中试研究，可以形成特定场地条件和特征污染因子及污染程度下的最佳修复实践措施，有助于降低修复过程二次环境影响，推动绿色低碳修复。

9.2 建议

9.2.1 完善试验程序和规范化管理

在实际修复工程中，往往侧重于实验室小试而忽略了现场中试的重要性，直接照搬小试得出的参数，导致实际修复效果欠佳，对项目工期和成本都产生影响。因此，建议针对修复方案制订形成一套完善的小试和中试程序要求，加强规范化管理，强化实验室试验结果和现场试验效果对实际修复工程的指导作用。加强小试和中试过程中对实验设计、装备选择、参数优化、结果分析等全过程的规范化、标准化和程序化。

9.2.2 加强绿色低碳设计理念融入

随着《关于促进土壤污染风险管控和绿色低碳修复的指导意见》（以下简称《指导意见》）的出台，“重点突出绿色低碳化设计”已经明确成为修复和管控方案设计的重要指导方向。《指导意见》明确指出，要“坚持‘一地一策’，科学合理选择风险管控或修复方案。”“在注重经济可行基础上突出资源能源节约高效利用导向，优化工艺设计，优先选择以原位修复、生物修复、自然恢复为主的管控修复技术，增强应对极端气候事件和灾害等适应气候变化的能力。”在修复小试和中试方案中加强对绿色低碳要素的考虑，评估其修复方案的绿色、低碳和可持续性，对于在实际修复工程中优先采取最佳可行措施，筛选更加绿色低碳的修复方案，降低修复工程整体环境足迹和碳足迹，具有重要意义。

9.2.3 深化污染修复管控机理研究

土壤和地下水修复技术的发展离不开对其修复机理的深入研究。针对不同污染物（如重金属、有机污染物等）类型、不同土壤质地、不同水文地质条件等场地特征，加强污染物在土壤和地下水中的转化、吸附、降解等过程的研究，深化实验室小试和现场中试试验机理研究，通过采用多种分析方法和技术手段，如统计分析、模拟计算和现场测试等，提高试验方案设计水平和结果的准确性与可信度，不断创新完善不同地区和类型场地的土壤-地下水综合治理修复技术体系。

9.2.4 提升试验设备和材料专业度

在土壤修复过程中，使用的专业设备往往涉及高昂的成本和复杂的操作。非专业的试验设备和材料可能导致结果的偏差，试验数据可靠性下降，对修复工程的指导性不高。因此，小试所采用的药剂、材料等应当与实际工程中保持一致；中试所用设备类型、规格型号、药剂种类型号等，都应与实际修复拟采用的设备一致，以客观反映现场条件下修复效果，确保试验结果的可靠性和代表性。另外，设备的稳定性、工程化应用性也是修复设备选择的重要因素。

9.2.5 强化结果对工程实践支撑度

当前仍存在修复工程设计对于小试和中试结果考虑不充分、重视不够，甚至小试和中试仅仅是为了获得既定方案所需的过程数据而“走过场”。实验室小试结果是修复技术是否有效的重要参考性指标；现场中试则对于修复工程中可能遇到的各类现实问题的解决、工艺参数的优化起到关键性作用。小试和中试的方案设计应充分考虑对修复工艺的优化改进，留出参数调整的空间，加大对结果的科学性和有效性分析，从而最大限度地支撑工程实践；工程实施方案应当充分考虑小试和中试试验结果与建议，提出有针对性的对策建议，采取有效措施减少修复施工阶段的资源能源消耗和成本投入，降低二次环境影响，提高修复方案制订的适应性、合理性和可行性。

9.2.6 逐步凝练形成工程设计规范

鉴于实验室小试和现场中试对于土壤修复决策和施工过程的重要作用，应当在充分总结当前修复工程小试和中试现状、分析存在的问题和关键短板的基础上，不断总结凝练、分类施策，逐步形成一套包括小试和中试在内的详细设计规范，包括但不限于设计原则、操作流程、质量控制标准以及数据分析方法等，以确保结果的准确性和可靠性。在此基础上逐步凝练形成一套完整的土壤修复工程设计规范，涵盖从调查评估、修复方案设计、工程实施和效果评估的各个环节，不断完善修复行业的标准化和规范化管理，推动行业健康有序可持续发展。

参考文献

[1] 臧文超，张俊丽，温雪峰，等. 我国工业场地污染防治路线图探讨[J]. 环境保护，2015，43（6）：39-41.

[2] 施烈焰，易军，朱远航，等. 黄河流域（河南段）土壤环境形势、问题与建议[J]. 河南科技，2020，39（31）：147-150.

[3] 冯俊生，张俏晨. 土壤原位修复技术研究与应用进展[J]. 生态环境学报，2014，23（11）：1861-1867.

[4] 刘莹莹. 原位燃气热脱附技术在有机污染土壤修复工程中的应用[J]. 中国资源综合利用，2021，39（6）：56-58.

[5] 杨成良. 原位热脱附技术在有机磷农药污染场地修复中的应用及二次污染防治措施[A]//中国环境科学学会环境工程分会. 中国环境科学学会 2021 年科学技术年会——环境工程技术创新与应用分会场论文集（二）[C]. 中国环境科学学会环境工程分会：《环境工程》编辑部，2021：7.

[6] 谭龙辉，李梦婷，胡孝武，等. 某冶金化工厂排污管网周边受污染土地修复案例研究[J]. 广东化工，2021，48（9）：196-198.

[7] 宁校平. 过硫酸盐修复石油烃污染场地的小试试验探究[J]. 四川化工，2021，24（1）：51-54.

[8] 嵇佳伟，江建斌，宁银中. 异位化学氧化修复石油烃污染土壤的小试研究[J]. 广州化工，2020，48（5）：82-84，114.

[9] 陈雨，胡大海，佟雪娇，等. 场地铅污染固化/稳定化修复技术小试研究[J]. 四川环境，2019，38（6）：13-19.

[10] 单晖峰，祝红，吴楠. 先进六价铬稳定化修复技术在长沙铬盐厂的探索实践[A]//《环境工程》编委会，工业建筑杂志社有限公司.《环境工程》2019 年全国学术年会论文集（下册）[C].《环境工程》编委会，工业建筑杂志社有限公司：《环境工程》编辑部，2019：8.

[11] 袁珊珊，宋震宇，巢军委，等. 泥浆反应器技术在修复氰化物污染土壤中的应用[J]. 环境卫生工程，2019，27（4）：69-71.

[12] 张宁. 搬迁企业遗留典型碱性污染场地土壤修复研究[D]. 南京：南京农业大学，2019.

[13] 许超，邢轶兰，刘鹏，等. 多硫化钙修复 Cr（Ⅵ）污染土壤的原理与应用[J]. 环境工程，2018，36（7）：128-132.

[14] 孟祥琪，张岳，孙尧，等. Cr（Ⅵ）污染土壤及建筑物修复技术小试[J]. 环境工程，2018，36（10）：124-129.

[15] 张峰. 污染场地原位化学药剂注射修复要点分析[J]. 环境保护科学，2018，44（2）：123-126.

[16] 戴翌晗. 重金属污染土壤与地下水一体化修复技术及数值模拟[D]. 上海：上海交通大学，2018.

[17] 董璟琦，雷秋霜，张红振，等. 磷酸盐稳定化修复锌污染土壤小试和工程效果评估[J]. 环境工程学报，2018，12（3）：923-930.

[18] 孙春美. 湖南某化工厂遗址重金属污染特征与电动修复实验研究[D]. 北京：北京化工大学，2017.

[19] 张金妹. 重金属 Pb 和 Cr（Ⅵ）污染土壤洗脱技术研究[D]. 上海：华东理工大学，2017.

[20] 何允玉. 活化过硫酸钠修复氯苯类污染场地的小试试验[J]. 北方环境，2013，25（5）：72-74.

[21] 朱瑞利，顾晓晨. 异位热脱附修复技术对高浓度多环芳烃污染土壤的修复应用实例[J]. 云南化工，2021，48（6）：38-40.

[22] 朱瑞利. EDTA 淋洗重金属污染土壤的修复应用实例[J]. 云南化工，2021，48（5）：95-97.

[23] 尹力. 挥发性有机污染土壤异位低温热脱附中试研究[J]. 广东化工，2021，48（8）：222-224.

[24] 黄迪，黄志红，孔辉，等. 重金属污染农田土壤的稳定化修复技术及其修复实践研究[J]. 中国农学通报，2021，37（8）：72-78.

[25] 袁芳沁. 某铝厂氟污染土壤修复中试试验研究[J]. 世界有色金属，2021（1）：126-127.

[26] 龙飞. 石油污染土壤的微波修复技术研究[D]. 石家庄：河北科技大学，2020.

[27] 刘继东，胡佳晨，王欢，等. 某电镀厂旧址铜、镍、六价铬复合污染土壤修复工程实例[A]//《环境工程》编委会、工业建筑杂志社有限公司.《环境工程》2019 年全国学术年会论文集（下册）[C].《环境工程》编委会、工业建筑杂志社有限公司：《环境工程》编辑部，2019：4.

[28] 冯象千，任利锋，张春亮. 某石化老厂区石油烃类污染场地土壤修复中试研究：多重石油烃类污染土壤修复技术对比[A]//中国环境科学学会环境工程分会. 中国环境科学学会 2019 年科学技术年会——环境工程技术创新与应用分论坛论文集（四）[C]. 中国环境科学学会环境工程分会：《环境工程》编辑部，2019：5.

[29] 刘帅霞，孙哲，曹瑞雪. 废弃物联合高羊茅修复铬污染土壤中试实验[J]. 河南工程学院学报（自然科学版），2018，30（4）：31-37.

[30] 邵乐，刘晓月，史学峰，等. 原位还原稳定化—高压旋喷注射技术修复铬污染场地中试研究[J]. 环境科学导刊，2018，37（4）：54-57.

[31] 王锦淮，祝可成，殷俊. 岩土施工技术修复有机物污染土壤的中试研究[J]. 环境与可持续发展，2017，42（6）：77-80.

[32] 朱先强. 钝化剂产品对场地重金属污染的修复实验研究[D]. 广州：华南理工大学，2017.

[33] 冯凯. 电热脱附在某有机污染土壤修复的应用实例[J]. 环境科技，2017，30（2）：40-42，46.

[34] 李影辉. 美国有机污染场地化学氧化修复案例分析[J]. 环境工程，2016，34（S1）：965-969.

[35] 高中秋. 以城市污水为水源和肥源修复荒漠化土壤中试研究[D]. 西安：西安建筑科技大学，2016.
[36] 杨乐巍，张晓斌，郭丽莉，等. 异位土壤气相抽提修复技术在北京某地铁修复工程中的应用实例[J]. 环境工程，2016，34（5）：170-172，142.
[37] 刘洁. 多氯联苯污染土壤改性剂协同热脱附机理及实验研究[D]. 杭州：浙江大学，2016.
[38] 李建洲，梅冬，雷继雨. 微生物异位修复难降解有机污染土壤的组合工艺中试研究[J]. 环境科技，2015，28（5）：38-41.
[39] 李顺灵，潘志恒，齐水莲，等. 微生物-植物联合修复技术在铬污染土壤修复中的应用[A]//中国环境科学学会，同济大学. “第四届重金属污染防治及风险评价研讨会”暨重金属污染防治专业委员会 2014 年学术年会论文集[C]. 中国环境科学学会，同济大学：中国环境科学学会，2014：7.
[40] 刘志超. 移动式物理强化土壤修复技术的设备化研究与应用[D]. 南京：南京大学，2014.
[41] 杨志辉，吴瑞萍，王兵，等. 铬污染土壤的微生物修复工艺及中试[J]. 环境化学，2013，32（9）：1758-1765.
[42] 韩进，汪福旺，贵大伟，等. 工业场地碱污染土壤修复工程案例研究[J]. 环境科学与管理，2013，38（8）：127-130.
[43] 曹梦华，王琳玲，陈静，等. 有机氯农药污染土壤的 Fenton 氧化修复研究[J]. 环境工程，2012，30（5）：127-130，148.
[44] 孙宁，徐怒潮，李静文，等. 2020 年我国土壤修复行业发展概况及“十四五”时期行业发展态势展望[J]. 环境工程学报，2021，15（9）：2858-2867.
[45] 任丽静. 搬迁企业遗留典型有机污染场地土壤修复研究[D]. 南京：南京大学，2012.
[46] 杨威. 铬污染土壤特性表征与陶粒制备机制[D]. 重庆：重庆大学，2012.
[47] 刘天雨. 高浓度石油污染土壤的物化修复及其设备的研究[D]. 天津：天津理工大学，2012.
[48] 潘云雨，罗飞，徐正国，等. 化工厂场地酸化土壤工程化中和修复案例研究[J]. 环境监测管理与技术，2011，23（3）：52-56.
[49] 唐先进. 固废拆解地区农田土壤多氯联苯污染调查与生物修复研究[D]. 杭州：浙江大学，2011.
[50] 王兵. 铬渣堆场重污染土壤微生物修复及 Cr（Ⅵ）污染阻隔研究[D]. 长沙：中南大学，2010.
[51] 林莉. 典型化工污染土壤的微修复技术研究[D]. 武汉：华中科技大学，2010.
[52] 张坤. 麦秸强化油—盐污染土壤生物修复过程研究及场地中试[D]. 北京：清华大学，2008.
[53] 王卓先. 降解石油污染的微生物分离、培养及其中试生物修复研究[D]. 天津：天津大学，2007.
[54] 刘宏. 羟丙基-β-环糊精对土壤中多氯联苯的洗脱研究[D]. 长沙：湖南大学，2007.
[55] 吴丹. 碳氢化合物污染土壤的生物通风研究及微生物状况分析[D]. 天津：天津大学，2007.
[56] 刘丽丽，邓一荣，吕明超，等. 华南某重金属污染地块土壤修复技术筛选研究[J]. 能源与环保，2021，43（7）：77-83.
[57] 黄迪，黄志红，孔辉，等. 重金属污染农田土壤的稳定化修复技术及其修复实践研究[J]. 中国农

学通报，2021，37（8）：72-78.

[58] 王可欣，楼俊伟，俞涵婷. 近50a浙江降水分布的时空特征[J]. 浙江气象，2021，42（1）：11-16.

[59] 马健波，韩斌，任文涛，等. 陕北某采油厂石油污染土壤的修复示范工程[J]. 化工环保，2021，41（1）：56-60.

[60] 李宽宽，刘洪超，胡龙兵. 河北某地镉、铅、汞粉煤灰农用地重金属污染修复工程实例[J]. 环境与发展，2020，32（9）：56-59.

[61] 王慧亮，陈开放，张汪寿，等. 淮河流域土地利用变化对湖库水质的影响[J]. 水电能源科学，2020，38（8）：41-45.

[62] 随晋. 活化过硫酸钠的高级氧化技术对半挥发性污染土壤的应用实例[J]. 化工管理，2020（21）：80-81.

[63] 董春枝，彭强辉，窦亚丽，等. 原位稳定化法修复轻度重金属污染土壤的中试研究[J]. 现代农业科技，2020（13）：175-177，182.

[64] 赖冬麟，张奇，陈亭亭，等. 张家口市某机械厂原址电镀污染场地土壤修复工程实践[J]. 环境工程，2020，38（6）：75-80.

[65] 廖慧，舒章康，金君良，等. 1980—2015年黄河流域土地利用变化特征与驱动力[J]. 南水北调与水利科技（中英文），2021，19（1）：129-139.

[66] 李亚玲. 复合药剂处置含铬污染土壤还原稳定化研究[D]. 重庆：重庆理工大学，2020.

[67] 叶茂浙，林天鑫，金鑫龙，等. 某制革企业旧址污染场地修复工程实例[J]. 广东化工，2020，47（2）：111-114.

[68] 张诗晓，张浚茂，张文康，等. 泛珠江流域土地利用时空变化特征及驱动因子[J]. 应用生态学报，2020，31（2）：573-580.

[69] 白娅. 某电镀企业污染土壤原位修复小试研究[J]. 江西化工，2019（6）：85-88.

[70] 张浚茂，臧传富. 东南诸河流域1990—2015年土地利用时空变化特征及驱动机制[J]. 生态学报，2019，39（24）：9339-9350.

[71] 杨振，柳林杉，刘明杰，等. 油浸泥土热脱附修复小试实验条件的探索[J]. 环境工程学报，2019，13（10）：2320-2327.

[72] 刘继东，胡佳晨，王欢，等. 某焦化厂旧址氰化物污染地下水修复工程实例分析[J]. 环境保护科学，2019，45（4）：121-126.

[73] 盛益之，张旭，翟晓波，等. 化学氧化技术异位处理地下水非水相有机污染物中试研究[J]. 现代地质，2019，33（2）：422-430.

[74] 张亚娇，王蓉，宋晓光. 石油烃和多环芳烃污染土壤化学氧化修复小试研究[A]//中国建筑学会工程勘察分会. 第十五届全国工程物探与岩土工程测试学术大会论文集[C]. 中国建筑学会工程勘察分会：中国建筑学会工程勘察分会，2017：7.

[75] 徐峰，黄海，杨勇，等. 挥发性有机物污染地下水吹脱处理的中小试研究[J]. 环境工程技术学报，2017，7（4）：457-462.

[76] 徐诗琦. 雄黄尾矿中砷的稳定化机理及其中试研究[D]. 武汉：华中科技大学，2017.

[77] 徐苏，张永勇，窦明，等. 长江流域土地利用时空变化特征及其径流效应[J]. 地理科学进展，2017，36（4）：426-436.

[78] 金学锋，张国华，乔昌明，等. 类芬顿试剂应用于地下水石油烃污染修复的实践[J]. 中国资源综合利用，2017，35（2）：15-17.

[79] 李影辉. 美国有机污染场地化学氧化修复案例分析[J]. 环境工程，2016，34（S1）：965-969.

[80] 童宏祥. 高浓度含砷污泥氧化稳定化处理与中试研究[D]. 武汉：华中科技大学，2016.

[81] 彭昌盛，臧小龙，袁合涛，等. 污染土壤中重金属的化学提取技术及其实际应用综述[J]. 环保科技，2016，22（1）：1-9.

[82] 关颖慧. 长江流域极端气候变化及其未来趋势预测[D]. 咸阳：西北农林科技大学，2015.

[83] 王璐璐，延军平，王鹏涛，等. 海河流域不同等级降水时空变化特征及其影响[J]. 资源科学，2015，37（4）：690-699.

[84] 曹慧明，许东. 松花江流域土地利用格局时空变化分析[J]. 中国农学通报，2014，30（8）：144-149.

[85] 常军，王永光，赵宇，等. 近 50 年黄河流域降水量及雨日的气候变化特征[J]. 高原气象，2014，33（1）：43-54.

[86] 孙丽娜，卢文喜，杨青春，等. 东辽河流域土地利用变化对非点源污染的影响研究[J]. 中国环境科学，2013，33（8）：1459-1467.

[87] 杨艳昭，张伟科，封志明，等. 土地利用变化的水土资源平衡效应研究——以西辽河流域为例[J]. 自然资源学报，2013，28（3）：437-449.

[88] 王珂清，曾燕，谢志清，等. 1961—2008 年淮河流域气温和降水变化趋势[J]. 气象科学，2012，32（6）：671-677.

[89] 陆志华，夏自强，于岚岚，等. 1958—2009 年松花江流域降水时空演变特征[J]. 自然资源学报，2012，27（6）：990-1000.

[90] 刘天雨. 高浓度石油污染土壤的物化修复及其设备的研究[D]. 天津：天津理工大学，2012.

[91] 郭婷，张承东，张清敏. 生物修复石油污染盐碱土壤小试模拟系统中土壤性质与微生物特性变化[J]. 中国环境科学，2010，30（8）：1123-1129.

[92] 高凯，周志翔，杨玉萍. 长江流域土地利用结构及其空间自相关分析[J]. 长江流域资源与环境，2010，19（S1）：13-20.

[93] 卢明龙. 海河流域土地利用变化特征及趋势分析[D]. 天津：天津大学，2010.

[94] 万春黎. 电渗析-微生物技术修复油污土壤的效能及影响因素研究[D]. 哈尔滨：哈尔滨工业大学，2010.

[95] 林莉. 典型化工污染土壤的微修复技术研究[D]. 武汉：华中科技大学，2010.

[96] 刘绿柳，姜彤，原峰. 珠江流域 1961—2007 年气候变化及 2011—2060 年预估分析[J]. 气候变化研究进展，2009，5（4）：209-214.

[97] 田健，吴家桦，胡春云，等. 土壤修复技术浅析[J]. 东方电气评论，2021（35）：5-8.

[98] 杜晓濛，苗旭峰，张少彬. 土壤污染异位修复技术应用及研究进展[J]. 环境与发展，2018，30（11）：82，84.

[99] 席晋峰，梅志华，赵申，等. 复杂有机污染场地中原位热脱附技术修复效果研究[J]. 广东化工，2021，48（16）：94-99.

[100] 张士萍. 土壤污染风险智慧管控模式研究[J]. 环境与发展，2021，33（2）：210-213.

[101] 刘玉强，李丽，王琪，等. 典型铬渣污染场地的污染状况与综合整治对策[J]. 环境科学研究，2009，22（2）：248-253.

[102] 刘雪. 铬渣污染土壤特性与异位修复技术研究[D]. 咸阳：西北农林科技大学，2010.

[103] 孙尧，王兴润，杨延梅，等. 铬渣污染土壤稳定化技术研究[J]. 环境工程，2012，30（S2）：524-527.

[104] 梁金利，蔡焕兴，段雪梅，等. 还原法修复六价铬污染土壤的研究[J]. 环境科学与管理，2013，38（3）：80-83.

[105] 陈森，卜现亭，毕爱民. 硫酸亚铁修复六价铬污染土壤实验研究[J]. 安徽农学通报（上半月刊），2013，19（3）：77-78.

[106] 杨放，陈倩，毛志强，等. 不同化学还原体系下铬污染土壤的处理效率[J/OL]. 环境工程学报，2017，11（6）：3832-3838.

[107] 王旌，罗启仕，张长波，等. 铬污染土壤的稳定化处理及其长期稳定性研究[J]. 环境科学，2013，34（10）：4036-4041.

[108] 吴见珣，杨远强，和丽萍，等. 六价铬污染场地还原修复及其稳定性研究[J]. 环境科学导刊，2017，36（2）：91-96.

[109] 王学锋，尚菲，马鑫，等. pH 和腐植酸对 Cd，Cr 在土壤中形态分布的影响[J/OL]. 河南师范大学学报（自然科学版），2013，41（5）：101-105.

[110] 刘增俊，夏旭，张旭，等. 铬污染土壤的药剂修复及其长期稳定性研究[J]. 环境工程，2015，33（2）：160-163.

[111] 张艳霞. 铬盐企业铬污染建筑废物特性和处置工艺研究[D]. 咸阳：西北农林科技大学，2012.

[112] 刘雪，王兴润，张增强. pH 和有机质对铬渣污染土壤中 Cr 赋存形态的影响[J]. 环境工程学报，2010，4（6）：1436-1440.

[113] 田雷. 固化/稳定化技术在铬污染场地修复中的应用及影响因素分析[A]//中国矿物岩石地球化学学会. 中国矿物岩石地球化学学会第九次全国会员代表大会暨第 16 届学术年会文集[C]. 中国矿物岩石地球化学学会，2017：1.

[114] 王欢. 硫酸亚铁修复铬污染土壤的研究进展[J]. 山东工业技术，2016（15）：31.

[115] 张文，杨勇，马泉智，等. 铬污染土壤还原—固化/稳定化过程研究[J]. 环境工程，2014，32（S1）：1028-1030，1032.

[116] 尹贞，张钧超，廖书林，等. 铬污染场地修复技术研究及应用[J]. 环境工程，2015，33（1）：159-162.

[117] 国家环境保护总局. 固体废物　浸出毒性浸出方法　硫酸硝酸法：HJ/T 299—2007[S]. 北京：中国环境科学出版社，2007.

[118] 黄莹，徐民民，李书鹏，等. 还原稳定化法修复六价铬污染土壤的中试研究[J]. 环境工程学报，2015（2）：951-958.